KUNSTBRUT

Handbuch für Züchter

Dr. A. F. Anderson Brown

Deutsche Bearbeitung
Dr. Hans Aschenbrenner

Verlag M. & H. Schaper · Alfeld - Hannover

Bibliografische Information der Deutschen Nationalbibliothek
Die Deutsche Nationalbibliothek verzeichnet diese Publikation in der Deutschen Nationalbibliografie; detaillierte bibliografische Daten sind im Internet über http://dnb.ddb.de abrufbar.

ISBN 978-3-7944-0225-0

Print on Demand.

Nachdruck der 1. Auflage von 1988.

Titel der englischen Originalausgabe: The incubation book

Druck und Bindung: KN Digital Printforce GmbH, Erfurt

Inhaltsverzeichnis

Kapitel 9: Die Maschinenbrut 156

Kapitel 10: Die Technik der Kunstbrut 185

Einführung

Seit Menschen begonnen haben, Vögel und wilde Tiere zu domestizieren, hielten sie immer einige Tiere zum reinen Vergnügen und nicht als Nutztiere. Die größte Freude über Jahrhunderte hinweg haben die Ziervögel bereitet, vor allem die exotischen Fasane, Enten und Gänse. Bis vor kurzem war die Notwendigkeit, diese Vögel zu züchten, nicht sehr groß, da sie in ihrer Heimat zahlreich vorkamen. Leider ist ein großer Teil der Lebensräume verschwunden, und die Liste der gefährdeten Arten wird von Jahr zu Jahr länger. Die Geflügelwirtschaft hat schon immense Summen für die Erforschung von Zucht und Ernährung solcher Vögel ausgegeben, die wirtschaftlich interessant sind: Hühner, später Truthahn und Fasan. Dieses Wissen drang langsam in die allgemeine Vogelzucht ein, und so hofft man, daß viele der bedrohten Arten erfolgreich vor der bevorstehenden Ausrottung gerettet werden können. Da jeder Vogel eine verhältnismäßig kurze Lebenserwartung hat, ist seine erfolgreiche Fortpflanzung notwendig. Das Bebrüten, bislang eine Kunst, ist heute dank der Geflügelwirtschaft zu einer exakten Wissenschaft geworden. Den größten Teil unseres Wissens haben wir durch dieses widerstandsfähige Geflügel erfahren. Verschiedene Arten aber verlangen verschiedene Ernährung und unterschiedliche Brutbedingungen; deshalb gibt es auf diesem Gebiet immer noch viel zu tun. Alles, was ein Embryo während seiner Entwicklung benötigt, muß im Ei bereits vorhanden sein, wenn es gelegt worden ist. Es kann zwar durch schlechte Behandlung verdorben, jedoch nach der Ablage nicht mehr verbessert werden. Das Wissen um die grundlegenden Vorgänge, die während der Entwicklung vom Ei zum Küken stattfinden, ist wichtig für die richtige Bruttechnik, sei es nun im Brutapparat oder unter der Henne. Der Züchter muß die physikalischen Bedingungen, unter denen diese Entwicklung vor sich geht, verstehen. Zu wissen, warum etwas geschieht, führt zu einem besseren Verständnis und damit zur Verbesserung der Ergebnisse. Und schließlich verhindert die Erkenntnis, warum etwas falsch gemacht wurde, einen Fehler zu wiederholen.

Kapitel 1

Der Eiaufbau

Ob das Ei oder das Huhn zuerst vorhanden war, diese Frage beschäftigte die Menschheit jahrhundertelang. Wenn man annimmt, daß das Huhn zuerst da war, kann man das Ei als Grundbaustein eines neuen Huhns bezeichnen, das genügend Baumaterial mitbringt, ein neues Huhn zu schaffen. Sollte der Baustein aber fehlerhaft oder die Rohstoffe unzureichend sein, könnte kein neues Huhn gebildet werden. Die Grundstruktur jeden Eies ist gleich. Sie unterscheidet sich nur in ihrem Bauplan im Inneren und in den Verhältnissen ihrer verschiedenen Bestandteile. Das Ei enthält aber immer fünf Hauptbestandteile: die Schale, seine Häute mit der Luftblase, das Eiweiß, das Eigelb und die Keimscheibe.

Die Keimscheibe

Sie ist der Grundstein des zukünftigen Vogels. In einem aufgebrochenen Hühnerei kann man sie als weißen Fleck oben auf dem Eigelb sehen, ungefähr vier Millimeter im Durchmesser. Sie wird durch die Vereinigung einer einzigen Zelle aus dem Eierstock des Weibchens mit einem einzigen Spermium des Männchens gebildet. Die weibliche Zelle besitzt die eine Hälfte eines Chromosomensatzes (genetische Informationen) und die männliche die andere Hälfte. Bei der Vereinigung dieser beiden Hälften – der Befruchtung – teilt sich die dabei entstehende Zelle in zwei. Diese zwei Zellen wachsen und teilen sich weiter, bis zur Zeit der Eiablage der Zellhaufen als Keimscheibe sichtbar wird. Während der Bebrütung wächst und teilt sich der Zellhaufen weiter und bereitet sich darauf vor, das spätere Huhn zu formen. Der Rest des Eiinhaltes dient ihm als Nahrungsquelle.

Das Eigelb

Das Eigelb wird zusammen mit der weiblichen Keimzelle ebenfalls im Eierstock gebildet. Es besteht aus einem zarten, rundlichen Sack, der Vittelinmembran, die die weibliche Keimzelle und einen großen Vorrat an Nahrungsreserven einschließt. Diese Nahrungsreserve besteht zu 50 % aus Wasser, zu 30 % aus Fett und zu 20 % aus Eiweiß. Der größte Teil dieser Nahrungsreserve wird nicht während der Brutzeit aufgebraucht, sondern vor dem Schlupf in die Bauchhöhle des Kükens gezogen und dient ihm die ersten Lebenstage zum Überleben. Die aktiven und quicklebendigen Nestflüchter, wie Enten, Fasane, Gänse und Hühner, haben ein großes Eigelb im Verhältnis zum Rest vom Ei, während Nesthocker, die blind, nackt und hilflos schlüpfen, ein relativ kleines Eigelb besitzen.

Das Eiklar oder Albumen

Das ist das Hauptdepot des Eies für Nahrung und Wasser und wird während der Bebrütungszeit vollständig aufgebraucht. Es besteht zu 10 % aus Eiklar und zum Rest aus Wasser. Im oberen Teil des Eileiters wird das Albumen um das Eigelb gelegt. Es enthält die wasserlöslichen Vitamine und Mineralstoffe, während das Eigelb die fettlöslichen enthält. Das Eiklar hat keine durchweg einheitliche Beschaffenheit. Ein Teil ist dickflüssig und geleeartig und der andere ist dünnflüssig und wäßrig. Der dickere Teil hat außer als Nahrungslager die Funktion eines Hilfsbandes und Stoßdämpfers für das Eigelb. Das Eiklar ist dichter als das Eigelb, und wenn die Beschaffenheit umgekehrt wäre, würde das Eigelb zur Eispitze fließen und an der Schale haften. Das geschieht tatsächlich, wenn das Ei zu lange ohne Drehung liegt.
Das Eigelb ist von einem Film dünnen Eiklars umgeben und an diesem angeheftet. Jeweils am gegenüberliegenden Pol des Eies sind die

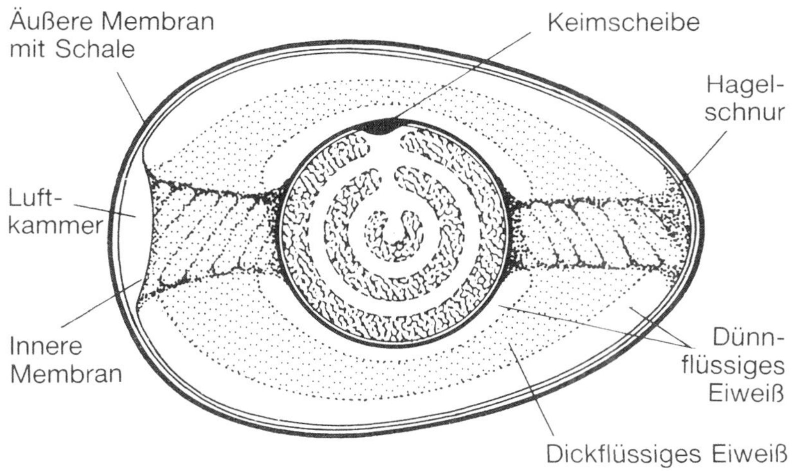

Abb. 1.1: Längsschnitt durch ein Ei

Aufhängebänder oder Hagelschnüre. Das sind spiralfederähnliche Wicklungen aus dickflüssigem Eiklar, die sich in entgegengesetzte Richtungen aufwickeln. Wenn das ganze Ei gedreht wird, dreht sich das Eigelb in einem kleinen Becken von Eiklar, und die eine Schnur wickelt sich auf, während die andere sich abwickelt. Wenn das Ei immer in dieselbe Richtung gedreht wird, wickelt sich das eine Halteband immer weiter ab und das andere so weit auf, daß die Struktur reißt und das den Tod des Embryos bedeutet.

Das dünnflüssige Eiklar um das Eigelb wird von dickem Eiklar zusammengehalten.

Dieses ist ebenfalls an den Schalenhäuten befestigt, und zwar jeweils an einem Eiende. Außer an den Eipolen, wo es an den Schalenhäuten angeheftet ist, ist das dickflüssige Eiklar von einer äußeren Lage dünnen Eiklars direkt unter der Schale umgeben. Das dünne Eiklar hat wiederum Aufbaufunktionen. Der Teil des Eigelbs, der nahe der Keimscheibe liegt, ist weniger dicht als das übrige Eigelb, darum neigt es immer nach oben zu fließen, wenn das Ei gedreht wird, und somit liegt auch die Keimscheibe immer oben. Die wäßrige Flüssigkeitsphase erlaubt diese Drehungen. In den ersten Phasen der embryonalen Entwicklung, noch bevor sich das Blutsystem so weit entwickelt hat, Nährstoffe und Sauerstoff zu befördern, kann der Embryo nur die Nährstoffe nutzen, die direkt in Berührung mit ihm stehen. Bei der Drehung des Eies ergibt sich sofort eine neue Nahrungs- und Sauerstoffquelle durch das dünnflüssige Eiklar. Gelöste Gase durchdringen wäßrige Substanzen viel schneller als geleeartige. Die äußere Lage des dünnen Eiweißes ist deshalb für den Kohlendioxid- und Sauerstoffaustausch wesentlich, bis die embryonalen Häute entwickelt sind.

Die Eihäute (Membrane) und die Luftkammer

Um das Ei liegen zwei Häute, die lose miteinander verbunden sind. Die äußere ist mit der Eischale fest verbunden; in Wirklichkeit ist die Schale auf diese Haut aufgelegt worden. Da der Eiinhalt durch Verdunstung und Nutzung durch den Embryo zusammenschrumpft, trennen sich die beiden Häute am stumpfen Eiende und bilden einen Luftraum. Diese Luftkammer ist für die Entwicklung des Embryos lebenswichtig. Sie ermöglicht die Verdunstung innerhalb eines geschlossenen Systems, die Bewegungen vor dem Schlupf und die Atmung des Embryos. Die Größe dieses Luftraums steigt mit zunehmender Brutdauer. Die Überwachung der Luftraumgröße ist ein wichtiger Teil der Brutkontrolle.

Die Eischale

Die Eiform kann mathematisch als unregelmäßiges Oval beschrieben werden, da ein Ende breiter und flacher als das andere ist und der größte Durchmesser näher am stumpfen Ende liegt.
Das heißt, wenn das Ei auf einer ebenen Fläche rollt, wird es in einem Kreis rollen. Vögel, die in Baumhöhlen nisten, haben fast runde Eier, während zum Beispiel Möwen, die an Felskanten brüten, auffallend spitze Eier haben, die bei Berührung in einem kleinen Kreis rollen. Der kräftigste Aufbau, der aus einer gegebenen Materialmenge gebildet werden kann, ist die Hohlkugel oder der Hohlball. Das Äußere der Kugel besteht aus einer dünnen Lage sehr dichten Materials, während innen eine etwas dickere Lage liegt, die wie ein Schwamm angeordnet ist. Genauso ist die Eischale aufgebaut. Man benötigt nämlich ziemlich viel Kraft, um ein Ei von außen zu zerbrechen, aber man braucht viel

A Frisches Ei

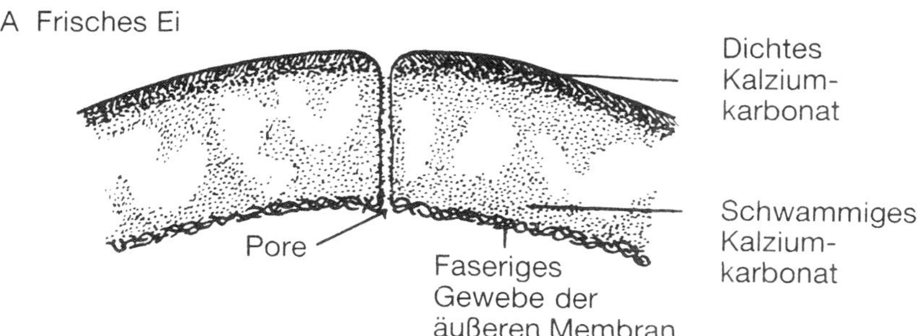

B Nach dem Schlupf

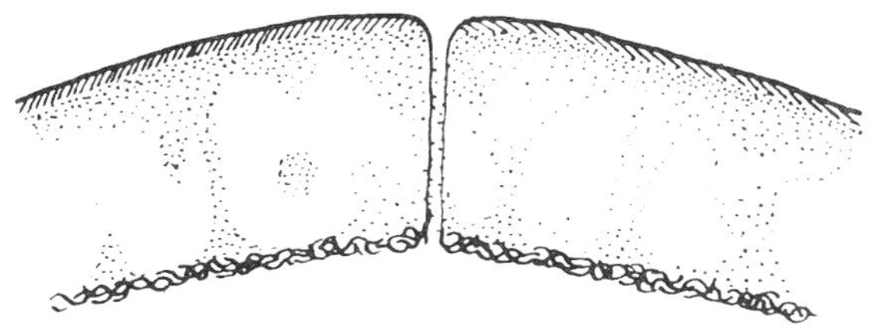

Die dichtere äußere Lage des Kalziumkarbonats bleibt, aber die innere schwammige Lage wurde vom Embryo aufgebraucht.

Abb. 1.2: Mikroskopischer Schnitt durch eine Schale

weniger Kraft, um von innen ein Loch in die Schale zu machen, wie es das Küken beim Schlüpfen tut. Die ganze Schalendicke ist mit vielen winzigen Löchern, den Poren, durchsetzt; am stumpfen Ende des Eies sind viel mehr Poren pro Quadratmillimeter als irgendwo anders. Die Aufgabe dieser Poren besteht darin, den Atemluftaustausch, also Sauerstoff und Kohlendioxid, zu gewährleisten und außerdem die Wasserverdunstung zu kontrollieren. Infektiöse Bakterien können diese Poren durchdringen, obwohl der Aufbau der Schale die meisten abhält. Ist die Schale naß und dreckig, können viele Keime eindringen. Ihre große Zahl überwindet den Abwehrmechanismus der Eihäute und des Albumens und kann dadurch ein faules Ei verursachen.

Die Schalendurchlässigkeit ist von Vogel zu Vogel verschieden. Enten, die in Vegetationen über dem Wasser oder auf einem feuchten, sumpfigen Grund legen, haben sehr poröse Schalen, während Vögel, die in Felsspalten oder in anderen trockenen Gegenden nisten, sehr undurchdringliche Schalen haben, um eine zu große Wasserverdunstung zu vermeiden. Die körnige innere Schicht der Schale ist das Vorratslager von Kalzium, das für den knöchernen Aufbau des Embryos benötigt wird.

Kapitel 2
Die Eibildung

Der Eierstock (Ovar)

Der Eierstock befindet sich im oberen Teil der Bauchhöhle, befestigt an der Wirbelsäule und an den Rippen. Die meisten Tiere haben paarige Ovarien. Bei den Vögeln ist normalerweise einer verkümmert. Meistens ist der linke aktiv und der rechte tritt nur gelegentlich in Funktion. Dieses rudimentäre Organ nennt man Ovotestis (Zwitterorgan), es bildet männliche und weibliche Hormone.
Wird es aktiv, kommt es bei dem betreffenden Vogel zu einer teilweisen oder vollständigen Geschlechtsumwandlung. In jedem Fall führt diese Änderung zur Unfruchtbarkeit.
Wird bei einem Vogel der Eierstock entfernt oder durch eine Krankheit zerstört, tritt das Zwitterorgan in Funktion und nach der nächsten Mauser wird die Henne „hahnenfiedrig". Solche Geschlechtsveränderungen werden häufig bei exotischen Entenarten, z. B. bei Braut- und Sichelenten, beobachtet.

Anregung der Eierstocksfunktion

Außerhalb der Brutzeit ist der Eierstock ein kleines gefältetes Organ von der Größe einer Nuß. Während der Fortpflanzungszeit vergrößert es sich, um Keimzellen zu bilden. Diese mikroskopisch kleinen Keimzellen sind mit einem enormen Vorrat an Fett und Eiweiß ausgestattet – dem Dotter. Sie werden nacheinander in den Eileiter abgegeben. Bei der Abgabe von zwei Eizellen zur gleichen Zeit kommt es zur Bildung von Eiern mit zwei Dottern.

Der Einfluß des Lichts

Die Eierstocksfunktion wird im Frühjahr von verschiedenen Faktoren beeinflußt. Die wichtigste ist die Zunahme der Tageslänge oder, genauer gesagt, die Abnahme der Dunkelheit.
Die Intensität des Lichts ist nicht so entscheidend wie die Dauer der Einwirkung. Das wichtigste Aufnahmeorgan dabei ist das Auge. Aber der gesamte Kopfbereich ist empfindlich, da auch völlig blinde Vögel

Eier legen. Man hat herausgefunden, daß blinde Vögel, deckt man ihren Kopf mit einer Kappe ab, nicht zum Legen kommen.

Der Einfluß der Temperatur

Die Temperatur ist der zweitwichtigste Faktor. Ein kalter Frühling bedeutet eine verspätete Brutsaison.

In arktischen Regionen, wie Island, kann das Wetter die Brutzeit der einheimischen Vögel bis zu drei Wochen verschieben. Beispiele hierfür sind Spatelente, Mittelsäger, Trauer- und Eisente.

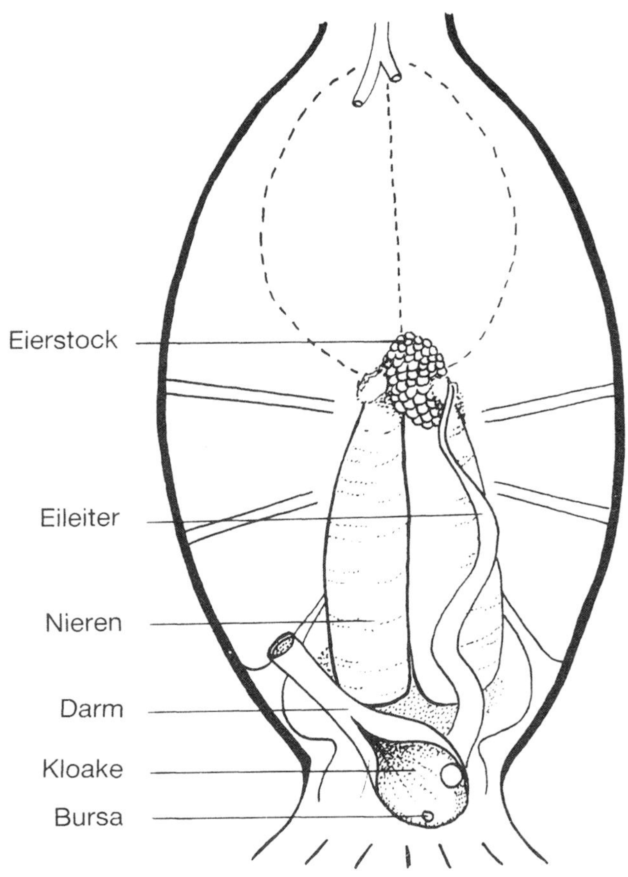

Abb. 2.1: Weibliche Ente, außerhalb der Brutsaison

Diejenigen Vogelarten aber, die weite Strecken zurücklegen, um im Norden zu brüten, haben eine bestimmte zeitliche Grenze vorgegeben. Sie müssen während des kurzen arktischen Sommers brüten und ihre Jungen aufziehen, damit sie zu Winterbeginn voll flugfähig sind. Diese Vögel sind nicht annähernd so temperaturempfindlich und sie beginnen bei jedem Wetter mit dem Brutgeschäft. Beispiele hierfür sind: Weißwangen-, Ringel- und Schneegans.
Fasane werden besonders stark vom Wetter beeinflußt. Ein kalter und nasser Frühling ist oft der Vorbote einer schlechten Brutsaison. Selbst Haushühner, die gewöhnlich das ganze Jahr über legen, stellen das Legen manchmal ein, wenn die Temperatur unter 15 °C oder die Lichtdauer unter 8 Stunden sinkt.

Revier- und Partnerschaftsrituale
Der drittwichtigste Faktor ist die Psyche. Die Henne in einer Legebatterie legt, von der Außenwelt abgeschlossen, in einem Drahtkäfig, während die meisten Wildvögel einen zusätzlichen Anreiz durch die Anwesenheit eines geschlechtsreifen Männchens brauchen und dann ein Paar bilden. Sie benötigen Ruhe und nehmen ein Gebiet ein, das sie verteidigen und in dem sie nisten. Wenn zu viele Vögel auf engem Raum zusammenleben, werden sie kaum mit der Brut beginnen.
Diese Gebietsansprüche variieren gewaltig. Ein Gänsepaar, das eine Bindung für sein ganzes Leben eingeht, steckt ein gut verteidigtes Gebiet ab, in dem es nistet und in dem es keine anderen Vögel duldet. Mit Ausnahme des Zwergbläßhahns, der seine Gans aus einer Entfernung bis zu 5o Meter bewacht, bleiben alle anderen Ganter in Nestnähe, immer aggressiv und zur Verteidigung bereit. Wird aber eine herumwandernde Gans angegriffen, verteidigt sie ihr Ganter nicht, da er zu sehr mit seiner Gebiets- und seiner Nestbewachung beschäftigt ist. Entenreviere sind nicht so gut eingegrenzt. Der Erpel muß einen Uferbereich vor seinen Artgenossen verteidigen, und die Ente brütet irgendwo innerhalb einiger hundert Meter Entfernung. Fasanenhähne besetzen ein großes, weites Gebiet und locken so viele Hennen wie möglich an, die darin nisten sollen. Sie können auch in Gemeinschaft mit anderen Gruppen leben, vorausgesetzt, daß sich die Hähne gegenseitig aus dem Weg gehen können. Gewöhnlich ist das Geschlechtsverhältnis eins zu sechs, im Gegensatz zum Haushahn, der oft fünfzehn bis zwanzig Hennen hat. Französische Rebhühner bilden eine Zweierpartnerschaft, wobei mehrere Paare nebeneinanderleben, während englische Rebhuhnpaare alleinleben. Die Hähne würden sich zu Tode bekämpfen, wenn sie zusammengesperrt würden, so wie auch die

meisten exotischen Fasane. Einige Rauhfußhühner (Birk-, Prärie-, Spitzschwanz- und Beifußhuhn) haben traditionelle Balzplätze, wo sich die Hähne alljährlich zur Gesellschaftsbalz sammeln. Die Hähne versuchen möglichst zentrale Territorien zu erobern, die sie dann erbittert gegen Rivalen verteidigen. Die Hennen lassen sich meist nur vom kräftigsten Hahn treten. Anschließend suchen sie ihre Brutgebiete auf, die oft mehrere Kilometer entfernt sind.

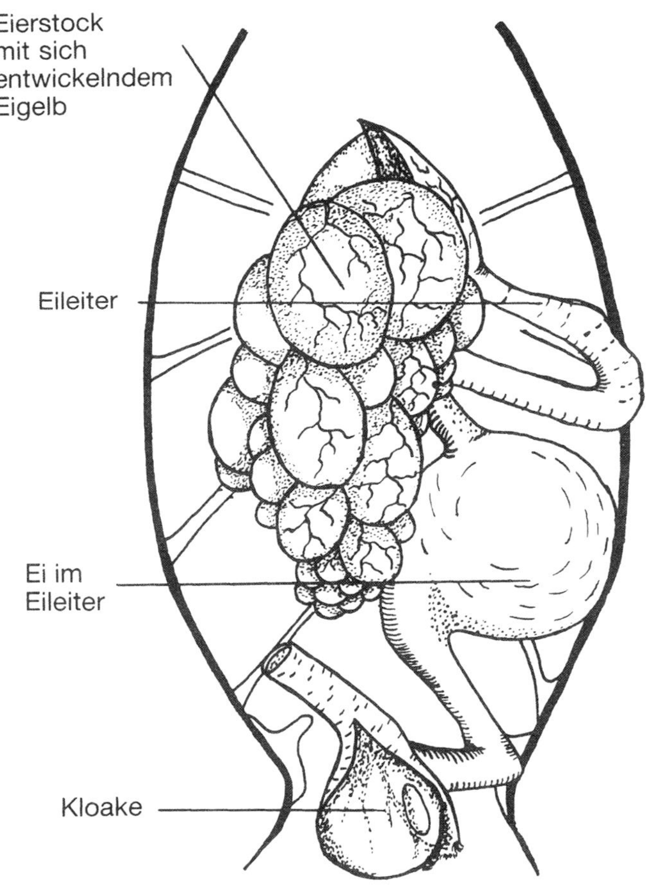

Abb. 2.2: Weibliche Ente während der Brutsaison

Hormonelle Mechanismen

Die zunehmende Lichtdauer, die Wärme und die sexuelle Erregung wirken direkt auf das Vogelgehirn. An der Basis des Gehirns ist eine kleine Drüse, die Hypophyse. Die nervöse Anregung veranlaßt diese, eine Reihe von Hormonen zu bilden und diese in die Blutbahn abzugeben, und zwar immer in gewissen Zeitabständen, also zyklisch.

1. Das follikelstimulierende Hormon (FSH)
In Anwesenheit des FSH wird das Ovar zum Wachstum und zur Bildung von Eigelb angeregt. Es veranlaßt das Ovar außerdem, Östrogen, das weibliche Sexualhormon, zu produzieren. Dieses läßt wiederum den übrigen weiblichen Sexualtrakt – den Eileiter – größer und arbeitsfähig werden.

2. Das luteinisierende Hormon (LH)
Das LH ist verantwortlich für die Reifung der Eifollikel und entläßt das Eigelb in den Eileiter. Es regt außerdem das Ovar an, Progesteron zu bilden. Dieses Hormon stimuliert den Eileiter, Albumen und die Schale zu bilden, die dann dem Eigelb auf dem Weg durch den Eileiter zugefügt werden. Zusätzlich steigert LH den Kalzium-, Phosphor- und Eiweißspiegel und bestimmte Vitamine im Blut, die dann für das sich entwickelnde Ei zur Verfügung stehen.

3. Prolaktin
Dieses Hormon wird freigesetzt, nachdem der Vogel seine Eier gelegt hat, es fördert das Brutverhalten.

Der Eileiter

Die meisten Weibchen im Tierreich haben nur einen Uterus (Gebärmutter), der durch Eileiter mit den Eierstöcken auf jeder Seite verbunden ist. Bei den Vögeln ist weder der rechte Eierstock vorhanden, noch der rechte Eileiter. Der linke ist mit dem Uterus verbunden und bildet somit den einzigen Eikanal. Dies ist ein hohler Schlauch, der das Ovar an einem Ende umfaßt und sich am anderen Ende in die Kloake eröffnet. Außerhalb der Brutzeit ist es ein dünner, bleistiftdicker Schlauch. Sobald er aber seine Tätigkeit aufnimmt, verlängert er sich und faltet sich in zwei oder mehr Schleifen und wächst im Durchmesser, um dem Ei Platz zu bieten.

Die Befruchtung

Nachdem die Eizelle mit dem Eigelb vom Ovar freigesetzt worden ist,

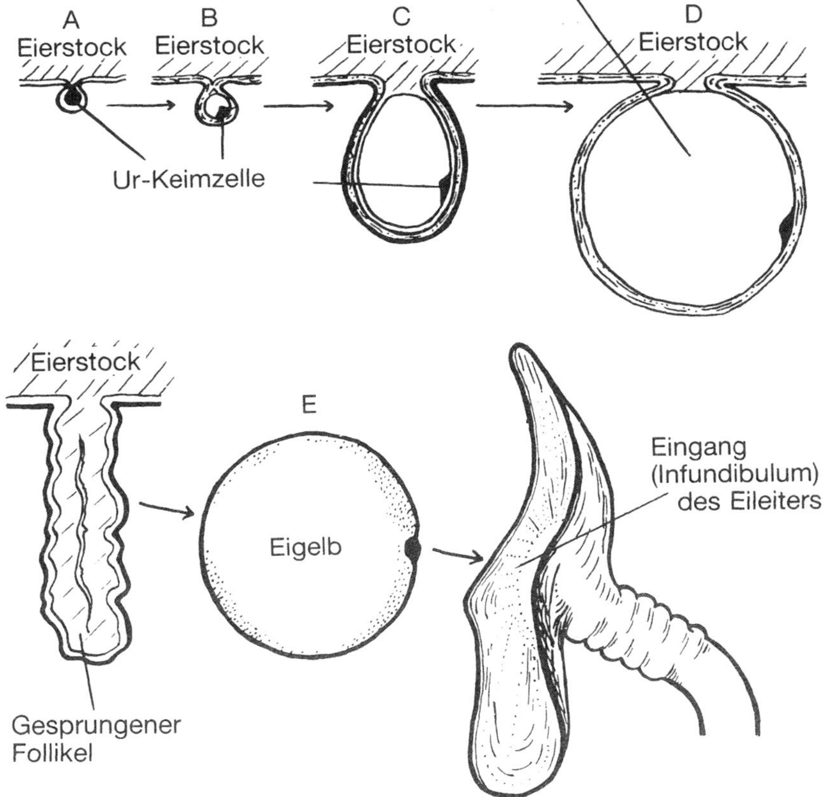

A	Der Ur-Follikel erscheint auf der Oberfläche des Eierstocks.
B C D	Wachsende Einlagerung von Fett und Eiweiß in die Zelle, um das Eigelb zu bilden.
E	Der das Eigelb enthaltende Follikel springt, entläßt das Eigelb in die Bauchhöhle; von dort fließt es in das Infundibulum des Eileiters. Spermien einer bereits erfolgten Begattung warten in den Falten des oberen Eileiters, um das Ei zu befruchten. Obwohl nur ein Eigelb gezeigt wird, werden viele gleichzeitig in verschiedenen Entwicklungsstadien gebildet. Der zerborstene Follikel schrumpft, um eine Narbe auf der Oberfläche des Eierstocks zu werden.

Abb. 2.3: Bildung des Eidotters

wird sie am Anfang des Eileiters vom Spermium befruchtet, das aus der Kloake heraufgewandert ist. Die Befruchtung kann erst stattfindet, wenn das Eigelb seinen Weg durch den Eileiter begonnen hat. Das Sperma kann lebensfähig bleiben und noch nachfolgende Eier befruchten. Beim Fasan, Perlhuhn und Huhn noch zwei Wochen nach der Begattung und beim Truthahn sogar noch drei Wochen danach. Die Passage durch den Eileiter dauert ungefähr 24 Stunden. Während dieser Zeit beginnt sich die mit dem Spermium vereinigte Eikeimzelle

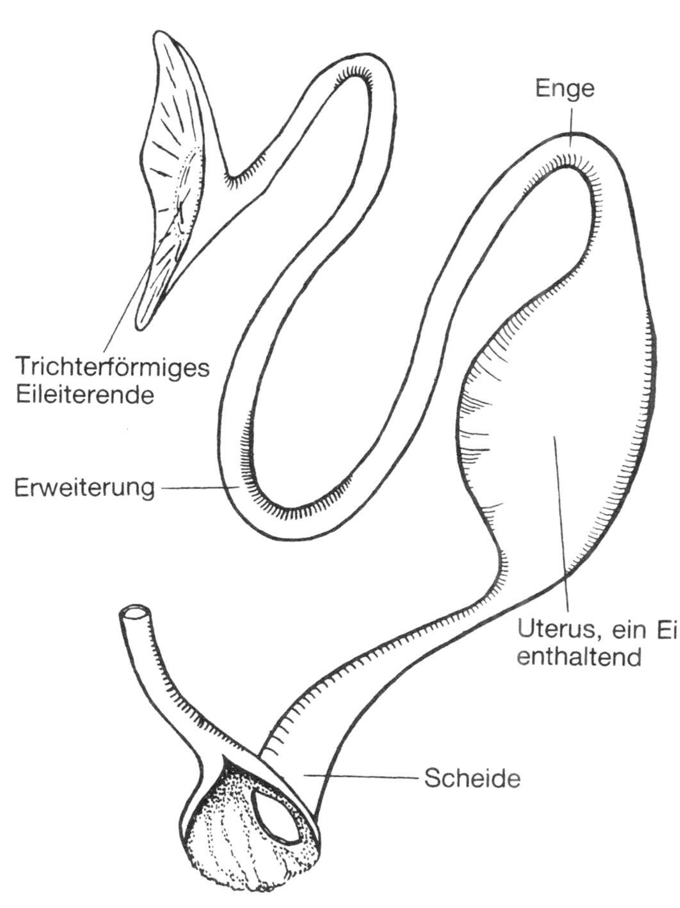

Abb. 2.4: Schema eines Eileiters

zu entwickeln und bildet durch fortgesetzte Zellteilungen einen Zellhaufen, der zur Zeit der Eiablage als kleiner weißer Fleck (Durchmesser 4 mm) auf dem Eigelb sichtbar ist („Hahnentritt"). Durch Kühlung wird die weitere Entwicklung des gelegten Eies gehemmt, wird aber durch Bebrütung wiederaufgenommen. Eine langsame Entwicklung wird bei einer Temperatur von 21 °C begonnen, die aber bei längerem Fortbestehen den Keim abtöten kann. Ein nichtbefruchtetes Ei bildet einen ähnlichen weißen Fleck, aber es findet danach keine weitere Entwicklung statt.
Die Körpertemperatur der Henne beträgt 41,6 °C, die für eine erfolgreiche Bebrütung viel zu hoch wäre. Von einigen Haushuhnrassen weiß man, daß sie für die Eibildung viel länger als 24 Stunden benötigen und daß ihre Fruchtbarkeit scheinbar gering ist. Die Eier werden zwar befruchtet, der Keimling stirbt aber an Überhitzung ab, bevor das Ei gelegt wird. Es ist möglich, daß bei vielen scheinbar unbefruchteten Eiern in Wirklichkeit ein früher Fruchttod eingetreten ist.

Die Ablage von Albumen
Im oberen Teil des Eileiters werden die vier Lagen Albumens der Reihe nach angelagert. Als erstes die kalkreiche Lage ziemlich dichten Albumens in einer dünnen Schicht um das Eigelb; dann eine Lage dünnen wäßrigen Albumens; als nächstes eine Lage dickflüssigen Eiklars mit den gedrehten Hagelschnüren, und zum Schluß wird noch ein äußerer Mantel dünnen Albumens zugefügt.

Die Ablage der Häute und der Schale
Die Membrane werden in dem mittleren Teil des Eileiters hinzugefügt. Zwei getrennte Lagen werden angelagert, die äußere ist der Grundbaustein, auf dem das Kalziumkarbonat der Schale im untersten Teil des Eileiters, dem Uterus oder der Schalendrüse deponiert wird.
Elektronenmikroskopisch sieht man, daß die Eiweißfasern der Membrane wie eine Matte verwoben sind, an der Innenseite ziemlich lose und an der Außenseite viel dichter. Das kalkige Kalziumkarbonat wird in einer lockeren, körnigen Struktur auf der Innenseite angelagert und wird vom Embryo gebraucht, um seine Knochen zu bilden. Die äußere Schale ist viel dichter und stärker, da ihre Hauptaufgabe der Schutz des Eies ist.
Die Pigmentierung der Eier der einzelnen Arten, die als Tarnung wirken soll, die Dicke und Durchlässigkeit der Schale wie auch die Dicke der Wachshaut auf der Oberfläche des Eies sind sehr unterschiedlich.

Am Ende wird das Ei durch das Zusammenziehen der Schalendrüse herausgedrückt. Streß oder Krankheit können die frühe Austreibung eines Windeies bewirken.

Kapitel 3
Die Spermabildung des Männchens

Die Anatomie der männlichen Fortpflanzungsorgane

Im Gegensatz zu den Weibchen, die nur einen Eierstock haben, sind beim Männchen beide Hoden vorhanden. Sie nehmen eine ähnliche anatomische Stellung wie die Ovarien ein: dicht unter der Wirbelsäule am vorderen Lappen der Nieren. Die Hoden des Haushahns sind immer vergrößert, da er sich die meiste Zeit seines Lebens im Fortpflanzungsstatus befindet. Bei allen anderen Vögeln aber gibt es eine bemerkenswerte saisonale Veränderlichkeit in der Hodengröße. Außerhalb der Brutzeit sind die Hoden kleine, unbedeutende Organe, aber auf dem Höhepunkt der sexuellen Aktivität können sie sich um ihr Zehnfaches vergrößern.
Mikroskopisch bestehen die Hoden aus einer Masse aufgerollter Kanäle, wie ein Gewirr von Schnüren, die in einem Ball aufgewickelt sind. Die Zellen entlang der Innenseite der Kanäle produzieren das Sperma, und die Zellen zwischen den Kanälen (Interstitialzellen) produzieren die männlichen Geschlechtshormone. Jeder dieser schnurartigen Kanäle endet in einem gemeinsamen Gang, dem Samenleiter (Vas deferens), der das Sperma zum Penis und der Kloake hinunterleitet. Bestimmte Vogelspezies, wie die Laufvögel (Nandu, Strauß etc.) und das Wassergeflügel, haben ein gut entwickeltes, aufrichtbares Kopulationsorgan, den Penis, während es bei anderen Spezies weit weniger entwickelt ist.

Die Geschlechtsbestimmung in der Kloake

Falls das Männchen ein Kopulationsorgan besitzt, ist die Geschlechtsbestimmung auch möglich, wenn im Gefieder, in der Größe und im Verhalten der Vögel keine Unterscheidung möglich ist. Beim meisten Nutzgeflügel wird aus wirtschaftlichen Gründen das Geschlecht bestimmt. Eintagsküken zu „sexen", ist eine Geschicklichkeitsarbeit, und die Vögel müssen sehr vorsichtig behandelt werden, da die zarten Organe leicht beschädigt werden können. Geübte „Hühnersexer" können mit nahezu 100%iger Sicherheit ungefähr tausend Küken in einer

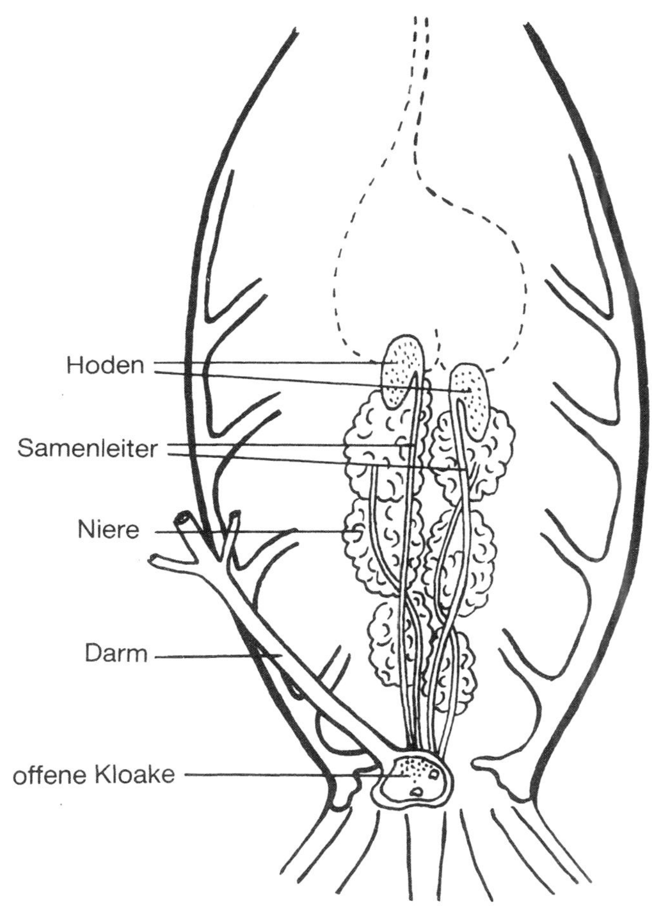

Abb. 3.1: Fortpflanzungsorgane eines jungen, männlichen Rebhuhns

Stunde untersuchen. Durch vorsichtigen Druck auf den Bauch wird der Kot aus dem Darm entleert und die Kloake kann ausgestülpt werden, so daß das Sexualorgan sichtbar wird. Bei Hühnern und Fasanen gibt es feine, aber genaue Unterschiede im Geschlecht, die von einem Geübten gut entdeckt werden können. Eintagsenten und -gänse können viel leichter bestimmt werden, da das männliche Geschlechtsorgan gut sichtbar wie eine kleine Bohne ist. Während der Jugend ist es nicht mehr so gut sichtbar, ist aber bei Erwachsenen wieder auffällig.

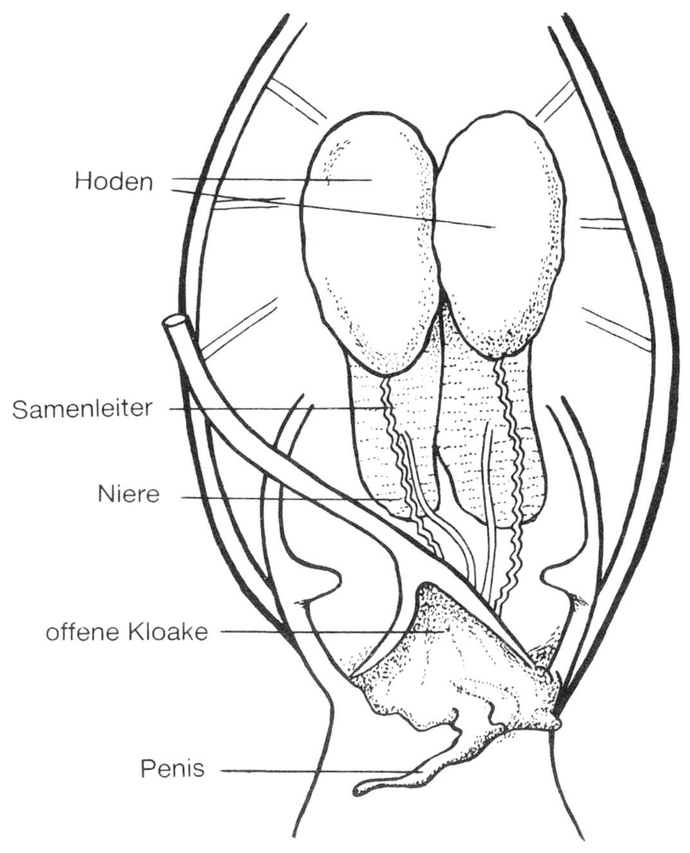

Abb. 3.2: Fortpflanzungsorgane einer männlichen Stockente zur Brutsaison

Die Anregung der männlichen Sexualorgane

Licht

Der Hauptreiz der Sexualfunktion ist das Licht, wie beim Weibchen. Die wichtigsten Faktoren dabei sind die wenigen Nachtstunden und nicht die Lichtintensität tagsüber. Bei vielen Vogelarten erfolgt der Lichtreiz beim Männchen später als beim Weibchen, daher können bei Brutbeginn öfter mal klare und unbefruchtete Eier auftreten. Alle Vogelspezies pflanzen sich normalerweise nur im Frühjahr fort, aber durch künstliche Lichtprogramme kann man sie dazu bringen, außerhalb der Saison zu brüten. Unter diesen Bedingungen ist es üblich, das Männchen zu trennen und mit dem verlängerten Lichtprogramm zwei bis drei Wochen früher zu beginnen als beim Weibchen, um eine gute Fruchtbarkeit zu erzielen.

Temperatur

Die Männchen sind ebenso temperatursensibel wie die Weibchen, die sexuelle Aktivität ist unter 15 °C deutlich herabgesetzt. Sehr heißes Wetter hat eine ähnlich abfallende Wirkung. Die sekundären Geschlechtsmerkmale, wie die Kehllappen und der Kamm, können durch Frost beschädigt werden. Schwere Schäden können den Vogel so weit beeinträchtigen, daß er jegliches sexuelles Interesse verliert und seine Zuchtkondition schnell versiegt.

Klimatische Einflüsse

Einige Wassergeflügelarten, die in den Subtropen leben, wie die Australische Mähnenente und verschiedene Arten der Baumenten, erreichen nur dann ihre Fortpflanzungsfähigkeit, wenn die Regenzeit beginnt und Wasser im Überfluß vorhanden ist. Sie könnten sonst ihre Jungen nicht aufziehen. Da diese nassen Perioden nur sehr unregelmäßig auftreten, kann man die Brutzeit dieser Vögel nicht festlegen. In unseren Breiten reagieren Schwarzhalsschwäne, Hühnergänse, Australische Kasarkas und andere Vögel auf den sich verkürzenden Tag, als würde sich in ihren natürlichen Lebensräumen die Regenzeit ankündigen.

Umgebung

In Gefangenschaft brüten zu viele Vögel auf engem Raum nicht. Schlechte Unterbringung, Schmutz, schlechte Trinkwasserqualität und ungeeignetes Futter vermindern die sexuelle Aktivität des Männchens. Unter nicht ganz so schlechten Verhältnissen legt das Weibchen manchmal ein paar Eier, aber diese sind gewöhnlich unbefruchtet.

Hormonelle Mechanismen

Der Mechanismus der sexuellen Entwicklung ist im Prinzip mit dem des Weibchens zu vergleichen. Steigende Lichtdauer und Temperatur wirken direkt auf das Gehirn. Die Hypophyse an der Gehirnbasis läßt zwei Hormone freiwerden, die die Hoden zur Vergrößerung und zur Funktion anregen.

1. Das follikelstimulierende Hormon (FSH)
Dieses Hormon ist identisch mit dem weiblichen FSH, es vergrößert die Hoden und die spermabildenden Zellen in den Hodenkanälen. Es fördert auch das Wachstum der Zellen zwischen den Kanälen.

2. Das zwischenzellenstimulierende Hormon (ICSH)
Das ist wahrscheinlich mit dem luteinisierenden Hormon des Weibchens identisch und regt die Spermienreifung in den Zellen der Hodenkanäle an. Gleichzeitig fördert es in den Zwischenzellen die Produktion von Testosteron, dem männlichen Geschlechtshormon.

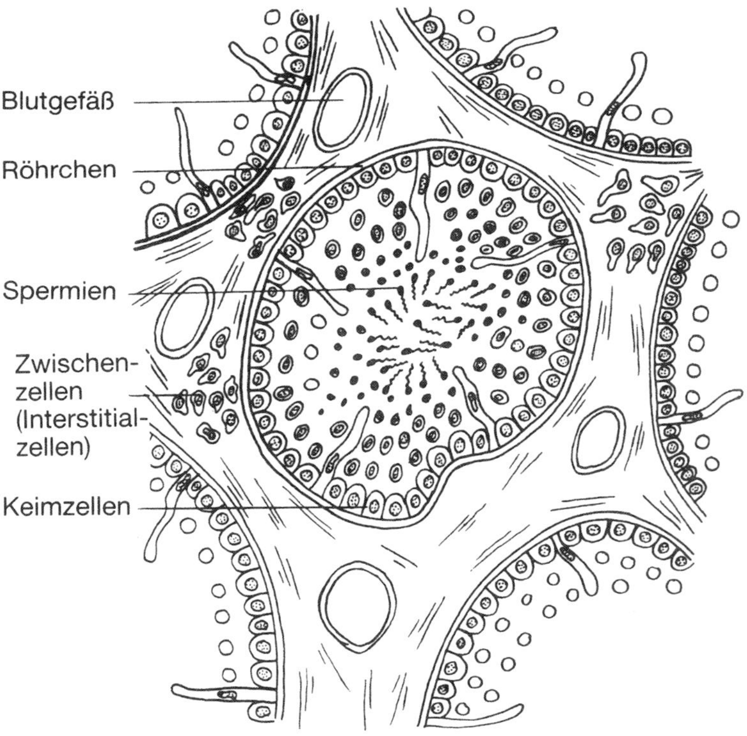

Abb. 3.3: Mikroskopischer Schnitt durch einen funktionstüchtigen Hoden

Bei einigen monogamen Vogelarten brütet auch das Männchen. Wahrscheinlich ist Prolaktin oder eine ähnliche Substanz für diese Verhaltensänderung verantwortlich. Bei den meisten aber bewacht das Männchen das Weibchen und den Nistplatz.

Testosteron

Durch Reizung des Gehirns und der Hypophyse wird nahezu im ganzen Tierreich das Hormon Testosteron von den Hoden der Männchen gebildet. Dieses ist für die Entwicklung der sekundären Geschlechtsmerkmale ausschlaggebend. Die Barthaare beim Jüngling, die Mähne des Löwen oder die Gefiederpracht eines gesunden Vogels deuten die Fortpflanzungsbereitschaft an. Das Hormon bedingt auch das dominierende Verhalten und die Angriffslust des Männchens und fördert die Balz- und Paarungslust. Außerdem werden dadurch die Spermatozoen in den Hodenkanälen produziert und freigesetzt.

Die Entwicklung der sekundären Geschlechtsmerkmale und der Brutkondition

Werden einem Vogel die Sexualorgane entnommen, kann er zwar das Gefieder des Hahns bekommen, aber die Farben sind anders und der Kehllappen, der Kamm usw. entwickeln sich nur spärlich. Auch beim Weibchen beeinflußt das Östrogen das Gefieder. Die ersten Federn von Jungvögeln sind nicht geschlechtsspezifisch, und der niedrige Hormonspiegel während der Jugend und außerhalb der Brutzeit ist für das normale Gefieder ausreichend. Gesteigerter Testosteron-Ausstoß verleiht dem Gefieder eine ganz besondere Pracht und vergrößert die Organe, die zur Schau gestellt werden sollen. Der Höcker auf dem Schnabel der Brandgans wächst und glänzt in allen Farben, wie es auch die Gesichtslappen der Fasane tun. Vögel, die am Ende der Brutsaison in der Mauser ihr Gefieder verdunkeln, antworten damit auf einen steilen Abfall des Testosteronspiegels und andere hormonelle Veränderungen. Das für das Weibchen übliche etwas farblosere Gefieder schützt es vor Feinden, wenn es sich in der Bodenvegetation versteckt. Trotzdem bleibt ein leichter männlicher Schimmer in seinem Gefieder.

Revier und Balzspiele

Für eine gute Fruchtbarkeit scheint es bei einigen Spezies eine wichtige Voraussetzung zu sein, daß das Männchen sich in einer Reihe von Schaukämpfen behauptet und ein gewähltes Revier erfolgreich verteidigt. Alle Arten haben ein bestimmtes Verhaltensmuster gemeinsam, aber die Schaukämpfe unterscheiden sich von dem protzigen Radschlagen des Pfaus über das verstohlen grollende Kollern der Krickente bis zu den grotesken Tänzen der Rauhfußhühner. Vielleicht liegt der Erfolg der Stockentenarten darin begründet, daß ihre Partnerschaft vor allem durch eine Art Vergewaltigung zustande kommt.

Künstliche Hormonanwendung

Die Angriffslust und das Sexualverhalten eines lustlosen, aber wertvollen Männchens zu steigern, ist durch wöchentliche Testosterongaben in geringer Dosierung möglich. Aber diese wirken nur, wenn der Vogel vollkommen gesund und die Hypophyse intakt ist. Eine spärliche Hypophysenfunktion, bedingt durch Krankheit, ungünstige Umgebung, Verschüchterung usw. kann durch die Hormongabe günstig beeinflußt werden, aber meist sind das kostspielige Experimente. Es ist weitaus nützlicher, die Funktion durch eine bessere Behandlung des Vogels wiederaufzubauen. Die sexuelle Aktivität kann bei einem Vogel, der mit Hormonen behandelt wurde, beträchtlich gesteigert werden. Aber andererseits wird oft nur eine begrenzte Zahl Spermatozoen während der Brutsaison produziert, und die Befruchtungsrate der Eier von den Hennen, die sich mit ihm gepaart haben, kann niedrig sein.

Kapitel 4
Die Fruchtbarkeit

Aus einem unbefruchteten Ei kann niemals ein Küken schlüpfen. Es hat keine erfolgreiche Befruchtung stattgefunden und der genetische Plan für die Bildung eines neuen Vogels liegt nicht vor; somit ist dieses Ei eine Anhäufung von Nährstoffen ohne mögliche Weiterentwicklung. In der Regel ist das unbefruchtete Ei auf einen Mangel beim Männchen oder auf seine Behandlung zurückzuführen. Nichtbefruchtung muß von schlechter Bebrütung unterschieden werden. Ein Ei kann befruchtet sein, aber es kann irgendwelche Fehler haben, die die Entwicklung eines gesunden Kükens verhindern. Sieht ein aufgebrochenes Ei am Ende der Bebrütung so aus, daß es als Frühstücksei serviert werden könnte, war es nicht befruchtet. Sieht es aber nicht wie ein frisches Ei aus, war es befruchtet, starb aber auf einer Entwicklungsstufe ab. Selbst wenn der Embryo in den ersten Stunden oder Tagen der Bebrütung starb, wirken die Enzyme, die er vor seinem Tod gebildet hat, weiterhin auf das Eigelb und lassen dieses faulig und flüssig werden. So ein Ei ist das ideale Nährmedium für Bakterien, die den Eiinhalt in eine faulige, übelriechende Masse verwandeln, wie sie uns sicher allen bekannt ist. Dieses Ei aber war befruchtet.

Die Brutergebnisse werden gewöhnlich als Prozentsatz von allen gelegten Eiern oder dem der befruchteten ausgedrückt. Es ist wichtig, zwischen eigentlich befruchteten Eiern und denen, die befruchtet waren, aber zu früh starben, zu unterscheiden.

Faktoren, die die Fruchtbarkeit beeinflussen

Alter

Das Alter des Männchens hat einen starken Einfluß auf die Fruchtbarkeit. Junge Vögel, die zwar geschlechtsreif und fortpflanzungsfähig erscheinen, können sich oft noch nicht erfolgreich und häufig paaren. Selbst wenn die Begattung stattfindet, kann der Vogel noch nicht genügend Samen gebildet haben, daß alle Eier des Geleges befruchtet werden. Es ist eine bekannte Tatsache, daß frühgeschlüpfte Fasane mehr Eier legen, mit einer besseren Fruchtbarkeitsrate und einem besseren Schlupfergebnis als ihre später geschlüpften Geschwister. Die

meisten Gänse legen nicht vor ihrem dritten Lebensjahr. Manche legen schon mit zwei Jahren, aber allzuoft ist der Ganter desselben Jahrganges noch nicht fähig, die Eier zu befruchten. Fast alle Fasane und Enten sind mit einem Jahr fortpflanzungsfähig. Die ersten Eier, die von Hühnern gelegt werden, sind im allgemeinen kleiner als die nachfolgenden und ihre Befruchtungsrate ist gering. Deshalb werden die Eier, die während der ersten zwei oder drei Wochen in Geflügelfarmen gelegt werden, nicht ausgebrütet.
Die Fruchtbarkeit sinkt auch mit zunehmendem Alter. Ein alter Vogel ist nicht mehr so kräftig, wie er einmal war. Die Häufigkeit der Paarungen und das Sperma, das für jede Paarung gebildet wird, werden mit der Zeit weniger. Vögel haben keine Menopause und sie versuchen, sich bis zu ihrem Tod fortzupflanzen; aber im Alter ist die Fruchtbarkeit oft schlecht. In großen Hühner- und Entenfarmen sind die Tiere nach ihrer zweiten Brutsaison nicht mehr wirtschaftlich. Die Fasane werden sogar nur ein Jahr gehalten, aber das eher, um Krankheiten in den Gehegen zu verhindern, als wegen der schwindenden Fruchtbarkeit. Die Hähne entwickeln auch sehr große Sporen, die die Hennen bei der Paarung verletzen können. Mit diesen Vögeln könnte man vier Jahre züchten, aber meistens tut man das nur mit den exotischen Arten, von denen jedes Ei wertvoll ist. Generell sind Enten sieben Jahre und Gänse sogar fünfzehn Jahre für die Zucht brauchbar. Man hat auch schon von Gantern gehört, die mit 25 Jahren noch Eier befruchteten.

Gesundheit
Ein offensichtlich kranker Vogel ist für die Zucht unbrauchbar. Vögel, die auf den ersten Blick gesund und fortpflanzungsfähig erscheinen, können an einer unterschwelligen chronischen Erkrankung leiden, die sie unfruchtbar werden läßt. Vogeltuberkulose, Aspergillose und Kokzidiose kommen häufig dort vor, wo Vögel schon jahrelang gehalten werden. Leukose und Mykoplasmose gefährden die Volierenbewohner besonders. Vögel, die sich von einer Salmonelleninfektion oder der Newcastle-Krankheit scheinbar erholt haben, haben sehr geringe Fruchtbarkeits-Schlupfraten. Alte Vögel, die an Arthritis leiden, versuchen nicht, sich zu paaren, und auch jede Verletzung der Füße oder der Flügel kann die Paarung eines sonst gesunden Vogels stark beeinträchtigen.

Nahrung
Große oder kleine Mängel in der Menge oder der Qualität des Futters

können die Fruchtbarkeit nachteilig beeinflussen. Ist der Mangel groß, wird die Henne keine Eier legen, oder der Hahn kann sie nicht befruchten. Sehr oft ist für die Eibildung zwar genügend Nahrung vorhanden, aber Mängel in der Nahrung ergeben eine schlechte Fruchtbarkeit oder sogar eine noch schlechtere Schlupfrate. Es erscheint seltsam, daß eine Henne in einer Saison fast ihr eigenes Gewicht an Eiern produziert, während der Hahn bei der gleichen Nahrung nicht eine winzige Menge Sperma bilden kann, um sie zu befruchten. Ein Teil dieser Eier wird zwar befruchtet sein, aber ein Mangel in ihnen macht sie nicht schlupffähig.
Wenn die Nahrung nicht ausgeglichen ist und sie zuviel Stärke und zuwenig Eiweiß enthält, können die Vögel übergewichtig und, wie die Menschen auch, lethargisch werden.

Parasiten

Endoparasiten (Parasiten, die im Körperinneren vorkommen), wie Nematoden, Luftröhrenwürmer, Strongyliden u. ä. verursachen häufig Unfruchtbarkeit. Die Anwesenheit der Würmer kann die Vögel durch Minderung der Futteraufnahme und der -verwertung schwächen, aber meistens verursachen sie einen Folgemangel, nämlich den der Vitamine und anderer Nährstoffe. Deshalb sollten alle Zuchtvögel regelmäßig entwurmt werden. Äußere Parasiten wie Flöhe, Läuse und Zecken belästigen die Vögel dauernd und können ihre Gesundheit beeinträchtigen. Der ständige Blutverlust kann sie blutarm werden lassen. Die Ansammlung von Parasiten rund um die Kloake kann zu Federrupfen führen, und zusätzliche Infektionen in so entstandenen Wunden können den Vogel unfruchtbar werden lassen. Es gibt viele Firmen, die Insektizide herstellen, die für den Vogel nützlich und harmlos sind, und diese sollte man vor jeder Brutsaison anwenden.

Umgebung

Gelangweilte, bis zu den Gelenken im Schmutz stehende Vögel und solche, die sich gegenseitig auf den Füßen stehen, legen selten befruchtete Eier. Jeder Züchter sollte die Grundregeln einer artgerechten Vogelhaltung und die Bedürfnisse seiner Schützlinge kennen. Das Gehege sollte der Vogelart angepaßt sein, sei es der Hühnerauslauf, die überdachte Voliere oder der offene Teich. Die Vögel sollten vor extremen Temperaturen und Regen geschützt sein und immer Zugang zu frischem Wasser haben. Verwandelt sich aber der Auslauf in einen Morast , werden Krankheiten nicht ausbleiben.

Licht und Temperatur regen das Brutverhalten an. Manchmal ist dieses aber bei Männchen und Weibchen nicht zeitgleich.
Das meiste Wassergeflügel kann sich nur auf dem Wasser paaren. Deshalb ist das Fehlen einer geeigneten Schwimmgelegenheit oft die Ursache einer schlechten Fruchtbarkeit.

Streß

Dieser wird gewöhnlich durch schlechte Umgebung und/oder schlechte Behandlung verursacht. Gehege, die zu klein oder ungünstig gelegen sind, in denen die Vögel die ganze Zeit sinnlos am Zaun hin- und herrennen und versuchen, sich zu verstecken oder auszubrechen, führen nie zu guter Fruchtbarkeit. Die ständige Anwesenheit von vermeintlichen Feinden, die sie fortwährend bedrohen, wie Kinder, die Stöcke durch die Stäbe stecken, Katzen, die versuchen einzudringen, und Hunde, die draußen hin- und herlaufen, schrecken einen furchtsamen Vogel auf. Störendes Ungeziefer wird dasselbe tun und braucht außerdem viel Nahrung. Auch die Bedrohung durch andere Vogelarten und der Druck durch häufige Rangkämpfe unter den Männchen verhindern oft eine erfolgreiche Paarung. Nicht wie bei der Stockente, bei der die Paarung einer Vergewaltigung gleicht, brauchen viele Vögel Frieden und Zeit, um ihre Partnerschaftsrituale auszuüben. Ist kein geeigneter Platz vorhanden oder Störungen dauern länger an, findet keine Paarung statt. Wenn zwei oder mehrere Männchen um ein Revier oder eine Arena streiten, sinkt die Fruchtbarkeit. Wenn allerdings die Männchen, die die Anregung eines anderen Männchens brauchen, um zu dominieren, in benachbarten Gehegen untergebracht sind, wo sie sich zwar sehen, aber nicht in Berührung miteinander kommen können, fühlt sich jeder Hahn, als hätte er das Gefecht durch den Käfig gewonnen, und paart sich als Beweis mit seiner Henne. Das funktioniert nicht mit benachbart eingesperrten Gänsen, da der Instinkt, das Revier von Rivalen freizuhalten, zu groß ist, und deshalb müssen sie eine festere Trennung durch eine Hecke oder einen starken Zaun haben.

Psychologische Kastration

Wenn Vögel sich in Herden paaren und einige Hähne sehr viele Hennen besitzen, wird eine Rangordnung unter den Hähnen aufgebaut. Die ranghöheren Hähne hacken einen anderen Hahn von einer Henne weg und paaren sich selbst mit ihr. Der nächstdominierende Hahn tut dasselbe mit einem anderen, den obersten ausgenommen, und so geht das die Reihe hinunter. Der rangniedrigste Vogel wird so gehackt, daß er seine Lust verliert. Selbst wenn dieser Vogel von den anderen getrennt wird und eigene Hennen bekommt, kann er sich nicht mehr paaren. Psychologisch ist er kastriert worden.

Bevorzugte Paarung

Manche Vögel, wie das Rothuhn, bei denen der Hahn fähig ist, mehrere Hennen zu begatten, bilden ein festes Paar nur mit einer der Hennen, wenn sie in ein Gehege mit mehreren Hennen verbracht werden. Sie benehmen sich, als seien die anderen Hennen gar nicht vorhanden, und diese legen dann unbefruchtete Eier. Das kann sogar bei Haushühnern geschehen, wenn bestimmte Hennen, die für den Hahn zu unattraktiv sind, keine Aufmerksamkeit auf sich lenken können.

Unnormale Prägung

In den ersten Stunden nach dem Schlüpfen hängt sich das Küken an das erste Lebewesen, das es wahrnimmt, und identifiziert dieses als Mutter und folgt ihr, wohin es geht. Im Normalfall sind dies natürlich die Eltern. Manche Vögel, vor allem die Gänse, binden sich sehr stark, und das dauert an, bis sie erwachsen sind. Die meisten aber verlieren diese Prägung während der Jugend und werden unabhängig. Wo diese Prägung besonders stark ist, wie bei den handaufgezogenen Gänsen, wollen sie sich nur mit den Objekten paaren, die sie aufgezogen haben. Wenn sie mit dem Gelege zusammen aufgezogen wurden, paaren sie sich untereinander. Aber Vögel, die allein und von Menschenhand aufgezogen wurden, sind überzeugt, daß dieser Aufziehende der einzig mögliche Partner sein kann, und diese Vögel sind für die Zucht untauglich. Vor einigen Jahren hat ein bekannter Vogelzüchter erfolgreich einen Rothals-Ganter unter dem Infrarotlicht aufgezogen, der nur seinen Futternapf und einen Aluminium-Wassertopf als Gesellschaft hatte. Stolz ob dieses Erfolgs erwarb er für teures Geld ein Weibchen, und die zwei Tiere lebten fröhlich zusammen. Das Weibchen begann zu legen, aber der Ganter wollte mit ihr nichts zu tun haben und vertrieb sie immer von dem Aluminium-Wassertopf und war sehr enttäuscht, wenn er ihn zu besteigen versuchte. Dieser Topf wurde mit einem offenen Trog vertauscht, aber der Vogel war verärgert und verlor seine Zuchtkondition. Ganz verzweifelt kaufte der Züchter für das Weibchen einen neuen Ganter. Dieser aber war in einem Kuhstall aufgewachsen und war vollkommen auf Kühe fixiert; er ging ständig auf die braune Milchkuh zu, die in der gleichen Koppel

stand, und warb um sie. Die braune Kuh wurde dann verkauft und durch eine schwarze ersetzt, aber das machte keinen Unterschied; der Ganter schien diese Veränderung nicht zu bemerken.
Fasane und Enten verhalten sich nicht so extrem, aber die Prägung findet dennoch statt. Vögel, die mit verschiedenen Spezies aufwachsen, wissen nicht, wer sie sind, und kreuzen sich regelmäßig mit ihnen. Dieses Problem ist schwierig zu lösen. Momentan ist es üblich, seltene und exotische Fasane einzeln in kleinen, weiß gestrichenen Holzboxen aufzuziehen, die oben ein weißes Licht haben. Das ist sehr gut, um Krankheiten und Federrupfen zu vermeiden, aber die Vögel sind dadurch auf nichts anderes als weiße, hellerleuchtete Umgebung fixiert. Wenn sie dann erwachsen und in voller Zuchtkondition sind, sind sie am anderen Geschlecht überhaupt nicht interessiert: Ihr Paarungsinstinkt ist bei der Geburt schon erstickt worden. Die künstliche Besamung ist die einzige Hoffnung für solche Vögel. Glücklicherweise werden künstlich aufgezogene Jungvögel eines Geleges aufeinander fixiert.

Inzucht
Bei übermäßiger Inzucht kommen rezessive Merkmale zum Vorschein. Die Vögel werden schwächer, sie haben keine Kraft mehr und sie zeigen nur wenig Balzverhalten. Das sexuelle Interesse ist gering, und die Hähne produzieren nur geringe Mengen Samen von schlechter Qualität. Die Keime sterben noch vor ihrer Entwicklung ab, selbst wenn sie befruchtet worden sind. Das Ei sieht dann aus, als sei es unbefruchtet gewesen. Das kann sowohl die Schuld der Henne als auch des Hahns sein. Neues Blut oder die Züchtung eines neues Stammes haben gegenteilige Effekte, nämlich die Vorteile einer gesunden Kreuzung. Kein Vogel hat die gleichen rezessiven Merkmale, so daß die dominanten Gene beider Vögel zutage treten. Dieses Phänomen wird in der Broilerzucht angewendet. Vier reine Großelternstämme werden gehalten. Zwei dieser Stämme werden miteinander gepaart, um die Mütter zu erhalten, und die zwei anderen sollen die Väter hervorbringen. Die Hybridisierung soll dann den Broilern die notwendige Stärke und Qualität verleihen. Wenn man diese Broiler wieder paart, werden sie nicht die Qualität ihrer Eltern erreichen.

Ursprüngliche Unfruchtbarkeit
Es kann vorkommen, daß ganz gesunde Hähne von guter Abstammung überhaupt keinen Samen hervorbringen. Das kann an den Hoden oder

an den Samenkanälchen liegen. Den wahren Grund zu erkennen, dürfte schwer sein. Als mögliche Ursachen kommen dafür in Frage:

1. Schlechte Bebrütungstechnik, vor allem Überhitzung oder sehr schwankende Bruttemperaturen können die Fortpflanzungsorgane bei ihrer Bildung beeinträchtigen. Die betroffenen Hoden sind später kaum in der Lage, ihre eigentliche Aufgabe zu erfüllen; auch die Legetätigkeit der Henne kann ähnlich benachteiligt werden.
2. Eine Fehlfunktion der Hypophyse kann dazu führen, daß die Hoden zu wenig zur Spermabildung angeregt werden.
3. Virusinfektionen (auch junge Männer können unfruchtbar werden, wenn sie Mumps bekommen).
4. Infektionen, die den Samenleiter von der Kloake her aufsteigen, können starke Vernarbungen verursachen, die verhindern, daß das Sperma bei der Begattung freigesetzt werden kann.

Künstliche Hilfen zum Erlangen der Fruchtbarkeit

1. Die künstliche Samenübertragung

Wenn die Inzucht bei einigen Spezies oder Stämmen so extrem geworden ist, daß die Vögel sich nicht mehr paaren, oder wenn, wie im Fall der Puten, bei denen es wichtig ist, daß das Fleisch an der richtigen Stelle sitzt, es für die Vögel anatomisch unmöglich wird, sich zu paaren, ist die künstliche Besamung die einzige Möglichkeit der Befruchtung. Die Technik ist einfach, muß aber gekonnt sein. Die Vögel werden in kleinen Drahtkäfigen gehalten, damit sie sich an menschliche Behandlung gewöhnen. Eine halbstündige Jagd, um den Vogel zu fangen, steigert nicht gerade die Chance des Erfolges.

Der Samen vom Hahn wird gewonnen, indem man mit der einen Hand seine Beine festhält und seine Brust auf dem Unterarm ruhen läßt. Der Rücken wird dann vorsichtig, aber doch kräftig mit der anderen Hand vom Kopf zum Schwanz einige Male massiert und seitlich an der Kloake leicht gedrückt. Das verursacht den Ausstoß einiger Samentropfen, die ein Assistent mit einer kleinen Pipette aufsaugt. Dieser Samen muß dann sofort in den Eileiter der Henne gebracht werden. Von der Menge ist es abhängig, wie viele Hennen besamt werden können. Um die Henne zu besamen, hält man sie ähnlich wie den Hahn und stülpt die Kloake aus, um den Eileiter darzustellen. Bei einer nicht legenden Henne ist das unmöglich. Wenn Gewalt angewendet werden muß, ist die Henne nicht bereit und es könnte ihr Schaden zugefügt werden. Wenn der Eileiter dargestellt ist (es ist immer der

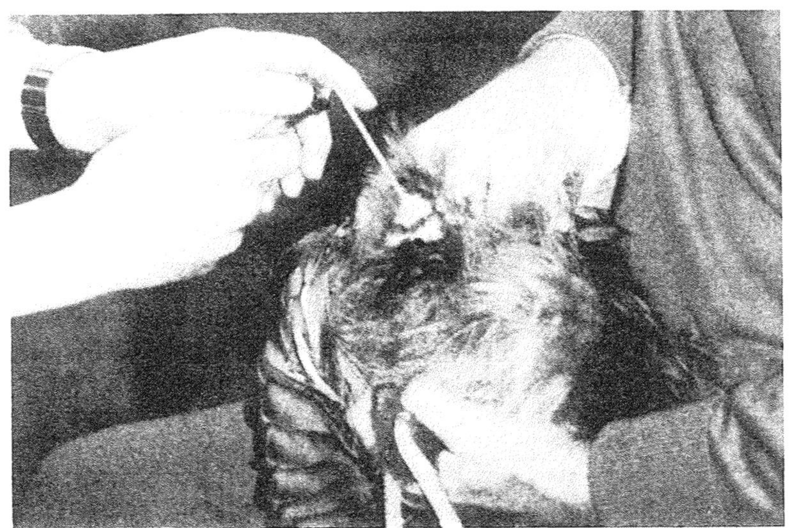

Abb. 4.1: Massage eines Braunen Ohrfasans zur Gewinnung des Samens. Beachten Sie die Fixierung des Vogels, während ein Assistent die Samenflüssigkeit aufsaugt

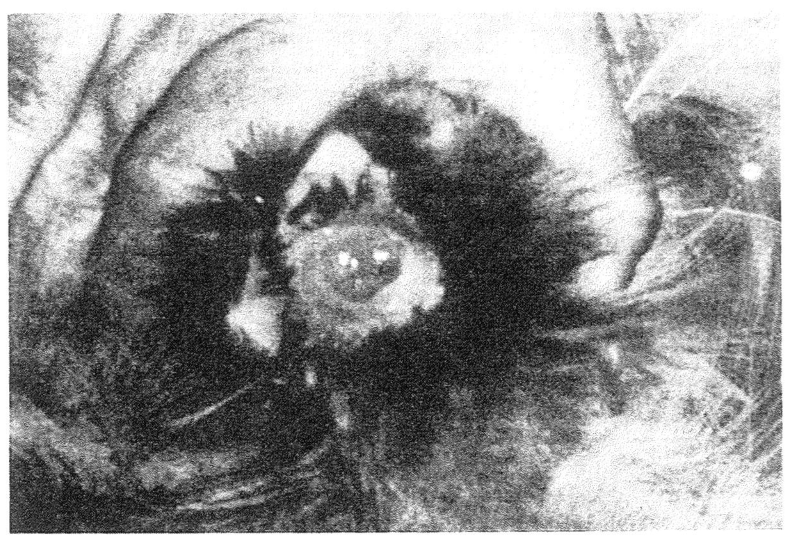

Abb. 4.2: Die ausgestülpte Kloake einer Henne zur Darstellung des Eileiters

linke, Anm. des Übersetzers), kann der Samen direkt hineingebracht werden, indem man ihn mit der Pipette hineinbläst. Zwei Tage später sollte man dann befruchtete Eier erhalten können.

2. Anwendung von Hormonen
Hormongaben werden dazu verwendet, die Vögel früher in Brutkondition zu bringen.

3. Lichtprogramme
Wenn außerhalb der normalen Brutsaison Vögel schon legen sollen, kann das durch künstliche Lichtprogramme erreicht werden. Wir nehmen das Perlhuhn als Beispiel. Die Eintagsküken werden zehn Wochen lang unter dauerndem Lichteinfluß aufgezogen. Das stimuliert sie, mehr zu fressen und somit schneller zu wachsen. Ein Minimum von zehn Stunden Licht ist in dieser Phase wichtig. Nachdem das Licht auf acht Stunden am Tag reduziert worden ist, werden die Vögel auf diesem Niveau gehalten, bis sie 22 Wochen alt sind. Jetzt werden sie in Käfige gebracht und das Licht wird täglich um eine halbe Stunde gesteigert, bis die Vögel 34 Wochen alt sind, 16 Stunden Licht am Tag haben und auf dem Höhepunkt ihrer Eilegetätigkeit sind. Die Intensität des Lichts ist nicht ausschlaggebend, doch wäre sie zu stark, wäre Kannibalismus die Folge. Während dieser Zeit darf die Temperatur nicht unter 15 °C fallen. Die Eiablage dauert etwa 38 Wochen, in dieser Zeit legt die Henne etwa 170–180 Eier. Wenn die männlichen Vögel mit den Hennen zusammengelassen werden, ist ihre Befruchtungsrate nicht so hoch, daher werden sie alle drei Tage künstlich besamt. Bei geeigneter Anwendung dieser Methode können von fast allen Vögeln außerhalb der Saison befruchtete Eier erhalten werden.
Ein fallendes Lichtprogramm wird extensiv in großen Putenfarmen angewendet, da es den Beginn der Geschlechtsreife verzögert und diese Vögel fetter und zufriedener werden. Unter diesen künstlichen Umständen kann es passieren, daß die Hähne nicht gleichzeitig mit den Hennen fruchtbar werden. Das kann auch allgemein der Grund für Unfruchtbarkeit sein, wo Vögel unter natürlichen Bedingungen leben. Das einzige Mittel ist, bei den Hähnen einige Wochen vor den Hennen mit dem Lichtprogramm zu beginnen.

Kapitel 5
Die Schlupffähigkeit

Die Tatsache, daß ein Ei befruchtet ist, garantiert noch nicht, daß aus ihm auch ein Küken schlüpfen wird. Obwohl eine schlechte Bebrütung jährlich von vielen Eiern einen Tribut fordert, schlüpfen manche Eier auch unter den besten Bedingungen nicht aus, da sie Mängel aufweisen.

Ein gutes Ei kann durch schlechte Behandlung verdorben werden, aber ein schlechtes Ei kann, nachdem es gelegt wurde, nicht verbessert werden. Die Schlupfrate wird normalerweise im Prozentsatz der befruchteten Eier und nicht der gelegten ausgedrückt. Wird das Ei als Plan oder Satz genetischer Informationen angesehen, die zusammen mit genügend Werkzeug und Material fähig sind, einen neuen Vogel zu bilden, können irgendwelche Fehler oder Unzulänglichkeiten im Plan, Werkzeug oder Material bewirken, daß das Küken nicht schlüpfen kann; selbst wenn der größte Teil der Entwicklung schon stattgefunden hat. Genauso kann die Zerstörung des Eiinhalts durch schlechte Lagerung, durch Infektion oder durch schlechte Bebrütung das Ei nicht schlüpfen lassen, selbst wenn bei Eiablage durchaus ein neuer Vogel hätte entstehen können. Die größte Sterblichkeit durch diese Fehler oder Schäden geschieht erst in der letzten Brutphase. Diese Küken liegen dann tot in der Schale.

Faktoren, die den Schlupf beeinflussen

Das Alter der Eltern

Wie die Fruchtbarkeit ist auch die Schlupffähigkeit stark vom Alter der Eltern abhängig. Die Eier von sehr jungen Vögeln schlüpfen oft recht spärlich. Entweder waren die Keime zu schwach oder ungenügend reif, oder der Grundstoffwechsel der legenden Henne war noch nicht bereit, das sich entwickelnde Ei mit allen nötigen Vitaminen, Mineralstoffen etc. zu versorgen.

Fasane, die mit zwölf Monaten mit ihrer Eiablage beginnen, legen mehr gute Qualitätseier als ihre Schwestern, die schon mit neun Monaten mit der Eiablage beginnen. Es ist viel besser, die früh

geschlüpften Vögel als Zuchttiere zu behalten, als dafür nur die spät geschlüpften zu nehmen.
Wenn ein Vogel altert, kann er auch nicht mehr soviel lebenswichtige genetische Bestandteile dem Ei hinzufügen, die für ein gesundes, lebensfähiges Küken wichtig sind. Eine lange Legeperiode scheint die Fähigkeit, wichtige Elementarnährstoffe in das Ei zu transportieren, zu erschöpfen, selbst wenn in seiner Nahrung an diesen Bestandteilen kein Mangel besteht. Dieses Altersproblem ist von Vogel zu Vogel verschieden, aber es kann sehr charakteristisch für einen einzelnen Vogel sein. Als Regel gilt, daß es sich wirtschaftlich nicht lohnt, Hühner, Enten und Fasane länger als zwei Jahre zu halten, Gänse können dagegen über zehn oder zwölf Jahre gehalten werden. Diejenigen Spezies, die nicht vor ihrem zweiten oder dritten Lebensjahr geschlechtsreif werden, können sich länger fortpflanzen als die, die schon im ersten Jahr legen.

Vererbung

Einige Vögel, die zwar unter besten Bedingungen gehalten werden, legen immer befruchtete Eier, die aber eine sehr schlechte Schlupfrate haben. Diese Eier weisen einen genetischen Mangel auf. Viele Genpaare sind für Stoffwechselvorgänge in Henne und Küken zuständig. Es gibt rezessive Gene, die normalerweise nichts bewirken, da sie durch die dominanten Merkmale verdeckt werden. Bei der Inzucht werden nun wünschenswerte rezessive Merkmale aufgedeckt, wie die Farbe der Federn, die Legekapazität oder die Wachstumsrate. Aber auch die unerwünschten rezessiven Merkmale kommen zum Vorschein:

1. Sexuelle Trägheit
2. Unfähigkeit, lebenswichtige Stoffe dem Ei zuzufügen
3. Verkümmern in der Embryonalentwicklung
4. Mangelnde Kraft zum Schlupf

Bei einigen seltenen Vogelarten in Gefangenschaft, bei denen Inzucht unumgänglich war, sind diese rezessiven Merkmale so betont worden, daß diese Vögel vom Aussterben bedroht sind. Einige sehr gute Stämme von Haushühnern sind auf diese Weise schon verschwunden. Die einzige Hoffnung für solche fehlerhaft ingezüchteten Lebewesen ist, sie wieder mit einem anderen Stamm auszukreuzen, und obwohl dieser auch genetische Defekte haben könnte, sind diese aber sicher andere als beim ersten Stamm. Das Verdecken dieser Merkmale durch dominante Gene vom anderen Stamm gibt der Nachkommenschaft eine neue Energie. Hoffentlich vererben nicht alle Spezies diese schäd-

lichen Gene, damit die Arten weiterleben können. Diese Hybridzucht wird vor allem bei Puten angewendet, um mehr Fleisch und Eier wirtschaftlicher produzieren zu können.
Einige Vogel- und Tierstämme scheinen diese unerwünschten Merkmale nicht zu tragen und können ohne sichtbaren Schaden unbegrenzt ingezüchtet werden. Das beste Beispiel ist das Australische Kaninchen. Millionen dieser Kaninchen gehen auf den Import von sieben Tieren zurück. Wahrscheinlich würde ein Tier mit solch einem unerwünschten Merkmal keine lebensfähigen Jungen zur Welt bringen und so würden diese durch natürliche Auslese verschwinden. Eine ähnliche Auslese durch Inzucht geschah bei der Wandergans, die in der Arktis nistet. Sie kam jedes Jahr in das gleiche Gebiet, um dort zu nisten, und wählte als Partner einen nahen Verwandten. Im Verlauf vieler Jahre entstanden fünf verschiedene Rassen von Kanadagänsen und drei Rassen von Ringelgänsen. Erst wenn sich die Rassen vermischen, paaren sie sich untereinander. Die Durchsetzungskraft dieser Kreuzungsprodukte kann zum Erfolg wilder Kanadagänse auf den Britischen Inseln und anderswo beigetragen haben.

Gesundheit und Umgebung

Die Umgebung, in der die Vögel gehalten werden, spielt für ihren Gesundheitsstatus eine entscheidende Rolle. Gute Gesundheit ist die Voraussetzung für gute Fruchtbarkeit und Schlupfergebnisse.

Anpassung: Der Platz, auf dem ein Vogel gehalten wird, muß seiner Art entsprechen, und solche Faktoren, wie seine natürliche Behausung, Jahreszeit, Temperatur, Lichtintensität und herrschende Wetterbedingungen, in Betracht ziehen. Die Vögel müssen sauber und ordentlich gehalten werden.

Licht: Die meisten Vögel werden durch die Veränderung der täglichen Lichtdauer angeregt, mit dem Legen zu beginnen. Es sind nicht nur die Fortpflanzungsorgane betroffen, sondern der ganze Stoffwechsel der Henne wird verändert, um die nötigen Bestandteile für das Ei aus ihrem Körper freizumachen. Ungeeignete Lichtbedingungen können diese Stoffwechselveränderung zum Nachteil des Eies beeinflussen.

Temperatur: Extreme Temperaturen können die Eibildung ebenfalls beeinflussen. Wie beim unpassenden Licht kann es sein, daß dieser Effekt zwar nicht das Einstellen des Legens bewirkt, aber die Schlupffähigkeit der Eier wird beeinträchtigt, da sie in einigen wichtigen Bestandteilen Mängel aufweisen.

Wetter: Jeder Faktor, der die Ruhe des Vogels stört, wirkt sich auf die Schlupfrate der Eier, die er gelegt hat, aus. In kalten, feuchten Gehegen, die keinen Schutz bieten, können wir nicht das Beste aus den Vögeln herausholen.

Aufkommen von Krankheiten: In der Natur haben die Vögel keine Kontrolle über ihre Ausscheidungen. Wo sie die meiste Zeit ihres Lebens verbringen, sind die größten Kothaufen, ob im Wasser der Enten oder unter dem Baum des Fasans. Dieser Kot ist der größte Feind der Gesundheit. Erstens enthält er alle Stoffwechselschlacken des Vogels, die, wenn sie wiedergefressen werden, eine großes Energiequantum benötigen, um wieder aufgespalten zu werden; in zu großer Menge aufgenommen, können sie äußerst giftig wirken. Zweitens, und das ist noch wichtiger, enthält der Kot Bakterien und Wurmeier. Bakterien kommen normalerweise im Darm jedes gesunden Vogels vor, können aber bei steigender Zahl schädigend wirken, wenn der Vogel mit ihnen nicht mehr fertig wird. Das kann ganz schnell geschehen und zum plötzlichen Tod führen. Im allgemeinen führt es mehr zu einer chronischen Schwäche. Die meisten Vögel haben auch Parasiten in sich, die ihnen soweit nicht schaden. Werden sie aber ständig neu infiziert, baut sich die Parasitenbelastung sehr schnell auf. Ihre Anwesenheit kann die Futteraufnahme einschränken, aber das schlimmere ist, sie bewirkt einen nachfolgenden Vitaminmangel. Beides kann die Schlupfrate sehr stark senken.

Zugang zu Futter und Wasser: Trotz stärkster Werbung der Geflügelfuttermittelindustrie wird nicht angezweifelt, daß die meisten Spezies exotischer Vögel bei der Möglichkeit der freien Futteraufnahme, wie Gras, Insekten und Würmern, Eier mit besserer Schlupfrate legen. Leider führt dieser Zugang zu einer Bakterien- und Parasitenansammlung in den Ausläufen, so daß es eigentlich besser wäre, sie von solchen Belastungen fernzuhalten, indem man sie auf Sand oder Maschendraht hält und sie mit Schnittgras und ähnlichem versorgt.

Spezifische Krankheiten

Die Schlupfrate von schwachen oder kranken Vögeln ist gering. Vögel, die sich von einer Krankheit erholt haben, können durch diese noch angegriffen sein und nur Eier minderer Qualität legen. Das beste Beispiel dafür ist, wenn ein Vogel an einer Erkrankung des Genitaltrakts gelitten hat, die wieder fast ganz geheilt ist. Es bleiben Narben im Genitaltrakt zurück, die dann mißgeformte Eier verursachen. Allzuoft ist kein Schaden sichtbar, aber die Eier haben doch einen Defekt. Die Hauptursache für diesen Fall ist die mangelnde Futteraufspaltung im Dünndarm.

Virusinfektionen

Die Geflügelindustrie wird mit einer ganzen Menge von Viruserkrankungen konfrontiert, die meistens erst erkannt wurden, nachdem sie sehr große Epidemien in den Intensivhaltungen verursacht hatten. Ständig werden neue Viren entdeckt. Die wichtigsten sind die Newcastle-Krankheit, die infektiöse Bronchitis, die Leukose, die Marieksche Krankheit, Gumboro, die Enzephalomyelitis der Vögel, die Geflügelpocken und die Entenpest. Die Sterblichkeitsrate bei all diesen Viruserkrankungen ist hoch und die Schlupfrate der genesenen Vögel sehr klein. Nach der Erholung sind einige Vögel immer noch Virusträger und können dieses Virus auf das Ei übertragen und die Eier im Brutapparat anstecken. Die größte Furcht in der Intensivhaltung ist der Ausbruch solcher Viruserkrankungen, die meist durch die Einfuhr von exotischen Vögeln eingeschleppt werden und die zu ganz strengen Quarantänebestimmungen in den meisten Ländern geführt haben.

Bakterielle Infektionen

Vogeltuberkulose: Das ist eine chronisch verlaufende Krankheit, die für Unfruchtbarkeit und schlechten Schlupf verantwortlich ist. Glücklicherweise wird das die Krankheit verursachende Mykobakterium weder auf das Ei übertragen noch bleibt es auf der Schale. Es wird durch infizierten Kot verbreitet und befällt vor allem ältere Tiere.

Salmonelleninfektion: Es gibt viele Salmonellenstämme, sie reichen von Typhus beim Menschen bis hin zu „salmonella pullorum", dem Hühnertyphus. Jahrelang war das ein großes Problem und fast jeder Vogel konnte befallen werden. Diese Krankheit ist uns auch als Weiße Kükenruhr bekannt. Sie kann nicht nur die Ursache einer hohen Sterblichkeit und chronischer Anfälligkeit sein, sondern die Träger können den Bazillus sowohl in das Ei als auch auf die Schale übertragen. Die Schlupfrate dieser Eier ist erschreckend schlecht und die Sterblichkeit von geschlüpften Küken, die angesteckt sind, erreicht fast 100 %. Er breitet sich im Inkubator rasend schnell aus, aber auch auf die Eisammelkörbe und in Kükenboxen. Wenn diese Einrichtungen nicht richtig sterilisiert worden sind, kann diese Krankheit einen immensen Schaden anrichten. Ein unentdeckter Träger im Betrieb kann die Zucht einer ganzen Saison vernichten.

Geflügelcholera: Sie ist gelegentlich für epidemisch auftretende Todesfälle verantwortlich. Die genesenen Vögel legen keine brauchbaren Eier.

Streptokokken- und Staphylokokken-Infektion: Das sind normalerweise Begleiter von infizierten Wunden und verursachen oft Entzündungen in den Gelenken, Füßen und im Eileiter. Eine infizierte Eischale kann den späten Tod des Embryos verursachen, und die Ausbreitung im Inkubator schreitet sehr rasch voran.

E.-Coli-Infektionen: Es gibt viele Stämme von E.-coli-Bakterien, die alle im Kot vorkommen. Manche sind sehr virulent (krankmachend). Dreckiger Boden und schmutzige Nester bedeuten ganz automatisch bei Vögeln und Eiern Infektionen. E. coli sind verantwortlich für viele enttäuschende Schlupfergebnisse.

Mykoplasmen: Das sind sehr kleine Bakterien, die mit den Viren einiges gemein haben und durch das Ei übertragen werden. Sie neigen dazu, in einer Herde endemisch aufzutreten, und sind manchmal der Grund schlechten Schlupfes.

Protozoeninfektionen: Die wichtigsten sind Kokzidiose und Schwarzkopfkrankheit. Chronische endemische Infektionen verursachen allgemeine Schwäche, Anämie durch Blutverlust und verminderten Appetit. Die Parasiten werden im Brutapparat nicht übertragen, aber betroffene Vögel legen Eier mit schlechten Schlupfergebnissen.

Darm- und andere Endoparasisten: Parasiteninfektionen vermindern nicht nur die Futteraufnahme, sondern können vor allem die Anzeichen eines akuten Vitaminmangels bei erwachsenen Vögeln anzeigen, obwohl diese eine ausgewogene Diät bekommen. Das wirkt sich natürlich auf die Schlupfrate der gelegten Eier aus. Es gibt verschiedene Wurmarten, aber keine von ihnen kann in das Ei dringen. Der Haupteffekt auf den Schlupf liegt im sekundären Vitaminmangel.

Pilzinfektionen: Aspergillus, ein Schimmel, der sich auf feuchtem und fauligem Grund vermehrt, kann die meisten Vogelarten befallen, vor allem die Lungen der Vögel. Es ist eine chronisch verlaufende Erkrankung, fast immer im Anschluß an eine vorherige Schwächung durch andere Faktoren, z. B. Transport oder unzureichende Ernährung. Bei jungen Vögeln kann sie auch Epidemien verursachen. Sie ist in Inkubatoren von außerordentlicher Wichtigkeit, da die Sporen vor und während der Bebrütung in das Ei dringen können und den Inhalt faulen und vergären lassen. Die Ei-zu-Ei-Übertragung im Inkubator verläuft schnell und tödlich.

Arzneimittel und andere Futterzusätze

Viele Arzneimittel, die dem legenden Vogel gegeben werden, können im Ei nachgewiesen werden, manchmal noch eine geraume Zeit nach der Aufnahme. Kokzidiostatika, Antibiotika und Anthelmintika werden einigen Geflügelfuttermitteln vorsorglich in kleinen Mengen zugesetzt und therapeutisch in größeren Mengen angewendet. Jedes dieser Mittel kann die Schlupfrate beträchtlich senken, vor allem, wenn es in höheren Dosierungen verwendet wird. Diese wirken durch Einmischung in die normal sich im entwickelnden Embryo ablaufenden biochemischen Prozesse und führen zum Tod oder zu Mißbildungen. Solche Mittel werden als Teratogene bezeichnet. Die Wirkung des Thalidoms auf den menschlichen Embryo ist ein typisches Beispiel für die Teratogenität.
Einige Vitamine, zum Beispiel die Folsäure, werden von den Bakterien im Darm aufgebaut und normalerweise sind die Bakterien die einzigen Lieferanten. Antibiotika töten diese Bakterien ab und verursachen somit einen Folgemangel an Folsäure. Brütenden Vögeln sollten keine Antibiotika gegeben werden, wenn es nicht für die Behandlung einer bestimmten Krankheit nötig ist.

Die Ernährung der Elternvögel

Einem gelegten Ei kann nichts mehr zugeführt werden. Damit es sich erfolgreich entwickelt, muß für den Embryo alles innerhalb der Schale vorhanden sein, was er für sein Leben braucht. Er befindet sich wie ein Raumschiff auf einer langen, langen Reise.
Die Bestandteile des Eies sind Wasser, Eiweiß, Fett und winzige Spuren Vitamine und Mineralstoffe, und all das muß aus der Nahrung der Mutter zugeführt werden.
Jeder Mangel in der Hennennahrung oder jede Krankheit oder jeder Fehler kann die Übertragung lebenswichtiger Zutaten in das Ei verhindern und mangelndes Wachstum oder sogar den Tod des Embryos bedeuten. Außerdem können sich sekundäre Mängel, durch Gedränge an den Futtertrögen, Einschüchterung durch andere Vögel, Wassermangel, Endoparasiten und dauernden Streß entwickeln.
Die wichtigen Nahrungsbestandteile sind Kohlehydrate, Eiweiß, Fett, Vitamine, Mineralstoffe, Rohfaser, Gritt und natürlich Wasser. Sie

müssen nicht nur in ausreichender Menge vorhanden sein, sondern auch im richtigen Verhältnis zueinander stehen.

Kohlehydrate

Die Quelle der Kohlehydrate im Futter ist vor allem die Stärke aus dem Getreide, wie Weizen, Mais, Hafer und Gerste. Seine Funktion ist die Energieversorgung. Energie wird für die Bewegung, das Wachstum und all die komplizierten biochemischen Prozesse, die nötig sind, um alle Bestandteile in das Ei zu bringen, gebraucht. Chemisch sind die Kohlehydrate aus einfachen Zuckermolekülen aufgebaut. Diese Zuckermoleküle sind miteinander zu Ketten verbunden, die Stärke bilden, welche sich nicht in Wasser löst und dadurch für die Pflanze leichter zu speichern ist. Komplexere Zuckermoleküle sind die Zellulose und das Lignin, lebenswichtige Bausteine jeder Pflanze, die ihr ihre Festigkeit verleihen. Zellulose und Lignin werden in dem Futter als Strukturstoffe bezeichnet. Um Stärke in ihre Zuckerbestandteile zu spalten, wird nicht viel Energie gebraucht, und alle Vögel können das in ihrem Darm tun. Aber Lignin und Zellulose können sie nicht spalten und daher haben sie keinerlei energetischen Wert. Eine Ausnahme sind die Rauhfußhühner. Mit ihren langen Blinddärmen, bis zu 1,5 m, sind sie in der Lage, auch Rohfaser in Energie umzuwandeln.

Erst dadurch können sie lange Wintertage in der Arktis und Tundra mit spärlicher Nahrung (Koniferennadeln, Weiden- und Birkenzweigen, Knospen) überdauern (Anm. des Übersetzers).

Einfache Zucker werden in immer kleinere abgebaut und geben dabei chemische Energie für andere Reaktionen ab. Diese kleinen Moleküle sind die Grundbausteine für die Fettsäureketten, die sich verbinden, um Fettdepots zu bilden. Fette enthalten mehr Energie als Stärke. 10 % des Eies bestehen aus Fett und es sind fast keine freien Kohlehydrate darin gelagert. Diese Energie muß aus dem Futter der Henne geliefert werden, und die Vögel fressen normalerweise so viel, um ihren Energiebedarf zu decken. Das Verhältnis von Stärke zu Rohfaser ist bei den einzelnen Getreidearten sehr unterschiedlich. Da beide chemisch Kohlehydrate sind, der Vogel aber nur die Energie nutzen kann, die in der Stärke enthalten ist, wird der Kohlehydratanteil im Futter nicht allein nach Gewicht gemessen, sondern in Kalorien, die biologisch pro Gewichtseinheit verfügbar sind. Da das Futter auch Fette und Öle enthält, welche viel Energie besitzen, werden sie ebenfalls dem Energiegehalt der Ration zugerechnet.

Eiweiß (Protein)
Protein ist der Lebensstoff. Das gesamte Fleisch besteht aus Eiweiß. Ein Ei besteht zu 15 % aus Protein, das meiste wird gebraucht, um die Struktur des Embryos zu bilden. Es gibt tierisches und pflanzliches Eiweiß. Weizen, Soya und Gras sind eiweißreich, aber Mais, Früchte und Gemüse sind eiweißarm. Fischmehl, Fleisch, Knochen und Federmehl sind gute Eiweißlieferanten, wie es alle lebende Nahrung ist. Proteine sind aus Aminosäureketten aufgebaut. Ihre Ketten sind zu komplexen Strukturen miteinander verwoben und bilden fast alle Gewebe des Körpers, wie Blut, Muskeln, Knochen, Federn und Haut. Aminosäuren entstehen alle aus dem Molekül NH_3, Ammonium, wobei eines der drei Wasserstoffmoleküle des Ammoniums durch ein komplexes, organisches Radikal ersetzt wird. In der Natur sind etwa 20 Aminosäuren bekannt, und alle können Proteine bilden. Der Typ der Proteine hängt von der Anordnung der Aminosäuren zu langen, aneinandergereihten oder miteinander verwobenen Ketten ab. Manche Aminosäuren werden als „nichtessentiell" bezeichnet; das heißt, daß der Vogel sich diese Aminosäure aus der Nahrung selbst aufbauen kann. Andere aber sind „essentiell"; das heißt, sie können vom Vogel nicht aufgebaut werden und müssen deshalb Bestandteil der Nahrung sein. Essentielle oder nicht essentielle Aminosäuren können im Körper nicht gelagert werden, so daß sie täglich wieder aufgenommen werden müssen. Zuviel Aminosäuren aus Proteinen im Futter werden abgebaut, um Energie zu liefern, und die NH_2-Radikale werden über die Nieren ausgeschieden, nachdem sie zu träger Harnsäure entgiftet worden sind. Wenn ein großer Überschuß an Proteinen gefüttert wird, häuft sich die Harnsäure im Körper an und legt sich als weißer Film auf die Oberfläche des Körperinneren und verursacht die Eingeweidegicht. Oft kommen ihre Kristalle in den Gelenken vor und bilden die häufigere Gelenksgicht.
Die Eiweißquellen im Futter variieren in ihrer Qualität, was nicht nur von der Zusammensetzung der essentiellen zu nicht essentiellen Aminosäuren abhängt, sondern mehr von der Weise, wie die Aminosäuren miteinander verbunden sind und ob der Vogel die notwendigen Verdauungsenzyme besitzt, diese Aminosäuren zu spalten. Ein alter Lederschuh ist eine richtige Goldmine von Aminosäuren, aber die chemischen Prozesse, die die Haut in Leder verwandelten, ließ die Aminosäuren so fest verbinden, daß sie als Nahrung unbrauchbar wurde. Pflanzliche Eiweiße haben ganz andere Aminosäurenverhältnisse als tierische und bei ihrer ausschließlichen Fütterung kann es zu Mangelerscheinungen einer oder mehrerer essentieller Aminosäuren

kommen. Die essentiellen Aminosäuren für Vögel sind: Lysin, Cystin, Methionin, Threonin und Tryptophan. Alle anderen können vom Vogel selbst aus den anderen, sofern diese im Überschuß vorhanden sind, gebildet werden. Wenn die essentiellen Aminosäuren im Futter, das nur aus pflanzlichen Proteinen besteht, mangelhaft vorhanden sind, können sie entweder durch eine Ration guten tierischen Proteins oder durch synthetische in den genauen Mengen zugefügt werden.
In großen Handelsmengen ist der Tagespreis der einzelnen Bestandteile der entscheidende Faktor, welche Methode angewendet wird. Die Qualität der Ration wird im allgemeinen als Prozentsatz Protein in Einheiten des verfügbaren Stickstoffs, ausgedrückt, mit den Prozentsätzen des Lysins und Methionins mit Cystin. Die meisten Rationen für die Zucht enthalten 15–20 % Protein. Das meiste Protein im Ei kann im Eiklar gefunden werden. Es enthält alle Aminosäuren in ihren entsprechenden und genauen Verhältnissen, die alle locker in einfachen Ketten miteinander verbunden sind. Diese sind für den Embryo biologisch vollkommen verfügbar, fast ohne Verluste. Alle diese Aminosäuren müssen im Futter der Henne vorkommen, in den korrekten Verhältnissen und biologisch für die Henne aufschlüsselbar. Die Qualität des Proteins spielt eine wichtigere Rolle als große Mengen Protein.

Fette

Fette sind ein wichtiger Bestandteil der Vogelnahrung, gewöhnlich sind sie zu 3 % darin enthalten. Die Quellen sind im allgemeinen Gemüse und Fischöl, eventuell Früchte und Insekten und etwas tierisches Fett. Die Fette haben zwei Funktionen, eine sichtbare und eine unsichtbare. Die sichtbare ist ihre Lagerung in Form von Körperfett als Energiequelle und die unsichtbare sind strukturelle Bestandteile des Gehirns, des Rückenmarks, der Nerven und der Blutgefäße. Depotfette sind Ester aus Fettsäuren mit Glycerol. Die Fettsäuren sind lange Ketten aus Kohlenstoff- und Wasserstoffatomen. Ketten, die eine sehr große Zahl von Wasserstoffatomen haben, sind gesättigt und bilden Fette, die bei Körpertemperatur fest sind. Die Ketten, die weniger viel Wasserstoffatome enthalten, werden als ungesättigte Fettsäuren bezeichnet, und diese sind bei Körpertemperatur flüssig. Depotfette, die aus Kohlehydraten des Futters entstehen, sind größtenteils gesättigt. Ein Teil des Futterfettes muß ungesättigt sein, sonst führt die anomale Ablagerung von Fett zu Arterienverstopfungen und zu Herzattacken. Strukturfette sind komplexe Moleküle, die Cholesterol, Lezithin, Lipoproteine und vieles andere enthalten. Mindestens zwei Fettsäuren sind als wesentlich für den Körperaufbau bekannt, das sind die Linolsäure und die Linolensäure. Vögel können diese Fettsäuren nicht aufbauen, deshalb müssen sie sie über das Futter aufnehmen. Sie kommen in den meisten Pflanzen vor, aber in weitaus größeren Mengen im Futter tierischen Ursprungs. Es gibt wahrscheinlich noch viel mehr essentielle Fettsäuren natürlichen Ursprungs, die aber für das Huhn noch nicht als essentiell erkannt wurden. Es darf auch nicht automatisch der Schluß gezogen werden, daß alle Vögel die gleichen essentiellen Fettsäuren brauchen. Generell können pflanzenfressende Vögel ihre eigenen Fettsäuren herstellen, das heißt, für diese Vögel sind sie dann nicht essentiell, während fleischfressende Vögel sie nicht herstellen können und sie somit für diese Vögel essentiell sind. Es ist auch gut möglich, daß es in der Vogelwelt leichte Veränderlichkeiten in der Herstellung der Fettsäuren gibt und daß einige Fettsäuren nur für einige Vögel essentiell sind. Mangel an essentiellen Fettsäuren läßt das Küken schlechter gedeihen, verursacht eventuell Nervenprobleme und frühzeitige Arterienverkalkung. Die frühzeitige Arterienverkalkung zusammen mit Herzbeschwerden ist bei einigen tropischen Vögeln, die in Gefangenschaft leben, ein Problem. Die Lösung des Problems könnte in einem Mangel an noch nicht bestimmten essentiellen Fettsäuren liegen, die im natürlichen Futter vorkommen, aber nicht in unseren Markenfuttermitteln.

Vitamine

Vitamine sind lebenswichtig. Obwohl sie im Futter immer nur in sehr kleinen Mengen vorkommen, führt die Abwesenheit dieser Substanzen im Futter sehr schnell zu Krankheit und Tod. Sie können vom Körper nicht gebildet werden. Alle komplizierten biochemischen Vorgänge des Lebens werden mit Hilfe von Enzymen durchgeführt. Jeder Schritt eines jeden Prozesses bedarf eines bestimmten Enzyms, welches genau die Reaktion und keine andere auslöst. Tausende von Enzymen sind bekannt, aber viele Tausende noch nicht. Jedes ist anders. Es scheint, als sei jedes Vitamin eine kleine Struktureinheit einiger Enzyme oder Enzymsysteme. Mangel an Vitaminen würde somit nicht den erforderlichen Schritt zur Reaktion erlauben, sei es die Spaltung der Stärke, der Aufbau eines Proteins oder die Ausscheidung bereits verwerteter Produkte. Der Vitaminmangel kann total, teilweise oder gering ausfallen. Das gleiche Futter, das für den Vogel in der nicht brütenden Saison ausreichend war, kann mangelhaft sein, wenn der Vogel in die Legeperiode kommt, da das Bedürfnis nach Vitaminen in dieser Zeit stark heraufgesetzt ist. Da für eine gute Schlupfrate das Ei alle Vita-

mine, die für die Bildung und das Wachstum des Kükens notwendig sind, enthalten muß, wird sehr viel zusätzliches Vitamin gebraucht; und auch, um das Ei überhaupt entstehen zu lassen.
Eine Ration kann zwar mehr als genug Vitamine haben, um eine legende Henne aktiv, produktiv und gesund zu erhalten, und trotzdem sind die Schlupfergebnisse schlecht, da ein Mangel an einem oder mehreren Vitaminen besteht. Das Wachstum des Kükens ist also auch von der Ausgewogenheit der Vitamine im Hennenfutter abhängig. Frisch geschlüpfte Küken können nur wenig Vitamine aus dem Futter aufnehmen, deshalb brauchen sie genügend Vorrat aus dem Ei.

Die Entdeckung der Vitamine
Als das Vorhandensein und der Zweck der Vitamine einst erkannt wurde, wußte man schnell, daß es sich um mehrere Substanzen handelte. Da alle Substanzen zwar eingeteilt wurden, aber nicht chemisch untersucht, wurden sie mit den Buchstaben des Alphabets versehen. So entstanden die Vitamine A, B, C, D bis zu K. Mit der Zeit wurde K aufgedeckt, B wurde in zwölf verschiedene Substanzen unterteilt, andere waren mit schon genannten identisch und bei einigen stellte sich heraus, gar keine Vitamine zu sein. Die meisten Vitamine sind mit ihrem chemischen Namen bekannt, aber der Einfachheit halber werden sie noch mit ihren Buchstaben bezeichnet.
Vitamin A, D, E und K sind fettlöslich, sie können also im Körperfett gelagert werden. Die B-Gruppe und Vitamin C sind nur in Wasser löslich und können deshalb im Körpergewebe nicht gespeichert werden. Vögel müssen täglich Vitamine aufnehmen.

Vitamin A
Vitamin A wird nur in tierischen Geweben gefunden, wobei die normale Quelle der Lebertran ist. In Pflanzen kommt es nicht vor, aber alle grünen Gemüse haben Karotin-Farbstoffe, die die Vögel in Vitamin A umwandeln können. In Futtermitteln wird oft synthetisches Vitamin A verwendet.
Es ist eine sehr unstabile, empfindliche Substanz, die durch Licht, Hitze und an Luft sehr schnell zerstört wird. Großer Mangel verursacht bei adulten Vögeln Blindheit und raschen Gewichtsverlust. Kleinere Mängel sind oft die Ursache für eine schlechte Schlupfrate, die durch altes Futter und fehlendes Grünzeug bedingt ist.

Vitamin D
Vitamin D wird in allen tierischen Geweben gefunden, aber die

Hauptquelle ist der Lebertran. Ultraviolettes Licht kann bestimmte Sterole in der Haut zu Vitamin D umsetzen, so daß viel Sonnenschein seinen Bedarf über die Nahrung vermindert. Wintersonne und Licht durch Glas sind allerdings wirkungslos.
Es ist am Kalzium- und Phosphorstoffwechsel beteiligt. Mangel verursacht Rachitis: Die Knochen sind weich, so daß sie sich verbiegen und deformieren, und die Schalenstruktur des Eies ist verändert. Kleinerer Mangel im Ei verhindert die Kalziumfreisetzung aus der Schale durch den Embryo und daher steigt die Todesrate in der Schale an. Zu viel Kalzium im Futter und ungenügend Phosphor erhöht den Bedarf an Vitamin D. Das wiederum kann einen relativen Mangel hervorrufen, trotz einer eigentlich ausgeglichenen Futterration.

Vitamin E
Der Lieferant dieses Vitamins ist das Weizenkeimöl, es sind hauptsächlich die Vögel von einem Mangel betroffen, die vorwiegend mit Mais gefüttert werden. Das kann schlechte Schlupfraten und ein mangelndes Gedeihen des Kükens verursachen und, in Extremfällen, Enzephalomalazie.

Vitamin K
Es wird in allen grünen Blättern gefunden und ist ein wichtiger Faktor bei der Blutgerinnung. Ein Mangel bedingt Blutungen aus den Gefäßen. Es ist im Ei meistens ausreichend vorhanden.

Vitamin-B-Gruppe
Diese sind wasserlöslich, und kleine Mängel sind oft die Ursache schlechter Schlupfergebnisse.

B_1, Thiamin: Es wird im Keim und der Schale von fast allen Getreidearten gefunden, deshalb entsteht beim Geflügel selten ein Mangel. Kriegsgefangene der Japaner litten schrecklich unter seinem Mangel, da sie nur geschälten Reis als Nahrung erhielten.

B_2, Riboflavin: Das ist bei der Brut das wichtigste Vitamin. Im Eiklar werden sehr große Mengen davon gefunden, aber in bebrüteten Eiern wird außerordentlich oft eine Unterversorgung festgestellt. Es ist in der Natur weit verbreitet, vor allem in Hefe und Gras; aber dem Fertigfutter wird meistens nur die synthetische Komponente zugefügt. Unterversorgung führt bei Küken zu Wachstumsverzögerung, Durchfall, Zehenverkrümmung (Faustbildung), Abmagerung und Sitzen auf den

Abb. 5.1: Ein Küken, das das Ergebnis unzureichender Fütterung zeigt. Die Eltern dieses Bantamkükens wurden nur mit Weizen und Abfall gefüttert. Sie legten gut, aber die Küken schlüpften sehr schlecht. Beachten Sie die armselige Stellung und die Schwäche der Füße und Zehen

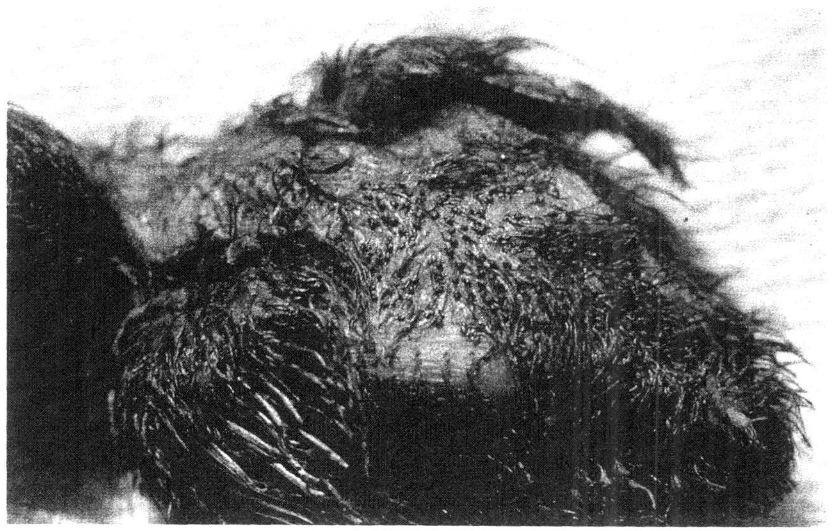

Abb. 5.2: Das klassische Umfallen bei einer Riboflavinunterversorgung

Läufen bei ausgestreckten Zehen. B_2 wird auch von verschiedenen Bakterien, vor allem den Pansenbakterien der Wiederkäuer und den Bakterien in tiefer Einstreu, gebildet. Vögel, die auf tiefer Einstreu gehalten werden, brauchen daher weniger Vitamin B in ihrem Futter als ihre Artgenossen in Batteriehaltung.
Was die hohe Konzentration anbelangt, die in Bruteiern benötigt wird, kann zwar genügend Vitamin B für eine hohe Eiproduktion vorhanden sein, aber nicht genügend, um daraus ein Küken schlüpfen zu lassen.

Nikotinsäure, Niacin: Das ist das Anti-Pellagra-Vitamin für die Menschen. Es kommt in den meisten Pflanzen außer Mais vor. Daher kann eine häufige Maisfütterung Mangel aufkommen lassen. Die essentielle Aminosäure Tryptophan kann in Niacin umgewandelt werden, so daß eine gute Proteinqualität es unnötig macht. Da im Ei eine große Menge Tryptophans ist, kann eine schlechte Eiweißqualität einen sekundären Mangel dieses Vitamins verursachen.

B_6, Pyridoxin: Dies ist ein sehr wichtiges Vitamin für den Schlupf und das frühe Wachstum des Kükens. Es ist an der Spaltung und der Herstellung von Proteinen beteiligt und in der Natur weit verbreitet. Große Mängel sind selten, aber kleine kommen häufig vor und verursachen viele abgestorbene Embryonen in der Schale. Eine hohe Proteinfütterung fördert den Bedarf dieses Vitamins und kann somit Folgemängel sowohl im Ei als auch im Küken hervorrufen. Wenn gleichzeitig zu wenig Mangan im Futter ist, unterstützt ein Pyridoxinmangel die Entstehung von Perosis. Das ist eine Erweichung der wachsenden Knochen, so daß die Strecksehne vom Rollhöcker des Gelenks gleiten kann und das Bein auswärts gedreht wird.

Biotin und Pantothensäure: Beide kommen beim Vogel meist in ausreichender Menge vor.

Folsäure: Das ist ein wichtiges Vitamin für die Bildung der roten Blutkörperchen. Da es normalerweise von den Darmbakterien gebildet wird, ist ein Mangel selten. Probleme treten aber auf, wenn ein Vogel mit Antibiotika behandelt wurde, die diese Bakterien abtöten. Das kann sehr schnell ein Folsäuredefizit auslösen, was viele frühembryonale Todesfälle aufgrund unzureichender Blutbildung zur Folge hat.
Die prophylaktische Routinebehandlung von Zuchtgeflügel mit Antibiotika bedingt mehr Probleme als sie löst.

Vitamin B_{12}, Cyanocobalamin: Das ist ein anderes lebenswichtiges Vitamin, das an der Blutbildung beteiligt ist. Es wird von vielen Bakterien und Humus gebildet, aber nicht von Pflanzen, Vögeln und Tieren. Es kommt im Fleisch aller Tiere vor und wurde ursprünglich als tierischer Proteinfaktor bekannt. Geringe Mängel senken die Schlupfrate erheblich. Heute wird es meist synthetisch zugesetzt.

Cholin: Das ist kein richtiges Vitamin, da es auch aus der essentiellen Aminosäure Methionin gebildet werden kann. Es wird aber Vitamin, wenn die Futteraufnahme von Protein ausschließlich pflanzlichen Ursprungs ist. Es wird dem Futter normalerweise mit den synthetischen essentiellen Aminosäuren zugesetzt.

Vitamin C, Ascorbinsäure: Für den Menschen ist das ein sehr wichtiges Vitamin, da bei unzureichender Aufnahme Skorbut entsteht. Vögel scheinen es nicht zu benötigen, da Experimente, bei denen Futter ohne Vitamin-C-Gehalt gegeben wurde, keine Schäden sichtbar werden ließen.

Mineralstoffe

Wie die Vitamine sind Mineralstoffe lebenswichtig und nur in kleinen Mengen nötig.

Salz, Natriumchlorid: Die Konzentration von Salz in Blut und Gewebe ist ähnlich der in Meerwasser. Es wird behauptet, daß das ein Vermächtnis der Entwicklung sei. Die meiste Nahrung hat einen bestimmten Salzgehalt, aber es ist trotzdem nötig, der Nahrung noch etwas Salz hinzuzufügen. Die übliche Konzentration des Futters ist 0,5 %.

Kalzium und Phosphor: Diese beiden Mineralstoffe werden immer zusammen betrachtet, da Kalziumphosphat einer der Hauptbestandteile der Knochen ist und die Mengen der beiden sich im Blut ergänzen. Vitamin D ist ein wichtiger Teil des Enzymsystems, das Kalziumphosphat aus den Knochen freisetzt, aber auch wieder zurückbringt. Mangan- und Zinkionen sind für dieses Enzymsystem ebenfalls notwendig. Kalzium ist auch für die Biochemie der Muskeltätigkeit und der Blutgerinnung wichtig.
Die normalen Quellen für Kalzium und Phosphor sind Fleisch, Knochen und Fischmehl. Kalzium wird durch Kalksteinmehl und Austernschalengritt ergänzt, welches beides aus Kalziumkarbonat besteht. Das ganze Kalzium, das für den Aufbau der Knochen des Embryos

gebraucht wird, wird in der Eischale bereitgestellt. Während der Legeperiode verändern sich die Knochen der Henne ganz entscheidend. Außerhalb dieser Periode sind die langen Knochen hohle Röhren, nur mit Knochenmark gefüllt, aber ein Teil der Stoffwechselveränderung während des Legens beinhaltet, daß das Knochenmark fast vollständig durch ein Gerüst schwammartigen Knochens ersetzt wird, duchsetzt mit Blutgefäßen, welche das Kalzium aus den Knochen in die Blutbahn befördern. Ist in der Nahrung überhaupt kein Kalzium, kann die Henne etwa für sechs Eier Kalzium aus den Knochen freisetzen, ohne eine Wirkung zu zeigen. Verlängertes Kalziumdefizit verursacht das Syndrom der Käfigmüdigkeit, das durch Eier mit schlechter Schalenqualität gekennzeichnet ist und schließlich zum Tod führt.
Übermäßiges Kalzium im Futter wird von den Nieren in Form von Kalziumphosphat ausgeschieden. Ist nur das Kalzium im Überschuß, bringt diese Urinausscheidung einen Phosphormangel mit sich. Phosphat, das dem Futter zugesetzt wird, ist meist chemisch an Moleküle gebunden, die für den Vogel nicht aufschließbar sind. Sie haben nicht die notwendigen Enzyme im Verdauungstrakt, den Phosphor herauszuziehen. Gewöhnlich wird der Phosphor als Gesamtphosphor und verdaulicher Phosphor in einer Futterration angegeben.
Der Fettgehalt einer Nahrung kann die Aufnahme des Kalziums aus dem Darm beeinflussen. Zuviel Fett kann eine Kalziumaufnahme vollkommen verhindern. Die normalen Zuchtfutter enthalten 3 % Kalzium und ungefähr 0.6 % verdaulichen Phosphors.

Mangan: Manganmangel wirkt sich auf den Kalziumstoffwechsel aus. Er verursacht Perosis, das sind abgeglittene Achillessehnen, außerdem schlechte Eischalen und Schlupfraten. Zuviel Kalzium im Futter erhöht den Manganbedarf und kann einen relativen Mangel erzeugen.

Andere Spurenelemente: Winzige Mengen von Eisen, Jod, Kupfer, Zink, Kobalt und verschiedenen anderen Elementen werden für die Gesundheit und den Schlupf benötigt, aber diese sind fast alle in den normalen Futtermitteln vorhanden und sorgen selten für Probleme.
Mängel einer einzigen Substanz kommen nie vor. Ist die Nahrung schuld an einer schlechten Schlupfrate, liegt meist ein Mangel mehrerer Substanzen vor. Es sind oft Folgemängel nach Parasitenbefall oder schlechter Aufbereitung der Nahrung im Darm nach einer Krankheit. Da die erforderlichen Mindestmengen aller lebenswichtigen Vitamine und Mineralstoffe nicht genau bekannt sind und diese sich mit der Zusammensetzung der Futterration und der Vogelart, der sie gefüttert

wird, verändern, sind die meisten Futtermittelhersteller auf Sicherheit bedacht und gehen großzügig mit der Menge an Vitaminen und Mineralstoffen um, die sie dem Futter zufügen.

Rohfaser und Gritt
In jedem Futter ist ein unvermeidbares Minimum an Rohfaser von etwa 3 %. Ein kleiner Teil ist für die Darmtätigkeit notwendig, aber eine Ration mit zuviel Rauhfutter ist zu ballaststoffreich und der Vogel kann trotz ausreichender Nahrung nicht genug Energie erhalten. Zuviel Früchte und Grünzeug können die Zahl und Qualität der Eier, die in einer Saison gelegt werden, senken.
Gritt ist ein wichtiger Teil der Nahrung, da Vögel keine Zähne haben, um das Futter zu zerkleinern, damit die Verdauungssäfte es sofort auflösen können. Diese Zerkleinerung findet im Muskelmagen statt, einem Teil des Verdauungstraktes, der sich ständig zusammenzieht und wieder entspannt und dabei das geschluckte Futter zu einer Art Paste vermengt. Die Steinchen im Magen vermischen sich mit dem Futter und zerkleinern die großen Bestandteile schnell.

Wasser
65 % des Eies sind Wasser. Wenn die Vögel einen Tag ohne Wasser verbringen, hören sie meistens mit ihrer Legetätigkeit auf. Das Wasser für das Ei überschreitet den normalen Flüssigkeitsbedarf weit. Einhundert Hennen trinken in der Zeit, in der sie NICHT legen, fast 25 Liter Wasser täglich.
ALLE VÖGEL MÜSSEN ZU JEDER ZEIT FREIEN ZUGANG ZU SAUBEREM WASSER HABEN.

Die Zusammensetzung des Futters

Enorme Summen sind im Laufe der Jahre ausgegeben worden, um den genauen Futterbedarf eines Haushuhns herauszufinden, und zwar zu jeder Zeit des Wachstums und der Produktion. Die Ration der Zuchthenne muß der Ausgangspunkt für alle Spezialfutter der Ziervögel sein. Obwohl dies noch immer nicht ganz standardisiert ist, kann man behaupten, daß eine kleine Henne, die große Mengen Eier legt, einen kleineren Appetit hat als eine größere Henne, die viel weniger Eier legt. Um die kleinere Henne mit genügend Nährstoffen zu versorgen (innerhalb ihrer Aufnahmekapazität), muß die Ration ziemlich konzentriert sein. Wenn man die gleiche konzentrierte Ration einer schwereren Henne mit ihrem größeren Appetit verfüttert, wird diese fett werden und weniger Eier legen. Es gibt extra Futter für Legehennen und für Broiler.

Das Verhältnis der Ration von Energie zu Protein ist der kritische Punkt für ein Maximum an Produktivität und verändert sich mit dem Alter und dem Typ des Vogels. Für einen durchschnittlich großen Brutvogel scheint die optimale Ration 75 Kalorien pro 100 % Rohprotein im Futter zu sein.

Untersuchungen bei Fasanen, Wachteln, Puten und Enten haben ergeben, daß der Proteinbedarf dieser Spezies den Haushühnern sehr ähnlich ist, aber einige Hersteller fügen noch auf gut Glück etwas hinzu. Dabei liegt der Vitamin- und Mineralstoffbedarf viel höher als bei Hennen.

Soweit bekannt ist, sollten die folgenden Inhaltsstoffe bei den meisten Vögeln in Gefangenschaft Eier mit guter Schlupfrate hervorbringen. Zweifelt jemand, kann er ohne Schaden extra Vitamine und Mineralstoffe ins Trinkwasser geben.

Antibiotika etc. während der Zuchtperiode zu verfüttern, ist nicht ratsam, es ist aber außerhalb der Zuchtsaison erlaubt.

Inhaltsstoffe	% des Futters
Rohprotein	17,53
Öl	2,89
Rohfasern	3,67
Lysin	0,875
Methionin und Cystin	0,632
Methionin	0,369
Kalzium	3,04
verdauliches Phosphor	0,434
Salz	0,347
Threonin	0,642
Tryptophan	0,226
Linolensäure	1,222

Energie: 2792 Kilokalorien pro Kilogramm Futter

Vitamin- und Mineralstoffzugaben pro Tonne gemischten Futters	
Vitamin A (mega i. u)	13,0
Vitamin D_3 (mega i. u.)	3,0
Vitamin E (kilo i. u.)	25,0
Vitamin K (g)	2,0
Folsäure (g)	1,0
Nikotinsäure (g)	20,0
Pantothensäure (g)	8,0
Riboflavin (g)	10,0
Vitamin B_{12} (mg)	10,0
Thiamin (g)	2,0
Pyridoxin (g)	4,0
Cholinchlorid (g)	600,0
Biotin (g)	0,09
Kobalt (g)	2,15
Jod (g)	2,25
Kupfer (g)	7,0
Eisen (g)	40,0
Mangan (g)	80,0
Zink (g)	60,0
Magnesium (g)	200,0
Selen (g)	0,10
Molybdän (g)	1,0
Endox (Antioxidans) (g)	110,0

Kükenpellets (Kükenstarter)

Der Nahrungsbedarf bei Küken ist besonders hoch, da sie sehr schnell wachsen. Alle Spezies brauchen viel Vitamine. Obwohl die meisten mit der Pelletfütterung gut wachsen, benötigen einige Spezies noch einen höheren Proteingehalt. Das betrifft vor allem alle Wachteln, Fasane und Puten. Fasane, die in der Wildnis Vegetarier sind, z. B. der Kocklass, brauchen einen bemerkenswert hohen Spiegel an wasserlöslichen Vitaminen, besonders Folsäure. Putenstarter mit bis zu 30 % Eiweiß sollte allen Fasanen und Wachteln gefüttert werden. Bei Gösseln und den meisten Entenküken können Mängel entstehen in Form von hängenden Flügeln, Eingeweidegicht und Nierenentzündung, wenn sie nur auf einem kleinen Raum gehalten werden und ihnen Protein von zu hoher Qualität zur freien Verfügung steht. Sie müssen viel Auslauf, freien Zugang zu Gras und anderem weniger gehaltvollen

Futter haben, um die Ration zu strecken. Wenn das nicht möglich ist, muß das Futter erheblich mit Körnern und Grünzeug verdünnt werden.

Pellets für Jungtiere

Nach einigen Wochen sinkt der Proteinbedarf stark ab, aber der Energiebedarf bleibt gleich. Es ist nicht nur billiger, ein weniger gutes Futter zu füttern, sondern es ist auch für das Geflügel gesünder.

Legehennenfutter

Das ist eigentlich gleich wie das Futter für die Zucht, nur der Vitamin- und Mineralstoffgehalt liegt viel niedriger, nämlich genau an dem Minimum, an dem die Eibildung noch möglich ist. Der Kalziumspiegel bei Legehennen- und Zuchthennenpellets ist für Küken oder Junghennen viel zu hoch und könnte schädlich sein.

Spezialfutter für Enten, Puten und Fasane

Viele Firmen bringen Spezialzuchtfutter für diese Vögel heraus und verlangen oft hohe Preise. Auf jeden Fall bleiben der Eiweiß- und der Energiegehalt gleich wie für die Hühner, aber die Vitamin- und Mineralstoffzusätze werden erhöht. Einige Firmen geben einfach die doppelte oder dreifache Menge dazu.
Einige Spezialfutter können als Alleinfutter verfüttert werden, während andere Firmen extra sagen, ihr Futter könne nur als Zusatzfutter verwendet werden und der andere Teil sollte aus Körnern bestehen. Diese Futtersorten enthalten sehr viel Eiweiß und Energie und kommen dem Kükenstarter fast gleich.
Die meisten Futter für die Zucht haben einen sehr hohen Kalziumgehalt. Kalkstein und Austernschalengritt sollten nicht zugefüttert werden, wenn es nicht ausdrücklich auf dem Sack verzeichnet ist. Legehennenfutter kann als Zuchtfutter verwendet werden, wenn Vitamine und Mineralstoffe in Wasser gelöst zusätzlich angeboten werden.

Bekannte Steckenpferde und Liebhabereien der Züchter

Jeder erfolgreiche Vogelzüchter rühmt sich, sein Futter sei der entscheidende Faktor dafür, daß seine Vögel fruchtbare Eier mit guten Schlupfergebnissen legen. Vorsichtige Untersuchungen dieser Aussprüche zeigen oft, daß diese Leute hervorragende Züchter sind, die einfach beobachtet haben, daß der eine Vogel Gras frißt und der andere Insekten, und haben dafür gesorgt, daß die Vögel das auch weiterhin tun können. Leckerbissen, wie Erdnüsse, Sultaninen, Hundebiskuits, Ameiseneier, Mehlwürmer etc., sind nur Bruchstücke des züchterischen Erfahrungsschatzes, aber nicht der eigentliche Grund ihres Erfolgs. Sie haben eben für das feinste Futter gesorgt, daß sie sich leisten konnten, und sich mit ihren Vögeln angefreundet.

Hygiene

Es ist nicht schwer, ein gesundes befruchtetes Ei durch bakterielle Verunreinigung oder schlechte Lagerung zu verderben, noch bevor es angesetzt ist. Allzuoft wird der Schaden, der dem Ei zugefügt wurde, erst nach der Bebrütung sichtbar und das späte Absterben des Embryos wird der eigentlichen Ursache nicht mehr zugeschrieben.

Bakterielle Verunreinigungen

Einige krankmachende Organismen, wie Salmonellen und Viren, können in den Hennen leben und werden auf das Ei übertragen, noch bevor die Schale gebildet wurde. Im allgemeinen werden sie aber erst nach dem Legen durch die Poren der Schale hindurch übertragen. Der natürliche Abwehrmechanismus des Eies gegen Infektionen kann eine große Zahl von Eindringlingen in Schranken halten, wenn ihre Zahl nicht zu groß ist. Gegen einen übermäßigen Befall bietet er keinen Schutz mehr. Bakterien können sich unter optimalen Bedingungen in 20 Minuten verdoppeln und ein einziger Keim kann über Nacht auf eine Million ansteigen. Die warme, feuchte Luft des Inkubators fördert diese guten Bedingungen, so daß ein infiziertes Ei den Tod für alle anderen gesunden Eier in demselben Brutapparat bedeuten kann.
Bakterien können innerhalb von drei Stunden durch die Schale eines frisch gelegten Eies passieren. Der Eintritt wird durch Feuchtigkeit auf dem Ei noch begünstigt; ist es noch dazu schmutzig, wächst die Zahl der eindringenden Bakterien erheblich an.
Gleich nach der Ablage hat das Ei die Körpertemperatur der Henne, aber es kühlt schnell ab. Die Abkühlung verursacht eine leichte Verkleinerung des Volumens des Eiinhaltes, so daß im Ei ein Vakuum entsteht und Luft durch die Poren in das Ei fließen kann. Dabei wird eine Luftzelle gebildet, die wir Luftkammer genannt haben. Nicht nur die Luft wird in diesen Raum gezogen, sondern auch die Bakterien. Die Eier sind für Infektionen sehr anfällig, wenn sie abkühlen.

Die Verminderung der bakteriellen Ansteckungsgefahr

Die Nester: Diese sollten sauber und trocken sein und das Nestmaterial oft gewechselt werden. Torf, trockener Sand, Holzspäne, Heu und

Stroh etc. sind geeignet und alle ziemlich frei von Verunreinigungen, wenn sie frisch sind. Natürlich gewachsenes Nistmaterial, mit dem der Vogel sein Nest baut, beherbergt nur wenige Bakterien, aber es kann tödlich wirken, wenn es naß wird oder von einem anderen Vogel ein zweites Mal benutzt wird.
Nester, die mit Kot beschmutzt sind, verursachen besonders leicht Infektionen. Der normale Schimmel, der auf verfaulenden Pflanzen gedeiht, vor allem Aspergillus, kann leicht auf die Eier übergehen.
Allgemeine Haltungsbedingungen: Wenn Vögel auf einem Gelände, das mit Kot beschmutzt ist, gehalten werden, können Infektionen leicht mit den Füßen des Vogels ausgebreitet werden. Vögel, die auf tiefer, trockener Einstreu gehalten werden, haben damit keine Probleme, da die Bakterienpopulation in der Einstreu harmlos ist. Nasse Einstreu aber ist voll mit Coli-Bakterien und Pilzen. Die verminderte Schlupfrate der Eier, die von diesem Boden gesammelt werden, wird als nicht wirtschaftlich für Geflügelfarmen angesehen. Enten, die auf Einstreu untergebracht sind, bringen eine sehr schlechte Schlupfrate hervor. Hält man sie auf Holzboden oder Maschendraht, steigt die Schlupfrate um mehr als 20 %.
Wo Vögel, wie Fasane, in offenen Ausläufen leben und ihre Eier irgendwohin legen, ist es ratsam, den Vögeln ein überdachtes Gehege zu geben, in dem sie legen können. Dort werden ausreichend saubere Nistgelegenheiten, zum Beispiel mit Holzspänen, angeboten. Heu oder Stroh sind in der Offenhaltung nicht zu empfehlen, da es bald naß wird und zu faulen beginnt und die Infektionsrate dadurch erhöht wird.

Die Behandlung und die Pflege der Eier

Nach dem Legen werden die Eier so schnell wie möglich gesammelt. Damit wird verhindert, daß sie naß und schmutzig werden. Saubere Eier werden nicht in den gleichen Behälter wie die schmutzigen gelegt. Die verschmutzten Eier werden baldmöglichst gereinigt. Der schnellste Weg, Eier zu verunreinigen, ist, sie alle mit dem gleichen schmutzigen, feuchten Lappen abzuwischen. Dreckige, infizierte Behälter verbreiten Infektionen ebenfalls schnell.
Trockenes Sandpapier ist sehr nützlich, um größere Dreckklumpen vom Ei zu entfernen.

Das Waschen der Eier

Einige Grundlagen müssen befolgt werden, sonst verdirbt das Waschen die Eier mehr, als es ihnen hilft. Bakterien treten durch die Poren einer nassen Schale viel leichter ein als durch eine trockene.

Zu heißes Wasser tötet den Keim ab. Aber da es eine bestimmte Zeit dauert, bis die Eimitte die Außentemperatur erreicht, kann für eine ganz kurze Zeit heißes Wasser verwendet werden, vorausgesetzt, daß das Ei danach wieder schnell abgekühlt wird. Die Mehrzahl der reinigenden Desinfektionsmittel wirkt bei höheren Temperaturen besser, und die meisten Hersteller von Eireinigungsmitteln geben eine bestimmte Zeitdauer und Temperatur an, bei der mit einer bestimmten Konzentration das Ei behandelt werden sollte. Das Wasser muß wärmer als das Ei sein, so daß sich der Eiinhalt nicht zusammenziehen und somit mehr Bakterien durch die Schale aufsaugen kann.
Ein sehr erfolgreicher Entenzüchter hat seine Schlupfraten um 15 % erhöht, indem er seine Eier mit einer sehr scharfen Lösung von Reinigungsmitteln, die auf Bauernhöfen verwendet wird, und mit Hypochlorit aus Molkereien gewaschen hat. Die Konzentration des Hypochlorits ist so stark, daß es die Hände rötet, wenn sie in die Lösung getaucht werden. Die Temperatur beträgt 60 °C und die Eier werden für drei Minuten darin geschwenkt. Danach werden sie mit sauberem, kaltem Wasser besprengt, um sie abzukühlen. Üblicher ist es, vor allem bei saubereren Eiern von Fasanen und anderen Vögeln, eine niedrigere Temperatur zu wählen, etwa 37,7–43,3 °C und die Eier vorsichtig drei bis fünf Minuten zu schwenken.
Die Konzentrationsanweisungen der einzelnen Desinfektionsmittelhersteller sollten ausdrücklich befolgt werden. Die empfohlene Konzentration ist nämlich normalerweise der Lösungstemperatur und der Eintauchzeit angepaßt. Die meisten Desinfektionsmittel werden durch Schmutz sehr schnell inaktiviert. Jeder Schub neuer Eier wird in eine neue Lösung getaucht, stark verschmutzte Eier benötigen eine schärfere Lösung.
Bevor sie zum Brüten oder zur Lagerung weggelegt werden, kommen sie auf ein Drahtgestell zum natürlichen Trocknen.

Die Begasung der Eier

Formaldehyddampf ist ein hervorragendes Mittel, um die Schalen zu sterilisieren. Wie der Waschvorgang muß die Begasung, um am wirkungsvollsten zu sein, sofort nach dem Legen erfolgen. Sie wird alle bekannten Keime abtöten, die sich auf der Schalenoberfläche befinden, aber nicht die, die bereits in das Ei eingedrungen sind. Auf den meisten großen Geflügelfarmen werden die Bruteier routinemäßig begast, bevor sie zur Brut weggegeben werden, wie auch während der Bebrütung.
Formaldehyd ist ein sehr unangenehm riechendes Gas, das in die

Augen, in die Nase und in die Lungen eindringt. Es kann bei empfindlichen Menschen auch Hautausschlag verursachen und steht im Verdacht, eine krebserregende Substanz zu sein. (Anm. d. Übers.)

Formaldehyd wird in zwei Formen angeboten, als 40%ig in Wasser gelöstes Gas, Formalin genannt, oder als polymerisiertes weißes Pulver, Paraformaldehyd genannt. Mit beiden Substanzen ist vorsichtig umzugehen. Sie sind unbegrenzt haltbar.

Das Formaldehydgas kann von der flüssigen Phase in die gasförmige gebracht werden, indem man vor der Brut getränkte Tücher in den Inkubator oder in den Begaser legt. Oder man gibt das Formalin auf Kaliumpermanganatkristalle, die eine explosionsartige Freisetzung von Formaldehydgas aus der Lösung bewirken. Wenn man Paraformaldehyd auf 450 °C erhitzt, wird das Gas freigesetzt. Das wird normalerweise auf einer elektrischen Heizplatte gemacht.

Die Konzentration von Formaldehyd ist ein kritischer Punkt. Die Begasung ist am wirkungsvollsten bei Bruttemperaturen und hoher Luftfeuchtigkeit. Die Konzentrationen, die für die kommerziellen Brutapparate empfohlen werden, sind für die Kunstbrut meist zu hoch und sollten mit Vorsicht angewendet werden. Während zweier Perioden in der Bebrütungszeit ist der Embryo gegen das Formaldehyd sehr sensibel, und man sollte die Begasung in dieser Zeit unterlassen, denn sonst würde man das Ei abtöten. Diese für die Küken empfindliche Zeit liegt zwischen 24 und 96 Stunden nach der Einbringung in den Brutschrank und von der Zeit an, von der das Küken begonnen hat, in der Luftkammer zu atmen, bis zu seinem Schlupf.

Für die Routinebegasung der Eier vor der Lagerung werden 1,35 cm^3 Formalin und 0,84 g Kaliumpermanganat für 30 Liter Luftraum empfohlen. Nicht eingeschlossen ist der Luftraum, den die Eier einnehmen. Die Begasung dauert bei 21 °C 30 Minuten. Wenn die Verdampfung mit Hilfe eines Tuches angewendet wird, wird 1,0 cm^3 Formalin für etwa 30 Liter Luftraum empfohlen. Die Einwirkungszeit beträgt hier drei Stunden. Paraformaldehyd wird nur in sehr großen Anlagen verwendet und hier wird 150 g für 30 m^3 Raum empfohlen.

Die Eier werden gewöhnlich jede Woche im Brutapparat angesetzt und der ganze Brüter wird, nachdem die Eier aufgewärmt wurden, begast. Bei der ersten Belegung des Brutapparates wird die obige Konzentration von Formalin verwendet. Bei der nächsten Belegung im gleichen Inkubator werden auch die Eier mitbegast, die schon ein oder zwei Wochen bebrütet wurden. Für diese Eier aber wäre die Konzentration unter Brutschrankbedingungen viel zu hoch und sie könnten abgetötet

werden. In diesen Fällen (wenn also schon angebrütete Eier im Inkubator sind) sollen 0,5 cm^3 Formalin und 0,2 g Kaliumpermanganat pro 30 Liter Brutraum verwendet werden.
Da die chemischen Reaktionen sehr heftig ablaufen können und das kochende Formaldehyd in großen Wolken verdampfen kann, ist es ratsam, einen Behälter zu verwenden, der zehn mal das Volumen der Chemikalien faßt. Dadurch wird ein Überlaufen vermieden. Es ist auch ratsam, einen irdenen Behälter zu verwenden, da die Chemikalien auch mit Metall reagieren könnten. Das Kaliumpermanganat wird zuerst in den Behälter gegeben und anschließend die errechnete Menge Formaldehyd zugeschüttet. Die Inkubatortür sollte dann sofort verschlossen werden, und alle Ventilatoren des Brutapparates werden ganz geöffnet. Nach 30 Minuten wird der Behälter herausgenommen und die Inkubatortür bleibt einige Minuten offen, um die Luft auszutauschen. Im Brutraum müssen Türen und Fenster geöffnet werden, um das Gas aus dem Raum ziehen zu lassen.
Wenn möglich sollte der leere Inkubator, vor allem der Schlupfbrüter, mit mindestens der doppelten Konzentration Formalin wie bei der normalen Sterilisation der Eier begast werden.

Ultraviolettes Licht
Ultraviolettes Licht ist keimtötend und wird mit Erfolg angewendet, um Gänseeier zu sterilisieren, nachdem man festgestellt hat, daß die für die Hühnereier empfohlenen Formaldehydkonzentrationen die Schlupfrate erheblich gesenkt haben.
Sehr wirkungsvoll ist, wenn das Ei auf jeder Seite 20 Minuten lang im Abstand von 20 cm mit einer 30-Watt-Lampe bestrahlt wird. Dieses Licht kann aber bei Menschen einen bleibenden Schaden verursachen, so daß die Eier in einer lichtundurchlässigen Kammer bestrahlt werden sollten.

Antibiotika
Neuere Experimente mit Antibiotika, in Verbindung mit Waschen in Reinigungsmitteln und Desinfektion, haben einen 9%igen Anstieg von lebensfähigen Truthahnküken in der Putenindustrie ergeben. Die Eier werden erst maschinell gewaschen und desinfiziert und dann in Vakuumtanks verbracht, die eine sehr kalte Antibiotikalösung enthalten. Der Druck im Vakuumtank wird reduziert, um den Druck in der Luftkammer des Eies zu verkleinern, und dann wieder auf normal zurückgedreht. Dieser Prozeß bewirkt, daß die Antibiotikalösung durch die Poren in das Ei aufgesaugt wird.

Die Hauptverbesserung lag in der Qualität der Küken und auch in einem leichten Anstieg der Schlupfrate. Auch der Staub in den Brutapparaten verminderte sich, und damit fiel auch die Zahl der Bakterien in allen Phasen der Bebrütung.

Die Lagerung

Vom Moment des Legens an, werden die Bedingungen für das Ei schlechter, es ist nun für Bakterien ein guter Angriffspunkt. Bis zu einem gewissen Grad ist der Schlupf eines Kükens immer noch möglich, aber darunter fällt die Schlupfrate rapide ab. Die Verschlechterungsrate hängt von den physikalischen Bedingungen der Lagerung ab.

Temperatur

Alle chemischen Prozesse laufen bei höheren Temperaturen schneller ab. Zersetzung und Verfall sind chemische Reaktionen und temperaturabhängig.

Die Keimscheibe ist bis zum Blastulastadium herangewachsen, und die Entwicklung hört auf, wenn das Ei nach der Ablage gekühlt wird. Es kann in diesem Ruhezustand einige Zeit verweilen. Bei Temperaturen über 21 °C beginnt langsam wieder das Wachstum, aber es ist nur sehr schwach. Wenn dieser Zustand verlängert wird, stirbt der Embryo entweder ab oder ist so geschwächt, daß er eine der entscheidenden Entwicklungsstufen in seinem späteren Wachstum nicht überleben kann. Bei verlängerter Abkühlung stirbt der Embryo ebenfalls.

Die Wasserverdampfungsrate des Eies hängt unter anderem von der Temperatur ab. Schlecht gelagerte Eier haben eine große Luftkammer; ein Kriterium, die Qualität eines Eies festzustellen, ist die Bestimmung der Luftkammergröße. Wenn das Ei durch Verdunstung während der Lagerung zuviel Wasser verliert, kann sich der Embryo nicht richtig entwickeln und stirbt.

Das Protein des Eies beginnt sich im Laufe der Zeit zu verändern, zu denaturieren. Dieser Prozeß wird bei Hitze beschleunigt. Die Verbindungen und Glieder zwischen den Aminosäuren der Proteinketten und zwischen den Ketten selbst verändern sich und verschwinden. In Extremfällen wird Schwefelwasserstoff mit dem charakteristischen Geruch faulender Eier frei. Aber das Ei ist schon lange abgestorben, bevor die menschliche Nase es wahrnimmt. Jeder Koch kann den Unterschied zwischen einem frischen Ei und einem alten erklären, wenn er Eiklar für einen Kuchen schlägt. Bei einem gekochten Ei kann man diesen ebenso deutlich erkennen.

Alle Eiarten werden am besten bei etwa 13 °C gelagert. Wechselnde Temperaturen können großen Schaden anrichten.

Feuchtigkeit

Die Luftfeuchtigkeit des Lagerraums kann ebenfalls auf die folgende Schlupfrate wirken. Wenn die Feuchtigkeit zu gering ist findet eine hohe Verdunstung des Eiinhaltes statt, die bei erhöhten Temperaturen noch gesteigert wird. Eine zu hohe Luftfeuchtigkeit ist auch schädlich. Das trifft vor allem dann zu, wenn der Sättigungsgrad erreicht ist und das Wasser auf den Eiern kondensiert. Bakterien und Schimmel können dann leicht durch die Poren der nassen Schale ins Ei dringen. Unter diesen Bedingungen ist es sogar möglich, Schimmelpilzwachstum auf dem Ei zu beobachten. Ein derartiges Ei ist verloren, bevor es überhaupt begonnen hat zu leben. Wird es in den Brutapparat gelegt, kann es die anderen Eier anstecken.
Bei einer optimalen Temperatur von 13 °C liegt die optimale Luftfeuchtigkeit zwischen 75 und 85 %.

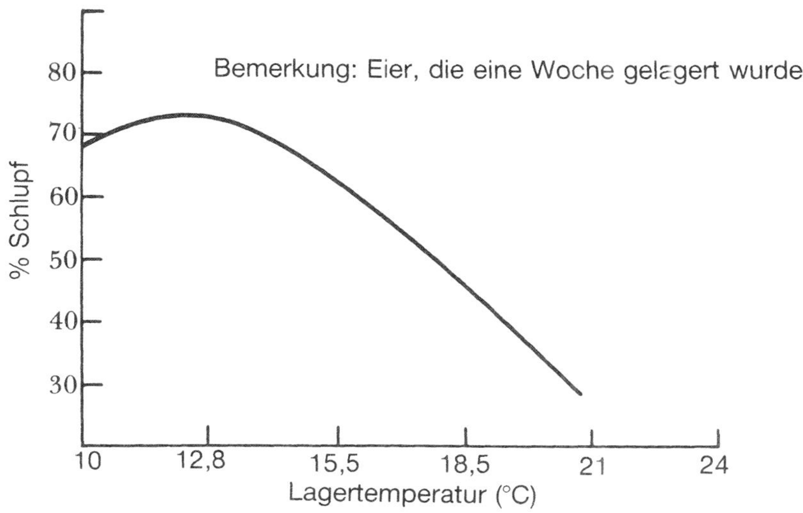

Abb. 5.3: Die Wirkung der Lagertemperatur auf die Schlupfrate von Fasanenküken

Luftbewegung um das Ei

Der Sauerstoffbedarf und die Kohlendioxidbildung sind bei allen frisch gelegten Eiern gleich null. Deshalb brauchen sie keine Luftumwälzung. Zu hohe Luftbewegung steigert die Verdunstung aus dem Ei und schadet somit seiner Qualität. Eier, die in Zugluft liegen, verlieren schnell ihre gute Schlupffähigkeit.
Experimente mit Hühnereiern, die Lagerdauer zu verlängern, zeigten, daß es den Eiern am wenigsten schadete, wenn sie in einem luftdichten Behälter und mit dem spitzen Ende nach oben gelagert wurden.

Dauer der Lagerung

Wie lange ein Ei lebensfähig bleibt, hängt offensichtlich von den Bedingungen ab, unter denen es gelagert wird. Frisch gelegte Eier, deren Temperatur sehr schnell auf die optimale Lagerungstemperatur reduziert wird, halten länger als Eier, die langsam abgekühlt werden. Unter optimalen Lagerbedingungen beginnt die Schlupffähigkeit nach den ersten Tagen zu fallen, etwa ein 2%iges Gefälle pro Tag. Ungünstige Bedingungen können diesen Prozentsatz drastisch steigern. Eier sollten nie länger als eine Woche gelagert werden.
Küken aus gelagerten Eiern, sind gewöhnlich kleiner als solche aus anderen Eiern. Sie neigen außerdem dazu, später zu schlüpfen.

Wenden während der Lagerung

Das Eigelb ist weniger dicht als das Eiklar, so daß es die Tendenz hat, zum höchsten Punkt des Eies zu fließen. Wenn es länger an einer Stelle mit der Schale in Kontakt bleibt, kann es sich dort anheften und eine weitere Entwicklung verhindern.
Unter optimalen Lagerbedingungen passiert das während der ersten sieben Tage nicht, aber es kann in einem warmen Lagerraum früher geschehen. Wenn Eier richtig gelagert und in wöchentlichen Abständen in den Brutapparat umgesetzt werden, wird die Schlupfrate durch das Wenden nicht erhöht.
Werden aber Eier länger als eine Woche gelagert oder die Lagerbedingungen sind nicht in Ordnung, kann das tägliche Wenden die Schlupfrate eindeutig steigern.
Die Lage des Eies während der Lagerung wirkt sich nicht auf die Schlupfrate aus. Normalerweise werden die Eier entweder auf der Seite oder mit dem stumpfen Ende nach oben gelagert. Es scheint nicht zu schaden, wenn es mit dem spitzen Ende nach oben liegt. Es hat sich sogar gezeigt, daß Eier, die drei Wochen lang so, ohne Drehen,

gelagert wurden, bessere Überlebenschanchen hatten als die herkömmlich gelagerten Eier.
Eine einfache und wirksame Methode, mehrere Eier zu wenden, ist, sie auf einem gewöhnlichen Eitablett zu lagern. Ein Holzklotz oder ein Ziegelstein wird unter die eine Seite des Tabletts gelegt, damit die Eier kippen. Wenn der Stein unter die andere Seite des Tabletts gelegt wird, kippen die Eier nach der anderen Seite und werden somit wirkungsvoll gewendet.

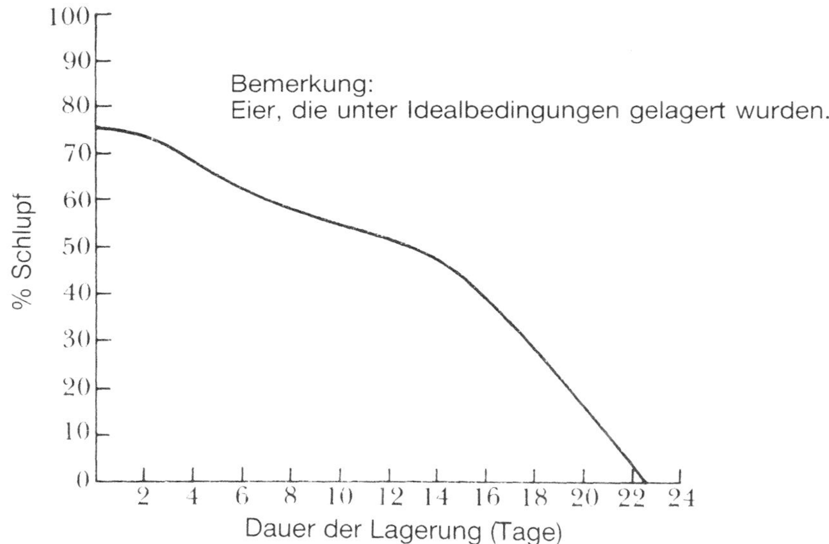

Abb. 5.4: Die Wirkung der Lagerdauer auf die Schlupfrate von Fasanenküken

Mechanischer Schaden vor der Bebrütung

Jede rohe Behandlung eines Bruteies kann schaden. Haarrisse, die bei oberflächlicher Betrachtung nicht sichtbar sind, können mit einer Schierlampe sehr gut erkannt werden. Sie verursachen meist den Tod des Embryos. Das kann entweder durch das Eindringen von Bakterien geschehen oder durch zu hohe Verdunstung aus dem Ei. Wenn das Ei besonders wertvoll ist, lohnt es sich manchmal, Nagellack auf den Riß zu streichen, um ihn abzudichten; aber auch das ist gewöhnlich unwirksam.
Unsichtbarer Schaden, bei dem die Schale intakt bleibt, kann durch rohe Handhabung zustande kommen. Die zarten Innenstrukturen wer-

den zerstört und können sich nicht mehr richtig entwickeln. Küken ohne Augen, mit verkrümmten Zehen oder verkreuzten Schnäbeln sind das Ergebnis typischer Schäden durch Schütteln und Stöße vor und während der Bebrütung.
Eier, die beim Transport geschüttelt wurden, ergeben eine höhere Schlupfrate, wenn sie 24 Stunden liegen, bevor sie eingesetzt werden.

Vorwärmung vor der Bebrütung
Der plötzliche Wechsel von der Lager- zur Bruttemperatur kann für ein Ei ein großer Schock sein, vor allem, wenn es schon längere Zeit gelagert wurde. In den meisten Brütereien werden die Eier über Nacht auf Raumtemperatur aufgewärmt, indem man sie am Abend vor dem Einsetzen aus dem Lagerraum nimmt.
Eine große Anzahl kalter Eier kann die Temperatur des Inkubators für einige Stunden senken und damit die Eier, die sich schon darin befinden, beeinträchtigen. Solch große Mengen können, selbst wenn sie schon auf Raumtemperatur gebracht wurden, bis zu zehn Stunden brauchen, um die Bruttemperatur zu erreichen. Kleine Tischinkubatoren mit relativ großen Heizungen können eine kleine Anzahl kalter Eier schnell auf die Bruttemperatur bringen. Dieser Streß kann für einen geschwächten Keim tödlich sein.

Die natürliche Lagerung im Nest
Die Vögel, die eine hohe Zahl von Eiern legen, scheinen keine Probleme mit der Lagerung zu haben. Die ersten Eier, die manchmal älter als zwei Wochen sind, können ebensogut ausgebrütet werden wie die jüngeren. Wenn dasselbe Ei für eine ähnlich lange Zeit in den Lagerraum gelegt wird, würde das Küken nicht halbsogut im Inkubator schlüpfen. Gibt man es einer Henne zur Bebrütung, wird die Schlupfmöglichkeit um ein Vielfaches verbessert.
Man hat nachgewiesen, daß bei Eiern, die längere Zeit gelagert wurden, sich die Schlupffähigkeit verbesserte, wenn sie täglich gewendet und für einige Minuten auf 26 °C erwärmt wurden. Genau das macht nämlich der Brutvogel. Er wärmt und wendet die Eier immer, wenn er ein neues legt.
Er wärmt und dreht sie nicht nur, sondern reibt sie mit dem natürlichen Fett seines Gefieders ein. Das hilft, die Eier zu reinigen, und wirkt auch auf die Durchlässigkeit der Schale und verhindert damit eine Schädigung. Die Haut aller Lebewesen schüttet als Infektionschranke ein Antibiotikum, Lysozym, aus. Lysozym wurde von Alexander Fleming, dem Entdecker des Penicillins, gefunden. Dieses Lysozym

kommt im Federfett vor und wird auf die Schale gerieben, um weiteren Schutz zu bieten.

Beim Legen der letzten Eier eines Geleges verbringen die Vögel täglich viel mehr Zeit auf dem Nest. Sofort nach der Ablage des letzten Eies wird mit der Bebrütung begonnen. Das sichert den gleichzeitigen Schlupf des ganzen Geleges.

Die brütende Henne wärmt die Eier nur auf der Seite, die mit ihr in Berührung ist. Die Seite, die mit dem Boden des Nestes in Kontakt ist, hat Bodentemperatur. Die Henne muß daher die Eier wenden, um sie durchzuwärmen. Es kann mehr als zwölf Stunden dauern, bis auch die Eimitte die Bruttemperatur erreicht hat. Die langsame Erwärmung gelagerter Eier kann ein großer Vorteil der natürlichen Brut sein, die somit den Inkubator um Längen schlägt.

Die Auslese der Bruteier

Die durchschnittlich großen Eier jedes Vogels haben die höchste, sehr große oder sehr kleine Eier haben eine sehr niedrige Schlupfrate. Schlechte Eiqualität oder mißgebildete Eier deuten gewöhnlich auf andere Probleme der Henne hin. Mißgebildete Eier sind oft erblich bedingt und sollten nicht angesetzt werden, es sei denn, die Vögel sind sehr wertvoll.

In der Vogelzucht sind alle Eier wertvoll, so daß alle, wenn sie nicht gerade stark verformt sind, zum Ausbrüten genommen werden. Haus- und Wildvögel sollten sowohl nach ihren Eiern als auch nach ihrem Aussehen ausgewählt werden.

Kapitel 6
Die Entwicklung des Kükens

Die Entwicklung des Kükens beginnt lange bevor das Ei gelegt wird. Die Urkeimzellen des Ovars und des Hodens, die sich zum Ei und der Spermatozoe entwickeln, werden von den Eltern schon im frühen embyonalen Leben bereitgestellt. Diese Zellen bleiben in dem Eierstock und dem Hoden ruhen, bis die volle sexuelle Reife erreicht ist. Die Anregung durch die Sexualhormone während der Brutsaison lassen sie aktiv werden.

Schlechter Umgang mit einem bebrüteten Ei, vor allem Überhitzung zu der Zeit, zu der sich die Eierstöcke und die Hoden entwickeln, kann dieses Organ so schädigen, daß sie keine kräftigen, lebensfähigen Keimzellen bilden können. Das ist wahrscheinlich ein häufigerer Grund für Unfruchtbarkeit in der Vogelzucht, als wahrgenommen wird.

Die Reifung der Keimzellen

Die Urkeimzellen machen beim Weibchen und beim Männchen eine ähnliche Entwicklung durch, die in der Bildung des Eies und des Spermas endet.

Spermatogenese oder die Spermienbildung

Die Keimzelle teilt sich ein paarmal, um eine Anzahl kleiner Zellen zu bilden. Diese können zu sogenannten primären Spermatozyten heranwachsen. Jede dieser Zellen teilt sich wieder auf eine bestimmte Art, die wir Meiose nennen, so daß jede dieser Tochterzellen, oder sekundäre Spermatozyten, nur die Hälfte des normalen Chromosomensatzes (genetische Anlagen) hat. Eine weitere Teilung auf normalem Weg, der Mitose, bringt die Spermatiden hervor, die dann zu Spermien heranwachsen.

Bei der Begattung schwimmen die Spermien frei in der Ejakulationsflüssigkeit und werden im untersten Teil des weiblichen Eileiters, dem Uterus, abgelegt und schwimmen dann blindlings aufwärts, bis sie die Falten in der Wand des oberen Teils des Eileiters erreichen. Hier

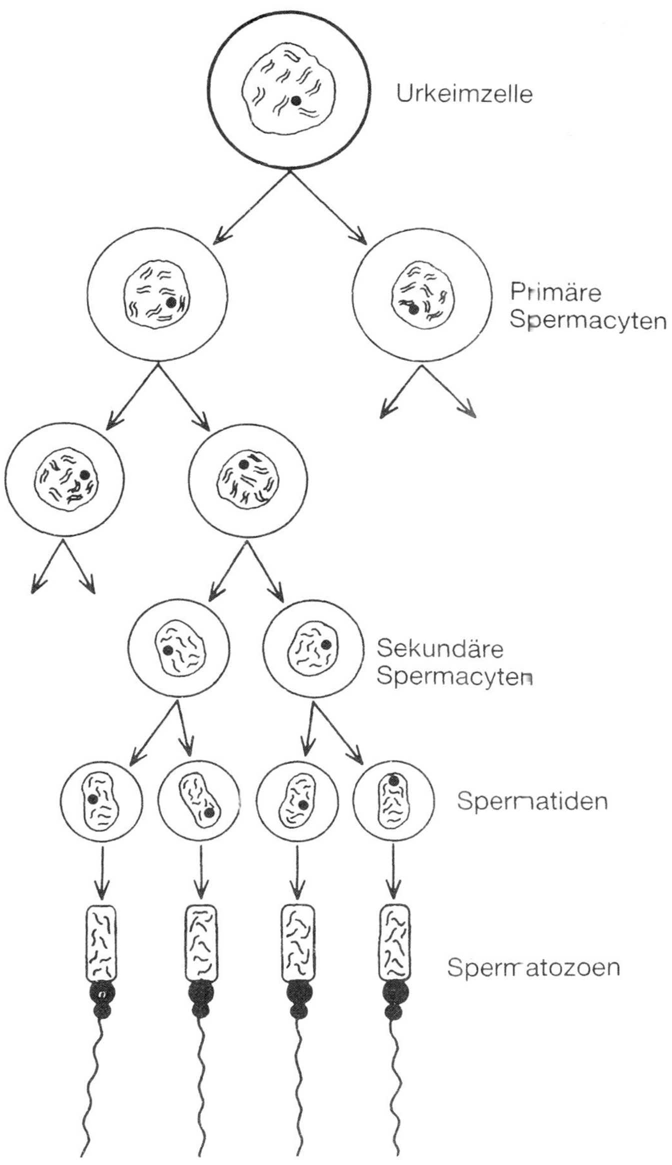

Abb. 6.1: Darstellung der Spermabildung

können sie einige Wochen leben, indem sie sich von den Ausscheidungen des Eileiters ernähren.

Oogenese oder die Eibildung

Die weibliche Keimzelle teilt sich ähnlich wie die des Männchens, aber nur eine Tochterzelle ist dazu bestimmt, das Ei zu werden, und die anderen bleiben Follikelzellen in dem Eierstock. Diese ausgewählte Zelle wächst zur primären Oozyte heran. Wenn diese sich teilt, um die Zahl der Chromosomen zu halbieren, entsteht nur eine große Zelle. Die unerwünschten Chromosomen werden in einer sehr kleinen Zelle eingeschlossen, sie wird erste Polzelle genannt, zersetzt sich bald und verschwindet dann. Die Halbierung der Chromosomen geschieht normalerweise, nachdem das Ei so weit herangewachsen ist, um ein Eigelb zu werden und der Eisprung stattfindet. Diese sekundäre Oozyte ist nun zur Befruchtung bereit.

Befruchtung

Das ist die Vereinigung des Eies mit dem Spermium, um eine einzige Zelle zu bilden, wobei die eine Hälfte der Chromosomen von der Mutter und die andere Hälfte vom Vater kommt. Wenn die Chromosomen in der Keimzelle nicht halbiert werden würden, würde jede neue Generation den doppelten Chromosomensatz ihrer Eltern haben.
Die meisten Enten habe 36 Chromosomenpaare, die Kreuzungen untereinander erlauben. Die Mandarinenten haben ein zusätzliches Paar. Bei jeder Kreuzung der Mandarinente mit einer anderen Ente verhindert dieses zusätzliche Chromosomenpaar eine erfolgreiche Vereinigung von Ei und Spermium. Die Eier sind zur Entwicklung nicht fähig und erscheinen unfruchtbar. Hühner und Fasane haben 38 Chromosomenpaare.
Der Befruchtungsakt findet statt, wenn das Eigelb in den Eileiter eintritt. Das Spermium durchdringt die Vitellinmembran nahe der scheibenförmigen Blastula (Eikeim) und verliert beim Eintritt seinen Schwanz. Dieser Eintritt des Spermiums in den Kern verursacht eine Veränderung im Eizytoplasma, die gleichzeitig ein Eindringen weiterer Spermien in das Ei verhindert. Aber jedes, das nach dem Eintritt eines ersten Spermiums noch hineinkommt, die Veränderung des Zytoplasmas aber noch nicht stattgefunden hat, stirbt, verschwindet und spielt in der Zukunft keine Rolle mehr.
Durch den Anreiz des Eintritts des Spermiums teilt sich der Kern des Eies erneut auf die übliche Weise in eine Zelle, das reife Ei; und das überflüssige Kernmaterial, zweite Polzelle genannt, zersetzt sich

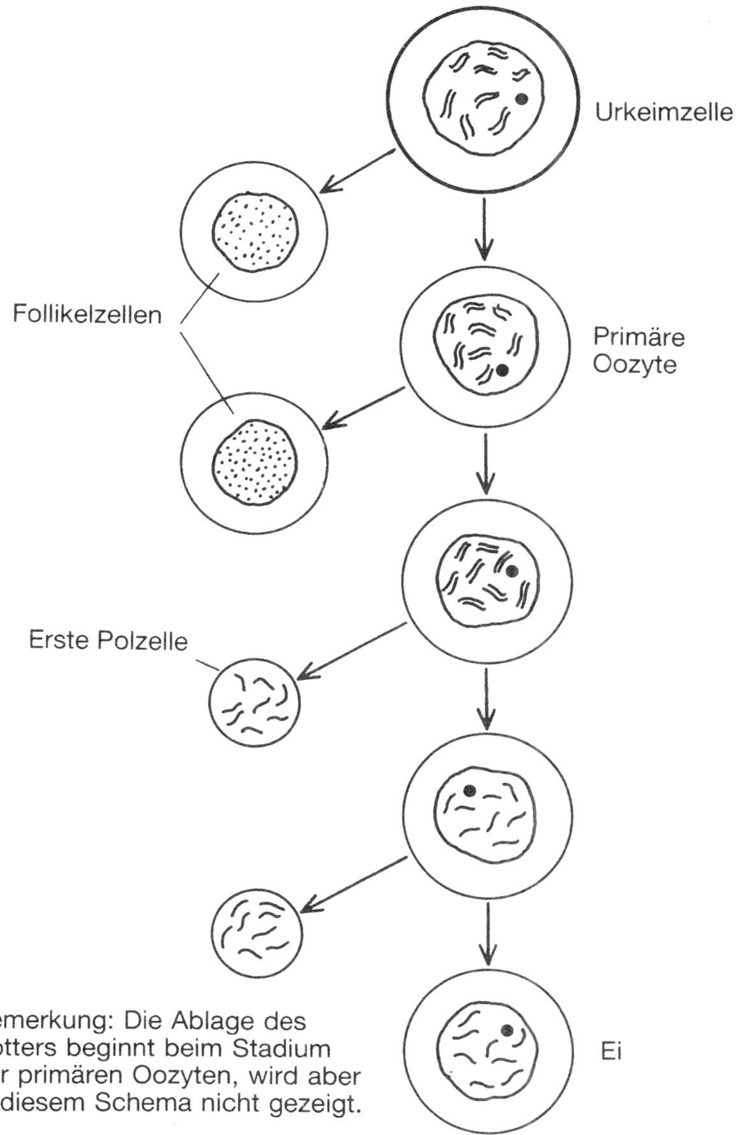

Abb. 6.2: Darstellung der Eibildung

ebenfalls und löst sich auf. Der Eikern und das Spermium vereinigen sich und die Entwicklung eines neuen Individuums kann beginnen.
Die Befruchtung ist nur möglich, wenn das Eigelb schon in den Eileiter entlassen worden ist. Sobald die Ablagerung des Eiklars begonnen hat, können die Spermien nicht mehr eindringen, selbst wenn das Ei noch nicht befruchtet ist.

Die Entwicklung in der Henne
Die Anfangsphase der Entwicklung dauert 24 Stunden. Das Eigelb gleitet durch den Eileiter, das Eiklar, die Eihäute und die Schale werden angelagert. Wenn ein Ei vor vier Uhr nachmittags zur Ablage bereit ist, wird es sofort gelegt. Eier, die erst nach dieser Zeit fertig sind, werden im Uterus zurückgehalten und erst am nächsten Morgen gelegt. Anscheinend haben diese Eier noch eine weitere Entwicklung durchgemacht.

Die Ruheperiode nach dem Legen
Die Abkühlung nach dem Legen verhindert die weitere Entwicklung und der Embryo ruht, bis er wieder aufgewärmt wird. Der schlafende Embryo kann gut eine Woche überleben, aber wenn das Ei zu lange im Uterus verweilt, kann die Entwicklung bereits ein Stadium erreicht haben, in dem die normale Kühlung und Lagerung tödlich sind. Einige Vögel legen nur solche Eier. Diese sind dann nicht unfruchtbar, sondern sehr früh abgestorben.
Die Wachstums- und Entwicklungsrate eines jungen Keims ist direkt temperaturabhängig. Langsames Wachstum beginnt bei 21 °C. Länger andauernde höhere Temperaturen im Lagerraum können den Keim so schwächen, daß er sich nicht weiterentwickeln kann.

Furchung
Nach der Vereinigung von Ei und Spermiumkernen ist das Eigelb eine einzige Zelle, die größte Einzelzelle im Wirbeltierreich. Fast das ganze Zytoplasma der Zelle ist mit Fett und Eiweiß als Nahrungslager gefüllt. Nur ein kleiner Teil des Zytoplasmas um den Kern ist frei davon. Dieser kleine Teil und der Kern furchen sich nun in zwei einzelne Zellen und weiter in vier, acht usw., bis einige tausend sehr kleiner Zellen in einer einzigen Lage um das Eigelb liegen und nur wenig mehr Platz einnehmen als der ursprüngliche Kern und das Zytoplasma. Jede einzelne Zelle ist zu dieser Zeit nur ganz wenig gewachsen.

Gastrulation (Bildung der Keimblätter)
Dies ist die Bildung einer dreilagigen Zellstruktur aus einer einlagigen, die den Embryo bilden wird. Es scheint, als ob diese Zellen direkt zu ihrer neuen Position wandern würden und jede dazu bestimmt ist, eine bestimmte Struktur oder einen Teil eines Organs zu bilden. Experimente mit Hilfe von Transplantationen haben gezeigt, daß bestimmte Hauptzellen von bestimmten Positionen die Zellen um sich ordnen, um ein Gewebe zu werden, das sich von dem ursprünglich angelegten unterscheidet. Das Ei wird irgendwann während der Gastrulation gelegt, wobei das genaue Stadium der Entwicklung davon abhängt, wie lange das Ei im Uterus verweilt hat, bis es gelegt wurde.

Die Entwicklung während der Bebrütung

In einem frischen Ei kann man den Embryo als kleinen, weißen, flachen Fleck auf der oberen Außenfläche des Eigelbs sehen, etwa drei bis vier Millimeter im Durchmesser.
Nach ein paar Stunden der Bebrütung vergrößert sich diese Scheibe langsam, und wenn man genau hinsieht, scheint sie ein durchsichtiges Zentrum zu haben, um das ein weißer Ring liegt. Ein unbefruchtetes Ei hat einen ähnlichen weißen Fleck auf dem Eigelb, der aus Follikelzellen besteht. Seine genaue Untersuchung zeigt, daß der Fleck keine durchsichtige Mitte hat, er ist in der Mitte leicht erhaben und löst sich in verschwommene Konturen auf.

A Ein unbefruchtetes Ei

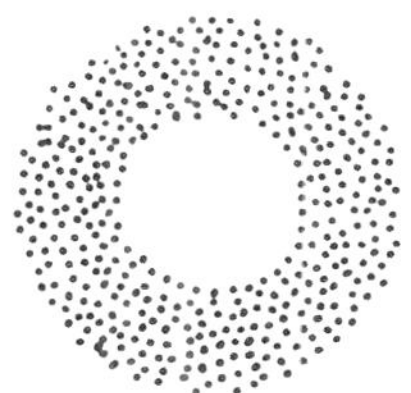

B Ein befruchtetes Ei

Abb. 6.3: Keimscheibe nach einigen Stunden Bebrütung

Dieses durchsichtige Zentrum kommt daher, daß die Zellen an dieser Stelle keinen Kontakt mit dem Eigelb haben wie an der Außenseite, sondern von ihm durch einen mit Flüssigkeit gefüllten Raum getrennt sind. Die frühe Entwicklung des Embryos beginnt mit der Wanderung der Zellen in diesen Raum, wie in Abb. 6.4 gezeigt wird.
Der Embryo hat nun drei Lagen. Die äußere Lage oder Ektoderm, ist für das Wachstum des Nervensystems und der Sinnesorgane, der Haut, der Kiefer, des Schnabels und der Federn zuständig. Die innere Lage oder Endoderm bildet den Darm und die Organe, die aus diesem entstehen: die Leber, die Bauchspeicheldrüse und die Lungen. Die mittlere Lage oder Mesoderm bildet das Herz, die Blutgefäße, das Blut, die Muskeln, die Nieren und die Fortpflanzungsorgane.

Der Primitivstreifen
Das Einstülpen des Ektoderms läßt eine Längsrinne entstehen, die in der Mitte des durchscheinenden Areals gebildet wird und die mit einem Vergrößerungsglas nach etwa 18 Stunden Bebrütungsdauer gesehen werden kann. Diese Rinne wird Primitivstreifen genannt. Eine deutliche knollige Schwellung am Vorderende des Streifens wird Primitivknoten genannt. Das scheint das Hauptbildungszentrum in diesem Stadium zu sein. Sein hinteres Ende wird dann der Anus.

Die Bildung der Organe

Die Entwicklung vom Stadium des Primitivstreifens an geht sehr schnell und komplex vor sich, manchmal laufen mehrere Vorgänge gleichzeitig ab. Das kann nur unter dem Mikroskop verfolgt und die meisten biochemischen Reaktionen können nur erraten werden.

Das Gehirn und das Zentralnervensystem
Das kann als erstes Organ gesehen werden. Der Primitivknoten wächst nach vorne am Primitivstreifen entlang und formt eine lange dünne Platte aus Oberflächenzellen, die Neuralplatte. Zwei Wülste beiderseits der Mittellinie entstehen und wachsen aufwärts, treffen sich in der Mitte und drehen die Platte zu einem hohlen Rohr. Dieses Rohr wird zum Gehirn und Rückenmark.
Zur selben Zeit, in der sich die Neuralplatte aufrichtet und das Gehirnrohr bildet, wächst sie auch in die Länge, und zwar schneller als die Zellen, die dem Eigelb anliegen. Dadurch können sich die Zellen der Neuralplatte vorne und hinten umschlagen und bilden die Kopf- und die Schwanzfalte.

A Befruchtetes Ei

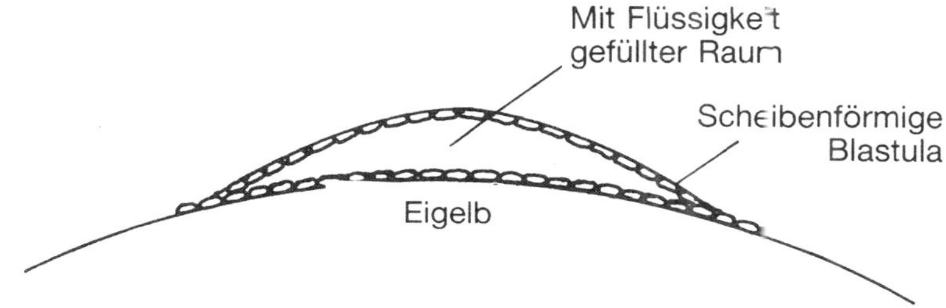

B Nach 12stündiger Bebrütung

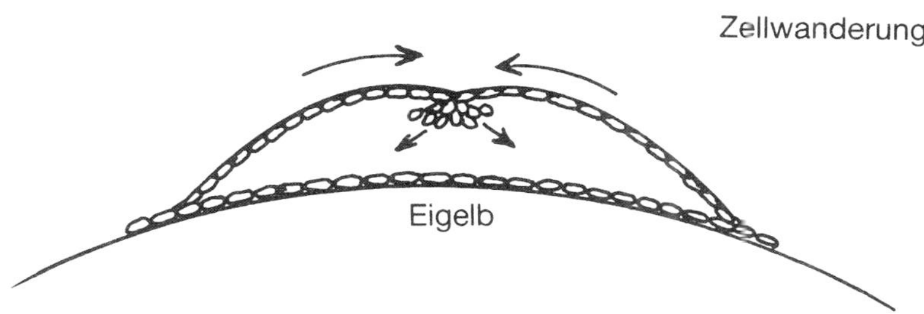

C Nach 18stündiger Bebrütung

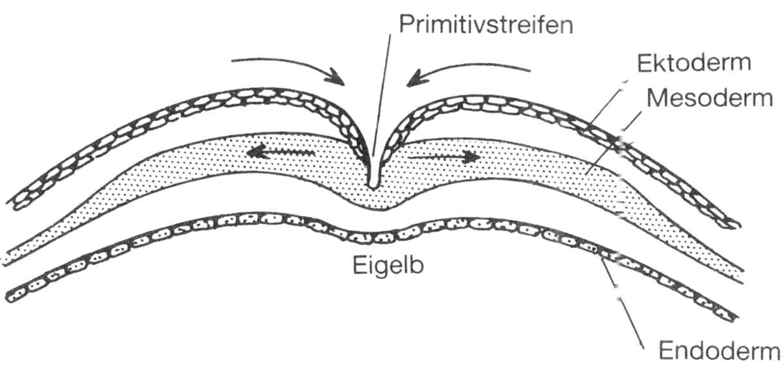

Abb. 6.4: Die Gastrulation

Das Herz und die Blutgefäße

Nach etwa 48 Stunden Bebrütungsdauer ist die scheibenförmige Blastula gewachsen und bildet eine Kappe von 25 mm Durchmesser auf der oberen Fläche des Eigelbs. Der größte Außenring wird das Gefäßareal genannt. Unter einem Mikroskop kann man dieses ganze Areal sehen und man erkennt eine Menge kleiner blutbildender Inseln. Am dritten Tag haben sie sich zu einem Netzwerk von Blutgefäßen vereinigt, die alle vom Embryo wie ein Spinnennetz zum Zentrum ausstrahlen. Sie treffen sich alle an einem Punkt hinter der Kopffalte, die zu dieser Zeit außerhalb des Embryos liegt, um einen gemeinsamen Schlauch zu bilden. Dieser Schlauch zieht sich rhythmisch zusammen und entspannt sich wieder, und hilft dadurch, daß das Blut die Gefäße hinauf- und hinunterfließen kann.

Am vierten Tag wird dieser Schlauch zum Herz (bei Küken mit einer längeren Brutzeit später). Dieser ganze Vorgang findet in einem Zeitraum von einigen Stunden statt.

Die Wände des Schlauches wachsen und verdicken sich zu drei verschiedenen Ausbuchtungen. Daraus bilden sich die ersten primitiven Klappen, damit das Blut zirkulieren kann. Auch die Arterien und Venen erscheinen. Wenn diese Klappen weiterwachsen und die Blutgefäße sich verbinden, faltet sich das Rohr zu einem Z, wie in Abb. 6.9 deutlich zu sehen ist.

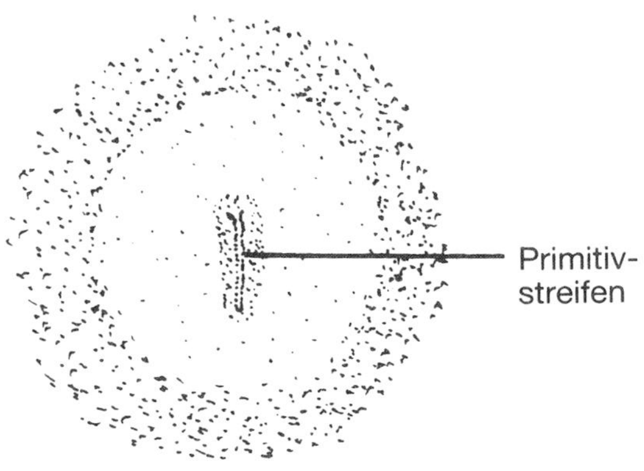

Abb. 6.5: Der Primitivstreifen

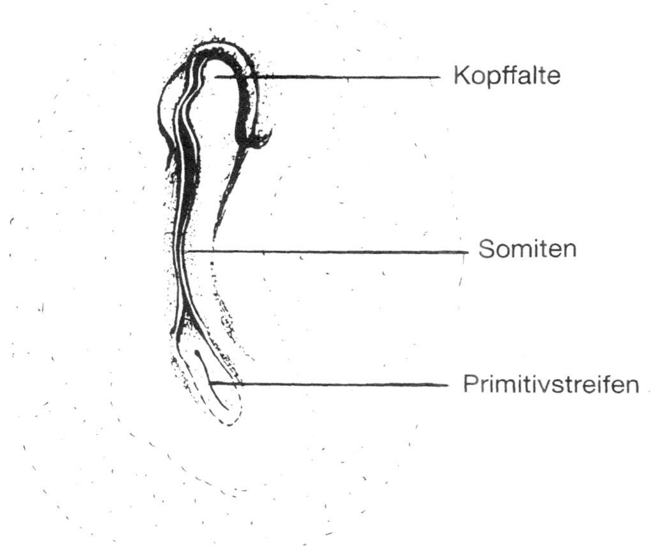

Abb. 6.6: Die Entwicklung des Gehirns und des Zentralnervensystems (1)

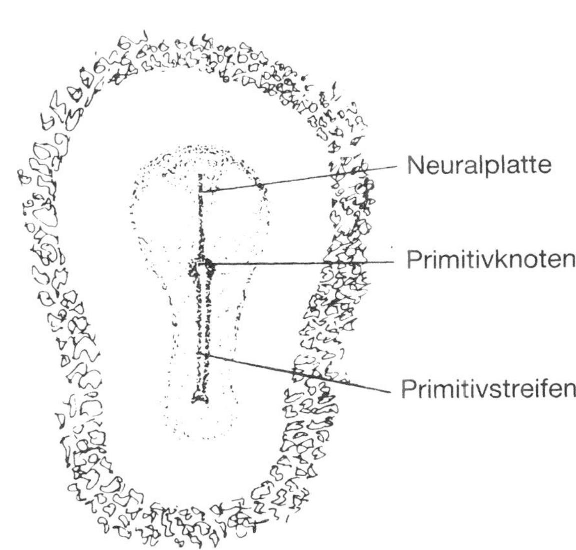

Abb. 6.7: Die Entwicklung des Gehirns und des Zentralnervensystems (2)

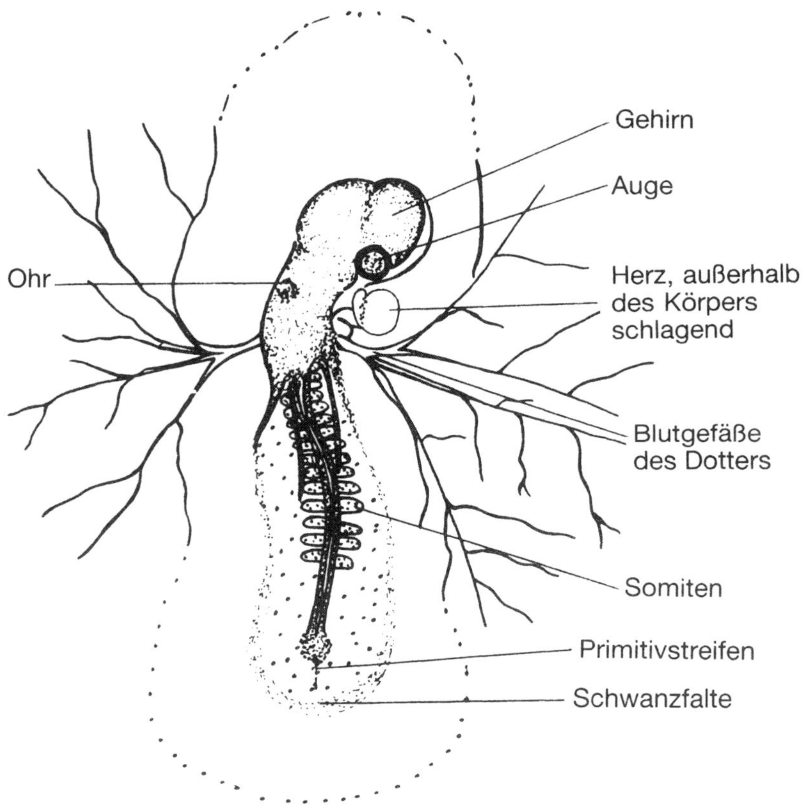

Abb. 6.8: Die Entwicklung des Gehirns und des Zentralnervensystems (3)

Das ganze Herz schlägt nun, die Beulen verschmelzen und die vier Kammern und die Klappen des Herzens erscheinen. Zu dieser Zeit, in der sich die Lungen noch nicht gebildet haben, sind die Lungengefäße noch winzig klein. Das Blut, das zum Herzen zurückströmt, kommt von den Membranen und dem Körper des Embryos. Die Wand zwischen der rechten und der linken Hauptkammer ist noch nicht voll ausgebildet, und der ganze Blutausstoß vom rechten Vorhof fließt durch den Ductus arteriosus in die Schlagader. Die meiste Zirkulation findet zu dieser Zeit zu den Blutgefäßen auf der Oberfläche des Eigelbs

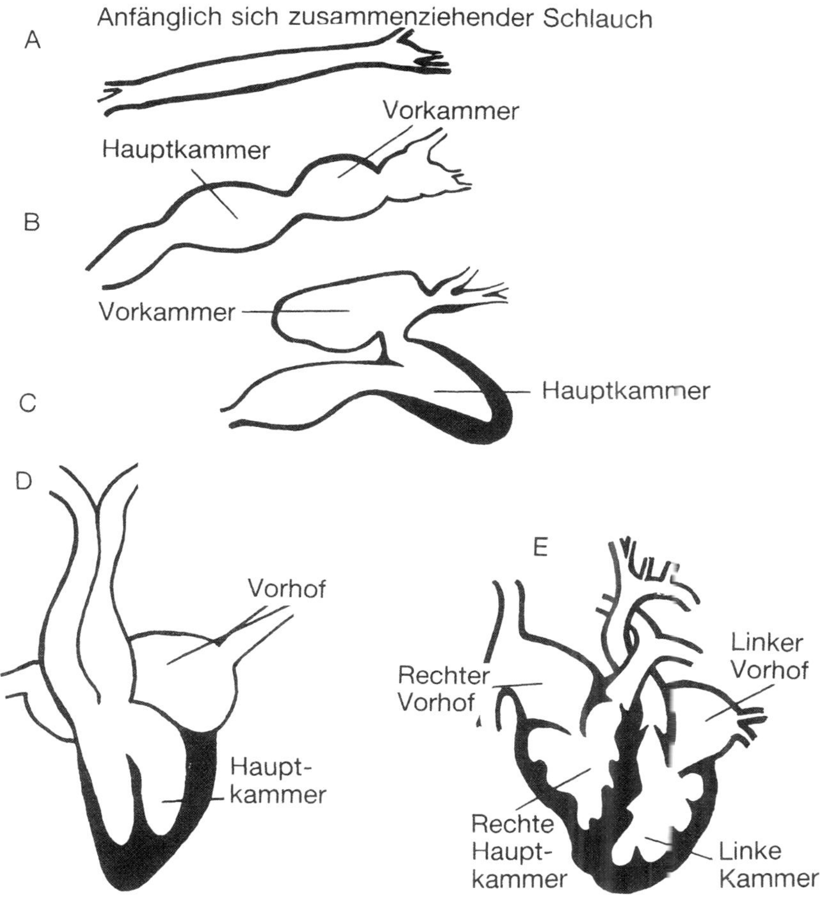

Abb. 6.9: Die Entwicklung des Herzens und der Blutgefäße: A, B, C, D = 4 frühe Entwicklungsphasen, E = das ausgewachsene Herz

statt. Diese wachsen weiter, bis sie das Eigelb vollständig umgeben und bilden den Dottersack.

Die Bildung der Häute außerhalb des Embryos

Zusätzlich zum Dottersack gibt es drei lebenswichtige Häute in einem sich entwickelnden Ei. Diese sind das Amnion, das Chorion und die Allantois. Sie sind das Hilfssystem für das Leben des Embryos.

Die Bildung des Chorions und des Amnions

Vor der Kopffalte und hinter der Schwanzfalte erscheinen weitere Falten, die als Doppelhäute über die Oberfläche des Embryos wachsen. Die innere Membran ist das Amnion und die äußere das Chorion. Zwischen ihnen entsteht ein Raum.

Wenn sich die wachsenden Kopf- und Schwanzfalten treffen, verschmelzen sie und bilden den Amnionnabel.

Das Amnion umgibt nun den ganzen Embryo und bildet den Fruchtwassersack. Wäßrige Flüssigkeit füllt sich darin an und in seiner Wand bilden sich Muskelfasern. Rhythmisches Zusammenziehen dieser Fasern läßt den Embryo, der sich frei in dieser Flüssigkeit bewegt, schwingen.

Die Bildung der Allantois

Eine Knospe wächst vom hinteren Darmende in den Raum zwischen Chorion und Amnion. Diese wächst zusammen mit ihren Blutgefäßen schnell, bis sie die ganze Oberfläche der Schale ummantelt und mit dem Chorion verschmilzt. Bei ihrem Wachstum geht das Eiklar bis auf eine kleine Tasche am schmalen Eiende zurück.

Die Funktionen der Eihäute

Die Aufrechterhaltung des Wasserhaushaltes

Vor der Bildung des Amnions ist der Embryo nur zu sehr einfachen biochemischen Reaktionen fähig, z. B. einfache Zucker in Milchsäure zur Energiegewinnung zu spalten. Wenn er sich aber weiterentwickelt und mehr komplexe Moleküle zur Ernährung gebraucht werden, bildet er Kohlendioxid und Wasser als Abfallprodukte. Dieses Wasser reichert sich in der Amnionhöhle an. Es sorgt für die freie Beweglichkeit des Embryos, für eine gute Wärmedämmung und fungiert als Stoßdämpfer. Das wichtigste von allem ist aber, daß sie ein Wasserspeicher ist. In den ersten zwei Dritteln der Bebrütungszeit wächst das Amnion noch in seiner Größe, im letzten Drittel verkleinert es sich, bis es zur Schlupfzeit völlig verschwunden ist. Während der späteren Periode kann man sehen, daß der Embryo die Amnionflüssigkeit trinkt. Wieviel er trinkt, hängt von den Brutbedingungen ab. Er kann z. B. Änderungen in der Luftfeuchtigkeit ausgleichen. Gegen Ende der Brutzeit reißt der Amnionnabel, dadurch vermischen sich das restliche Eiklar und die Amnionflüssigkeit, und der Embryo trinkt den Rest Eiklar.

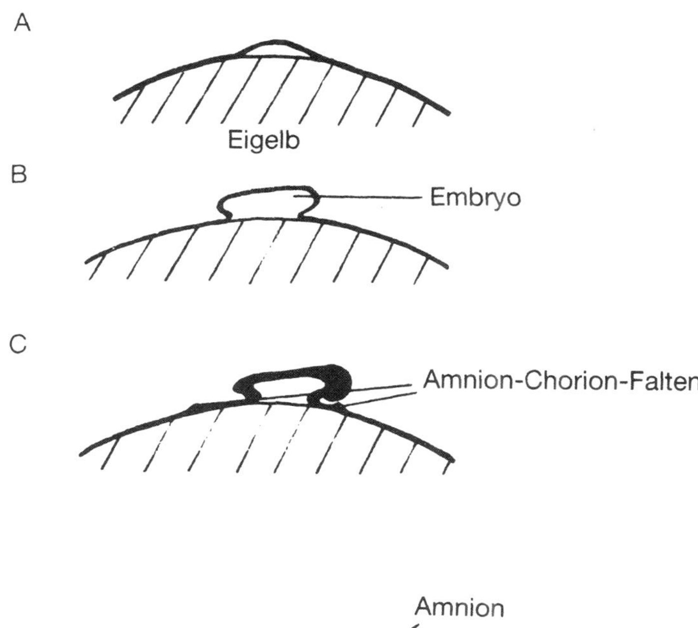

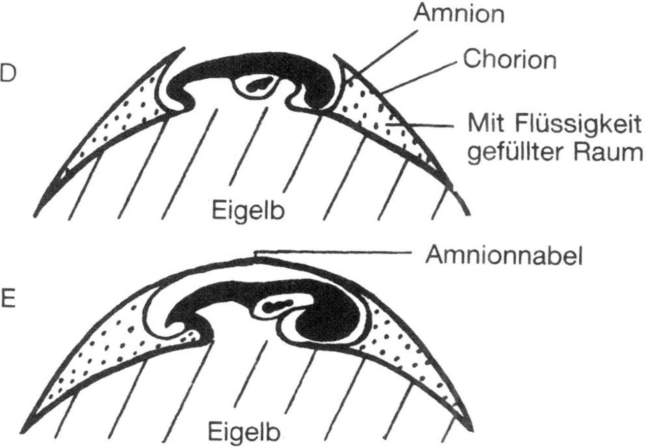

Abb. 6.10: Die Bildung des Amnions – A, B, C, D, E = fünf Stadien

Sind die Temperaturen im Inkubator nicht richtig oder werden die Eier nicht korrekt gewendet, kann sich dieses Reißen verzögern.

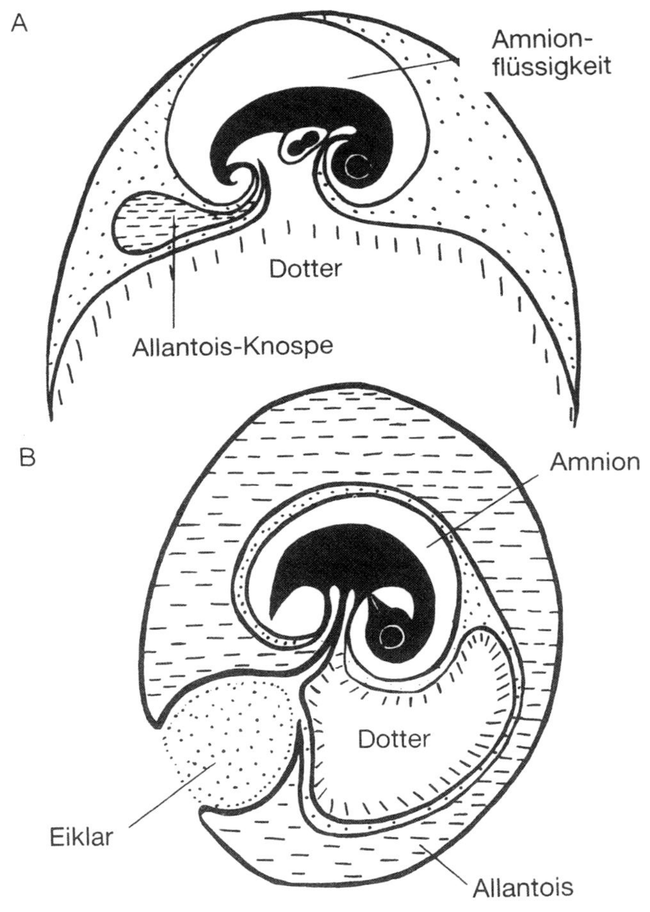

Abb. 6.11: Die Bildung der Allantois

Abb. 6.12: Die Stadien der Entwicklung eines Embryos: A = Entenembryo: 4. Tag in der Schale; B = Entenembryo: 5. Tag in der Schale; C = Entenembryo: 6. Tag in der Schale; D = Eihäute eines 17 Tage alten Embryos

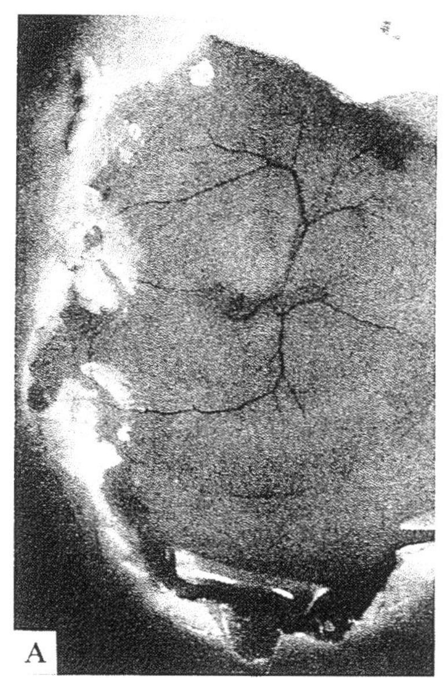
A

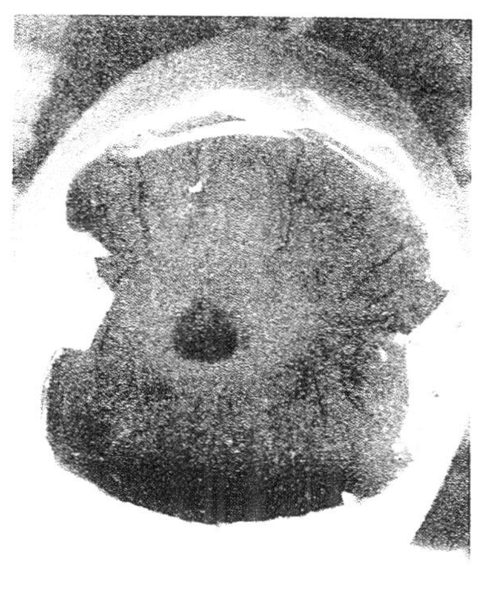
B

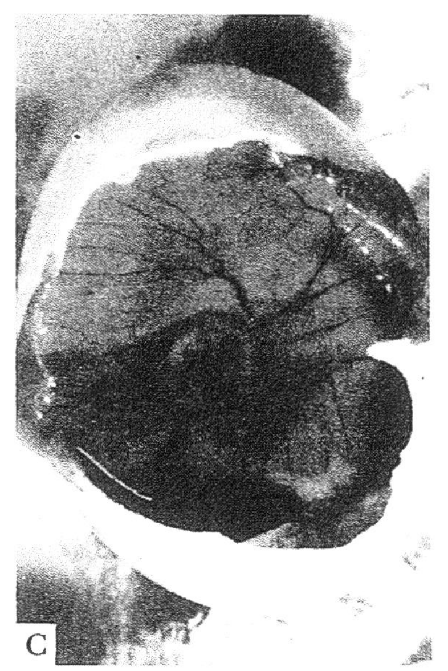
C

D

Austausch der Atemgase
Im Verlauf von 21 Bruttagen verbraucht ein Hühnerei 4617 cm^3 Sauerstoff und gibt 3864 cm^3 Kohlendioxid ab. Die Lungen funktionieren erst kurz vor dem Schlupf, so daß enorme Gasmengen durch die Schale direkt ausgetauscht werden müssen. Das Netzwerk von Blutgefäßen in der Allantois gewährleistet diesen Austausch, da es in direktem Kontakt mit der Eischale und den Membranen, die an der Luftkammer entlangziehen, steht.

Der Verbleib der nicht gasförmigen Ausscheidungsprodukte
Der Darm und die Nieren nehmen bald nach ihrer Bildung ihre Funktion auf, wenn auch nur in einer sehr primitiven Form. Ihre Ausscheidungen werden nicht durch den After in die Amnionhöhle entleert, sondern in den Allantoissack. Das Wasser wird durch die Blutgefäße wieder aufgenommen und alle stickstoffhaltigen Abfallprodukte werden in unlösliche Harnsäurekristalle umgewandelt. Diese bleiben beim Schlupf zusammen mit anderen festen Abfallprodukten des Darmes mit den Häuten in der Eischale zurück.

Die Somiten (Ursegmente, Urwirbel)

Alle Lehrbücher der Embryologie machen viel Aufsehen um die Somiten, da sie ihnen ermöglichen, das Alter des Embryos exakt nach gewissen Entwicklungsstadien zu bestimmen und besser als sie das nach den Stunden der Bebrütung tun können. Wann das Ei den Schlupfzeitpunkt erreicht, ist sehr unterschiedlich und hängt davon ab, wie lange das Ei im Uterus war, bevor es gelegt wurde. Auch die Eier, die vor dem Einsetzen eine Weile gelagert wurden, entwickeln sich in den ersten Stunden nicht so schnell wie frische Eier. Die Bruttemperatur wirkt ebenfalls deutlich auf die anfängliche Wachstumsrate.
Die Somiten entwickeln sich, sobald die Kopf- und Schwanzfalten erscheinen und sich das Gehirn und die Blutgefäße bilden. Das sind Zellblöcke im Mesoderm, die auf beiden Seiten des sich entwickelnden Rückenmarks erscheinen. Das erste Paar taucht am Kopfende auf und mit der Zeit bilden sich mehr Paare vom Kopf an abwärts. Das erste Paar erscheint nach etwa 22 Stunden Bebrütung und am fünften Tag sind ungefähr 50 Paare vorhanden. Man kann sie bei einem gefärbten Embryo unter dem Mikroskop sehr gut sehen.
Von der Embryologie wird behauptet, daß sie die Entwicklung zurückverfolgt. Primitive Lebewesen wie Würmer bestehen aus einer Reihe ähnlicher Segmente oder Somiten, die miteinander verbunden sind.

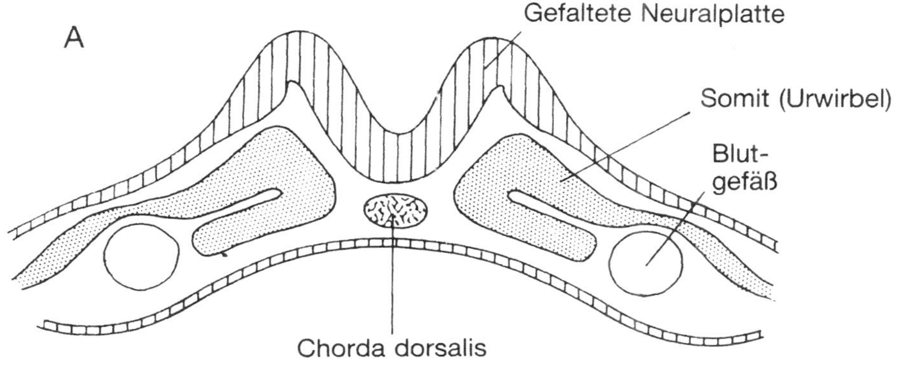

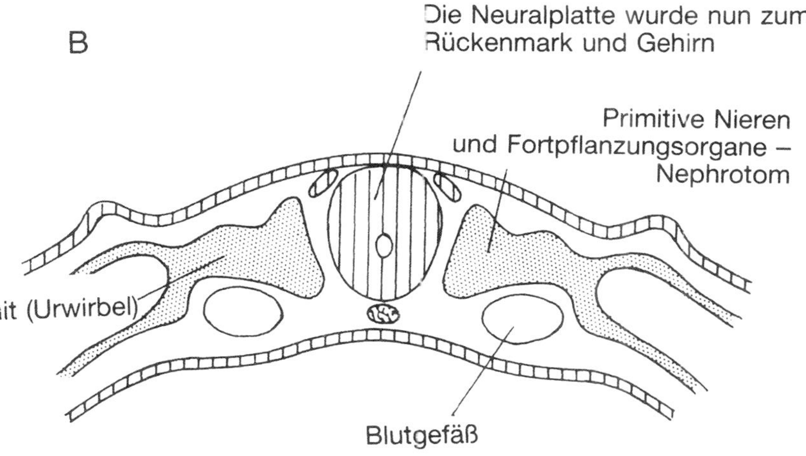

Abb. 6.13: A Querschnitt des Embryos von Abb. 6.7
B Querschnitt des Embryos von Abb. 6.8

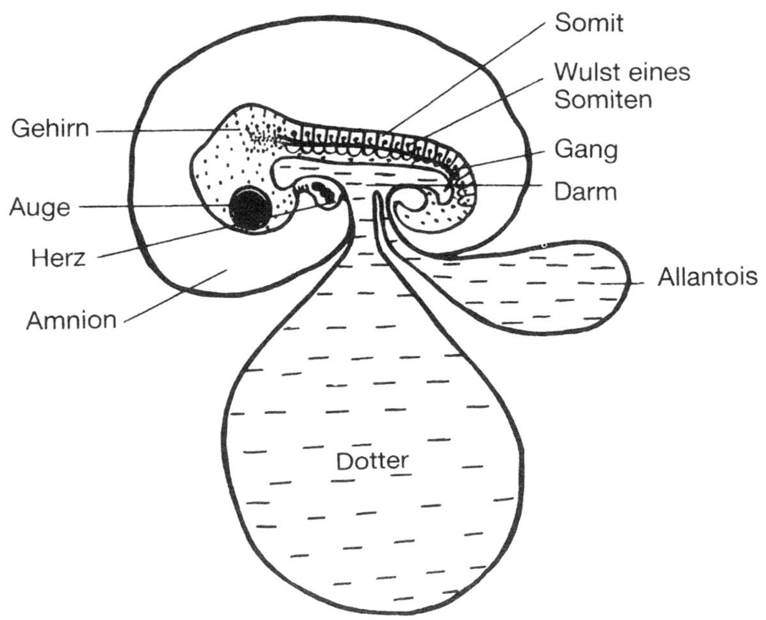

Abb. 6.14: Die Stellung und Anordnung der Somiten

Jeder Somit hat seine eigenen Blutgefäße und Nerven, seine Ringmuskeln, seinen Stützbogen, primitive Nieren und Fortpflanzungsorgane. Bei weiter entwickelten erwachsenen Wirbeltieren kann man diese Somitenansammlung als Wirbelsäule mit seinen Rippenpaaren und entsprechenden Arterien, Venen und Nerven sehen.
Die Kopfknochen werden durch eine Verschmelzung verschiedener Somitenpaare gebildet, während der obere Teil des Schnabels aus einem einzigen Somitenpaar entsteht, ebenso der Unterkiefer. Im Nacken sind der einzige Beweis für ursprüngliche Somiten die Halswirbelsäule und die knorpeligen Ringe der Luftröhre. Mehrere verschmolzene Somitenpaare bilden die Flügel und die Beine.
Jeder Somit enthält ursprünglich ein bißchen primitive Niere und Eierstockshoden, die aber bald ganz verschwinden, bis auf wenige, die dann die tatsächlichen Organe und deren Gangsystem bilden.
Der größte Teil der Somitenbildung ist für die Knochen- und Muskelbildung verantwortlich, aber an jedem Somiten wächst eine kleine Wulst an seinem äußeren Teil. Diese Wulst oder Nephrotom ist ein

funktionell einfaches Nierengewebe, das von Beginn an kleine Mengen Urins ausscheidet. Jedes Nephrotom wächst ein Stück rückwärts, um sich mit dem hinteren zu verbinden, und das Ganze bildet einen gemeinsamen Gang, der zum Enddarm führt. Wenn der Gang gebildet ist, tröpfelt der Urin vom ersten Somiten hindurch. Selbst der Urin vom vier Tage bebrüteten Embryo fließt vom hinteren Darm in die Allantois, aus der das Wasser wieder aufgenommen wird. Wenn der Embryo wächst, trocknen die Nephrotome am Vorderende aus und verschwinden, aber der Gang bleibt bestehen. Einige Nephrotome im Mittelteil entwickeln sich zu Fortpflanzungsorganen, entweder zum Ovar oder zum Hoden. Der Gang entwickelt sich dann entweder zum Samen- oder zum Eileiter. Die Keimzellen, die sich entwickeln, um spätere Generationen zu bilden, sind zu dieser Zeit schon vorhanden. Jede Abnormität in den Brutbedingungen kann zur Zeit der Bildung dieser Zellen zu ernsthaften Problemen in der zukünftigen Fortpflanzungsfähigkeit führen, sogar bis hin zur Unfruchtbarkeit.
Die Nephrotome unter denen, die die Fortpflanzungsorgane bilden, entwickeln sich zu den eigentlichen Nieren. Der vordere und hintere Darm, der in direkter Verbindung mit dem Dottersack steht, verlängert sich und wird zu Schlund und Anus. Die Leber und Lungen entstehen aus Darmknospen.

Das Wachstum des Embryos

Am vierten Tag sind bereits die meisten Organe erschienen. Das Gehirn mit seinen großen Augenansätzen ist am auffälligsten und auch das Herz, das außerhalb des Körpers schlägt, kann man gut sehen.
Am sechsten Tag, wenn die Faltung abgeschlossen ist, liegt das Herz innerhalb des Körpers und der Darmansatz hat sich aus derselben Falte gebildet. Die Gliedmaßenknospen kann man an einem sehr kleinen Stumpf erkennen, der Kopf ist der weitaus größte Teil des Embryos. Die inneren Organe, auch die Fortpflanzungsorgane, haben mit ihrer Bildung begonnen.
Am zehnten Tag sieht der Embryo dann schon wie ein Vogel aus. Füße, Flügel und Schnabel sind gebildet und der Körper wächst schneller als der Kopf. Auch die Federn zeigen sich jetzt als schwarze Flecken auf dem Rücken.

Das Wachstum und die korrekte Lage

Vom Beginn des Primitivstreifens an nimmt der Embryo eine bestimmte Lage im Ei ein. Die ersten vier Tage steht die Längsachse

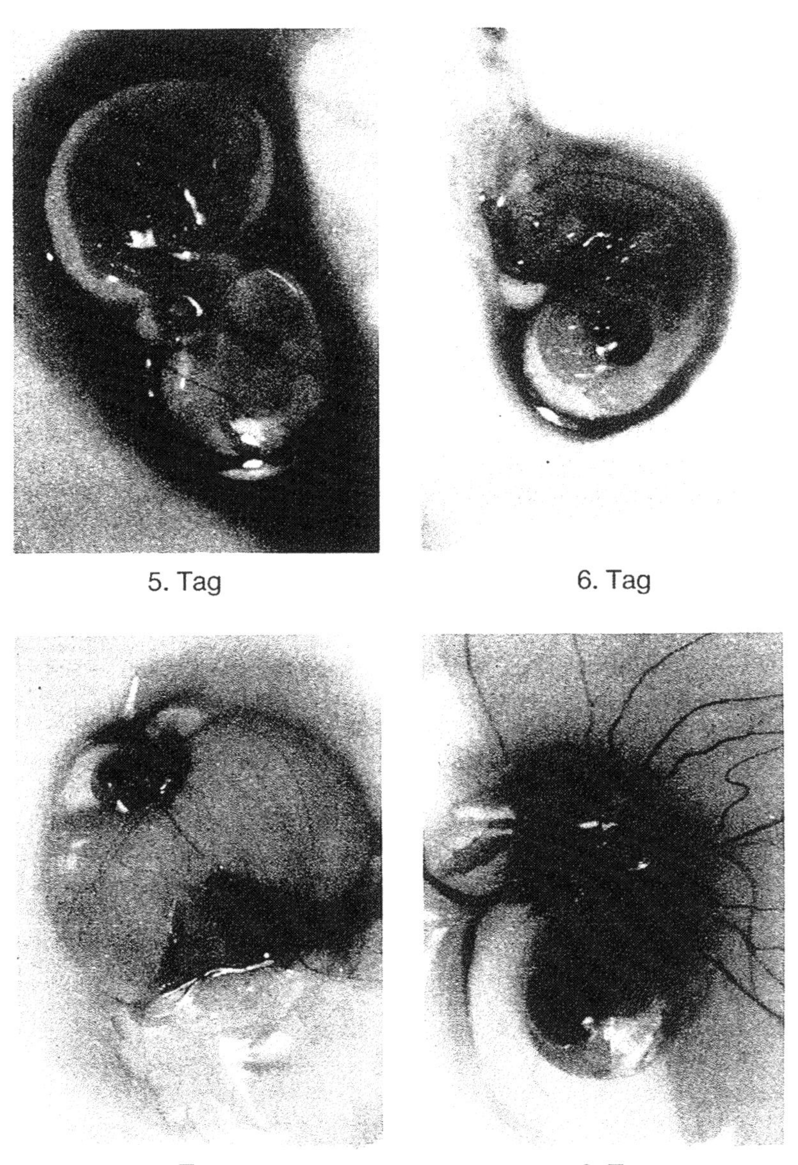

Abb. 6.15: Die Stadien des Wachstums eines Entenembryos, der aus der Schale genommen wurde

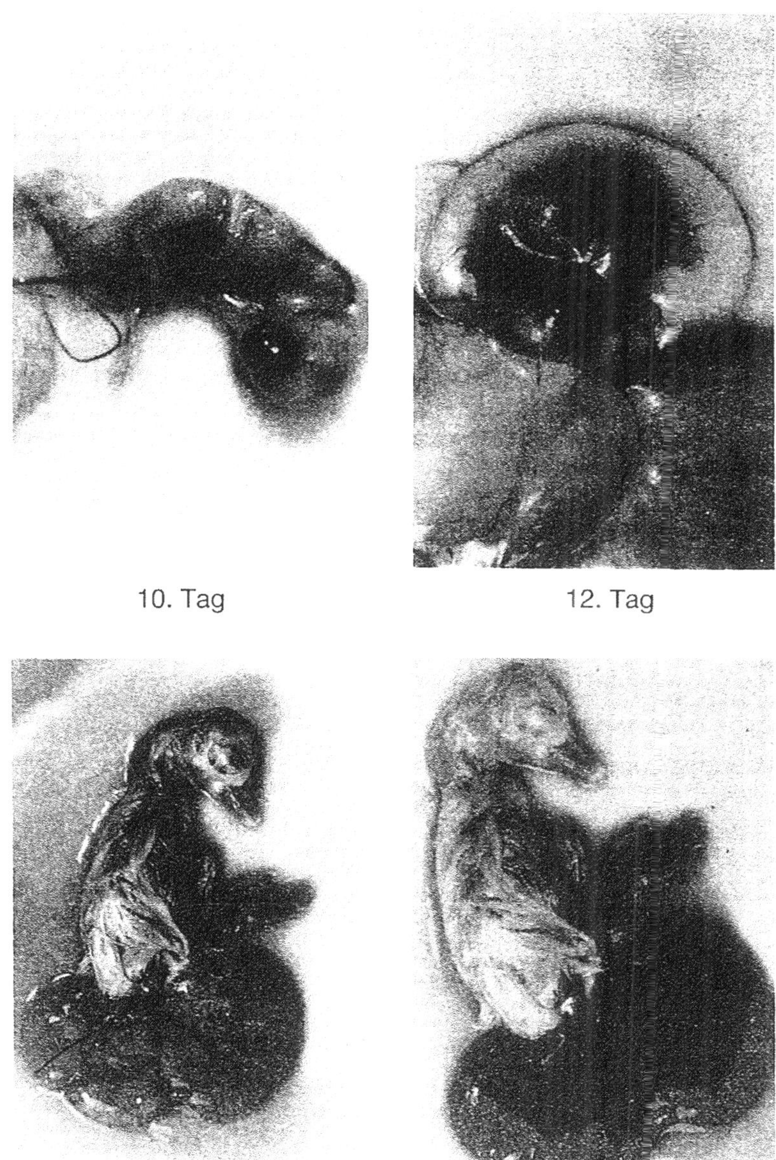

10. Tag

12. Tag

17. Tag

20. Tag

des Embryos senkrecht zur Längsachse des Eies. Wenn man die Luftkammer von sich weghält, liegt der Kopf auf der rechten Seite.
Ab dem vierten Tag etwa, während die Faltung immer noch fortschreitet, kommt der Embryo auf seine linke Seite zu liegen; der Kopf und der Körper sind gebeugt, so daß der Schwanz fast den Kopf berührt.
Sobald das Amnion gebildet ist, bewegt sich der Embyro frei in der Amnionhöhle an einer langen Nabelschnur des Dottersacks mit den Blutgefäßen der Allantois. Die Amnionpulsation bewegt den Embryo überraschend schnell durch das ganze Ei. Etwa am elften oder zwölften Tag nimmt das Amnion gut die Hälfte des Eies ein und hält eine feste Position am stumpfen Ende des Eies, in der Nähe der Luftkammer, ein. Der Embryo liegt auf dem Rücken, zusammengedrückt im Dottersack, im rechten Winkel zum Ei und immer noch mit seinem Kopf auf der rechten Seite.
Von nun an wächst der Kopf nur noch wenig, während der Körper und der Nacken rasch an Größe zunehmen. Sobald der Körper schwerer als der Kopf wird, wird der Schwanz durch die Schwerkraft mehr zum spitzen Eiende hin bewegt, selbst wenn das Ei auf der Seite liegt.
Da sich der Körper bewegt und wächst, pulsiert der Dottersack, so daß er gelegentlich vorwärtsgleitet und der Rücken des Embryos mit der Schale in Kontakt kommt. Nun ist der ganze Dottersack vor dem Embryo und die Füße und Beine liegen beiderseits des Dotterstiels. Das restliche Eiklar ist am spitzen kleinen Eiende.
Bei weiterem Körperwachstum wird die rechtwinklige Stellung aufgegeben und der Schwanz wird immer mehr zum spitzen Ende hin verlagert. Das Wachstum und die Bewegungen des Nackens drücken den Kopf allmählich unter den rechten Flügel.
Die Amnionflüssigkeit verschwindet immer mehr, da der Embryo sie trinkt, und wenn der Amnionnabel reißt und die Amnionflüssigkeit und das Eiklar sich vermischen, wird alles aufgebraucht.

Die Entstehung des Lungenkreislaufs

Bis zu diesem Zeitpunkt war der Embryo vollständig von der Zirkulation der Allantois abhängig, um seine Atemgase auszutauschen. Mehr als vier Liter Sauerstoff hat er eingeatmet und mehr als drei Liter Kohlendioxid abgegeben. Kurz vor dem Schlupf beginnt die Luftzirkulation in den Lungen und die der Allantois bricht zusammen. Die Allantoisflüssigkeit wird noch von den Blutgefäßen aufgenommen, bevor sie sich verschließen.

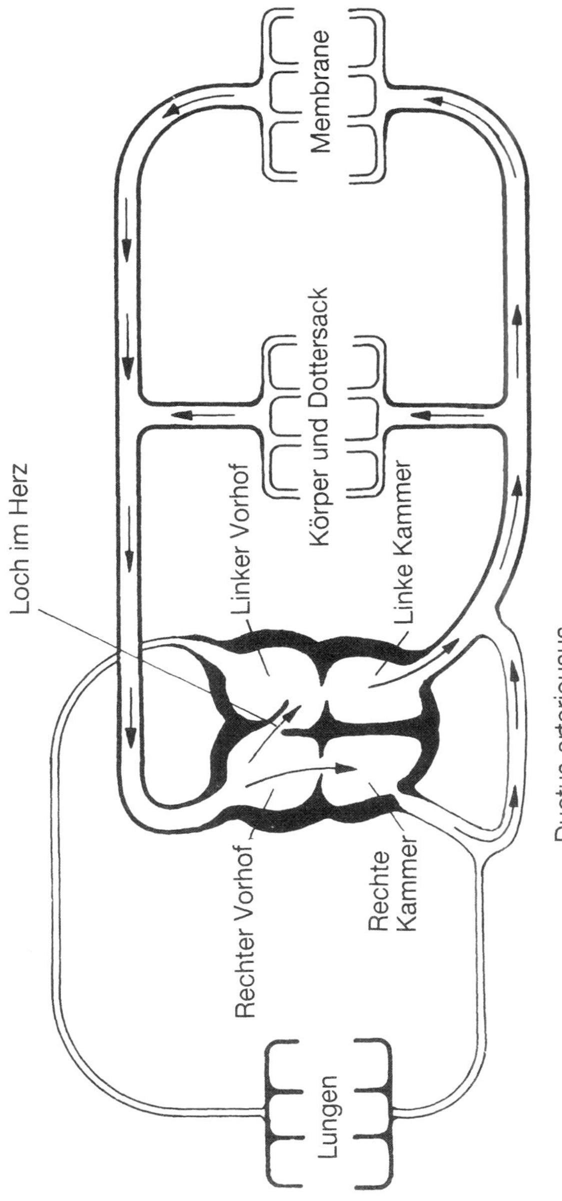

Abb. 6.16: Schema des embryonalen Kreislaufs

Die Lungen haben sich zwar ziemlich früh entwickelt, aber bis kurz vor dem Schlupf fließt wenig Blut durch sie und es findet kein Gasaustausch statt, da sie nicht ausgedehnt sind und keine Luft enthalten. Während der Embryonalphase wird das Blut der Lungen durch einen Verschlußmechanismus direkt zum Herzen geleitet.
Wie die Säugetiere haben auch Vögel ein Herz mit vier Kammern. Der linke Vorhof erhält das sauerstoffreiche Blut von den Lungen, fördert es dann durch die Mitralklappe in die linke Hauptkammer, die das Blut dann durch den Körper pumpt. Das Blut, das vom Körper zurückkommt, geht in den rechten Vorhof und weiter durch die Trikuspidalklappe in die rechte Hauptkammer, welche das Blut dann durch die Lungen pumpt, um den Kreislauf zu schließen.
Beim Embryo ist es nur wenig Blut, das von der rechten Hauptkammer in die Lungen gepumpt wird, und auch nur wenig, das in den linken Vorhof zurückfließt. Das kommt duch das Wirken der Verschlußmechanismen. Während der Embryonalphase ist zwischen dem rechten und dem linken Vorhof eine Öffnung. Die Hälfte des Bluts, das aus dem Körper zurückkommt, wird vom rechten Vorhof durch diese Öffnung zur linken Seite des Herzens geschleust, welche es dann erneut in den Körper pumpt.
Die andere Nebenverbindung ist eine kleine Arterie, der Ductus arteriosus, die die Hauptlungenarterie mit der Hauptaorta verbindet. Von der rechten Hauptkammer gepumptes Blut fließt nicht in die Lungen, sondern durch diesen „Ductus", um das Blut wieder in den Körper zu leiten.
Die Blutgefäße, die aus dem Embryo herausführen und den Nabel bilden, führen zu den Membranen. Hier wird das Blut wieder mit Sauerstoff angereichert und gibt sein Kohlendioxid ab, so daß eine Hälfte des Bluts, das zum Herzen zurückfließt, gereinigt ist, und die andere Hälfte nicht. Das kleine Blutvolumen, das durch die Lungen fließt, ist nicht mit Sauerstoff angereichert, da die Lungen zu dieser Zeit zusammengefallen sind und keine Luft enthalten.

Mechanismus

Der erste Schritt vom Wechsel der Allantois- zur Lungenatmung ist der Anstieg des Kohlendioxidgehalts im Blut. Das kommt daher, weil der Embryo im Ei jetzt zur vollen Größe herangewachsen ist und die Allantios nicht die notwendige Kapazität hat, um mit dem erhöhten Austausch fertigzuwerden. Die Allantoiszirkulation beginnt also zusammenzubrechen.

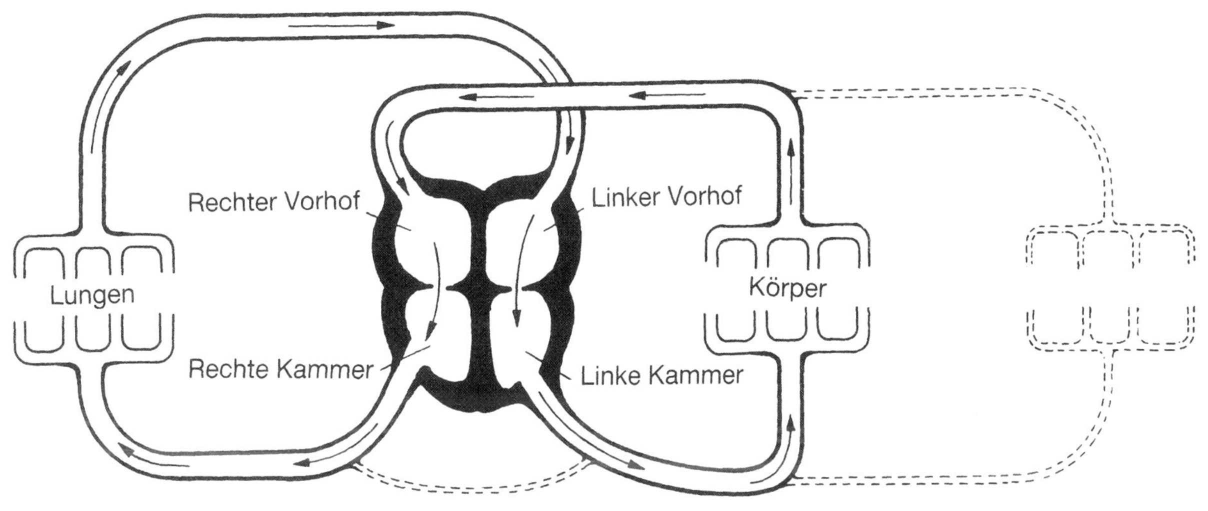

Abb. 6.17: Schema des Erwachsenenkreislaufs

Der Kohlendioxidanstieg läßt die Nackenmuskeln des Embryos zukken. Durch die Stellung des Kopfes unter dem rechten Flügel zeigt die Schnabelspitze in Richtung Luftkammer. Die zuckenden Muskeln lassen den Schnabel nach oben stoßen, er durchdringt zuerst die Allantois und gelangt anschließend in die Luftkammer. Nun kann der Vogel seinen ersten Atemzug holen.
Die Allantoiszirkulation verschließt sich weiter und die Lungenarterien öffnen sich und erweitern das Lungengewebe. Diese Ausweitung kann man mit dem Aufpumpen eines Fahrradschlauches vergleichen. Wenn es zusammengefallen ist, ist das Gewebe weich und schlaff, aber die Aufblähung öffnet es zu einer ziemlich starren Struktur. Das Einsaugen des Bluts in die Lungenarterien erweitert die Lungenbläschen oder die Luftsäcke der Lungen, und die Luft strömt in sie hinein. Jetzt stellen sich auch Atembewegungen ein, obwohl sie gelegentlich schon einige Zeit vorher vorkamen.
Durch die Eröffnung des Lungenkreislaufs kehren nun große Mengen sauerstoffhaltigen Blutes von den Lungen zum linken Vorhof zurück. Vorher floß fast das ganze Blut, das zum Herzen kam, vom Körper und den Membranen in den rechten Vorhof. Der Verschlußmechanismus preßte das Blut durch die Öffnung zwischen den beiden Vorhöfen, wobei der Druck in den rechten Vorhof etwas höher ist als in den linken.
Das Blut, das von den Lungen kommt, erhöht den Druck in der linken Vorkammer, so daß sich die Klappe der Öffnung zwischen den beiden Kammern zusammendrückt und schließlich ganz schließt. Zur selben Zeit schließt sich auch der ductus arteriosus, so daß der ganze Ausstoß des rechten Ventrikels Durch die Lungen gepumpt wird, wo das Blut jetzt mit Sauerstoff angereichert wird.
Der ganze Vorgang dauert ungefähr zwei Tage, und wenn das letzte Blut die Allantois verlassen hat, ist das Küken zum Schlupf bereit.

Das Zurückziehen des Dottersacks in die Bauchhöhle
Der gleiche Mechanismus, der das Zucken der Nackenmuskeln fördert, verursacht auch spastisches Zusammenziehen des Dottersacks und der Bauchmuskeln. Der ganze Dottersack mit seinen Blutgefäßen wird langsam in die Bauchhöhle zurückgezogen. Der Darm hat sich so geformt, daß sich der Dottersack direkt in ihn eröffnet, so daß der Dotter vom Darm verdaut werden kann.
Der gesamte Dottersack wird in die Bauchhöhle gezogen und der meiste Dotter wird nach dem Schlupf von den Blutgefäßen aufgenommen, noch bevor sie sich verschließen und verschwinden. In den Darm

selbst gelangt nur sehr wenig. Der Dottersack wird in die Bauchhöhle gezogen, zur selben Zeit erweitern sich die Lungen, und dieser Vorgang ist genau vor dem Schlupf beendet.

Der Schlüpfmechanismus

Die Luft in der Luftkammer wird bald schädlich, wenn der Embryo sie immer wieder ein- und ausatmet und der Kohlendioxidgehalt um 10 % und mehr steigt. Dadurch zuckt der Nacken immer stärker, bis ein Stoß den ersten Riß verursacht. Die Zeitspanne zwischen dem ersten Atemzug und dem ersten Riß in der Schale ist sehr unterschiedlich, sie ist aber ungefähr proportional der Brutdauer der einzelnen Spezies und kann von drei Stunden bis zu drei Tagen variieren. Der Riß in der Schale gibt dem Küken die Möglichkeit, frische Luft zu atmen, an der es jetzt auch Bedarf hat. Während der erste Riß im Ei entsteht, wird der Dottersack mehr oder weniger vollständig in die Bauchhöhle gezogen, was aber nicht immer geschieht. Die Allantois ist dabei weiter funktionstüchtig. Die Zeitdauer vom ersten Riß bis zum kompletten Aufbrechen der Schale ist ebenfalls unterschiedlich lang. Es kann weniger als eine halbe Stunde, aber auch länger als drei Tage dauern. Das hängt von der Spezies und der gesamten Brutdauer ab. Beim Schlüpfen ist der gesamte Dottersack bereits in der Bauchhöhle und in den Membranen fließt kein Blut mehr.

Das Ausbrechen aus der Schale

Wie auf den Abbildungen zu sehen ist, sitzt das Küken beim Schlüpfen in der Schale und das Schwanzende liegt an der Eispitze. Der Nacken ist nach rechts gekrümmt, der Kopf steckt unter dem rechten Flügel und der Schnabel zeigt zur Luftkammer. Die Füße und Beine befinden sich in der gewohnten Haltung des Geflügels.

Alle Vogelarten haben einen Eizahn, das ist ein kleiner Höcker auf der Spitze des oberen Schnabels. Er hilft, die Schale leichter zu durchbrechen. Nach ein paar Tagen verschwindet er.

Die Küken haben auch eine sehr gut entwickelte Rückenmuskulatur, am Kopfende und im Nacken, die sich nach dem Schlüpfen zurückbildet. Das Zusammenziehen dieser Muskeln hebt den Kopf nach oben und bohrt den Eizahn in die Schale, um sie zu zerbrechen.

Es gibt zwei Schlupfbewegungen. Die erste ist der kräftige Stoß des Kopfes, um in die Schale einen Riß zu stoßen. Nachfolgend kann man oft das Öffnen und Schließen des Schnabels beobachten, als wollte das Küken das Loch noch vergrößern. Die zweite Bewegung ist ein verlän-

Abb. 6.18: Entenembryo, im Begriff in die Luftkammer einzubrechen. Der Dottersack ist bereits eingezogen, Allantois und Schale wurden entfernt

gertes Zusammenziehen sowohl der Nackenmuskeln als auch der Rükkenmuskulatur. Durch diese Kontraktion wird der gebeugte Nacken gestreckt. Da der Schnabel nun fest gegen die Schale gestoßen wird, verursacht die Streckung des Nackens eine leichte Drehung des Kükens gegen den Uhrzeigersinn. Die Füße stoßen auch gegen die Schale und unterstützen die Drehbewegung. Wenn sich die Nacken- und Rückenmuskeln wieder entspannen, bleibt der Körper in seiner neuen Stellung und der Kopf kommt wieder unter den rechten Flügel. Der nächste Schnabelstoß macht wieder einen kleinen Riß links vom ersten. Auf diese Weise bewegt sich das Küken in dem Ei, bis es den Deckel aufgebrochen hat. Ein letzter kräftiger Schub läßt den Kopf aus der Schale schauen und das Küken schlüpft alleine heraus. Es ist eine kleine, nasse und erschöpfte Kreatur.

Das Trocknen

Die Membrane bleiben in der Schale zurück und die blutleere Nabelschnur reißt am Nabel leicht ab.

Die Federn, die den Flaum bilden, sehen aus wie Löwenzahnsamen. Im Ei sind die Federkiele in einer Scheide eingeschlossen. Wenn sie trocknen, brechen die Scheiden und fallen ab und die Kiele gehen auf und bilden den Flaum. Die abgeworfenen Scheiden sind der Brutflaum.

Fehlstellungen des Embryos

Nicht alle Embryonen, die bei der letzten Durchleuchtung noch am Leben waren, werden schlüpfen. Die Untersuchung dieser in der Schale abgestorbenen Küken zeigt oft, daß eine Anzahl von Küken nicht in der richtigen Schlupfstellung war. Es gibt verschiedene Fehlstellungen und wir haben sie hier nach der Häufigkeit ihres Vorkommens aufgelistet.

Fehlstellung 1: Der Kopf liegt zwischen den Beinen. Das kommt häufig vor und ist nicht die eigentliche Todesursache, obwohl es viele glauben. Der Kopf kann nicht unter den rechten Flügel gesteckt werden, wenn sich der Embryo zum Schlupf bereit macht. Wenn die Entwicklung verzögert ist oder der Tod vor Einnahme dieser Endstellung eintritt, liegt der Kopf zwischen den Beinen.

Fehlstellung 2: Der Kopf liegt am kleinen Eiende. Das ist nicht eine unbedingt tödliche Stellung und etwa die Hälfte der Embryos in dieser Stellung schlüpfen lebend. Die das nicht tun, ersticken. Am spitzen Eiende ist keine Luftkammer, so daß der Embryo nicht atmen kann, bevor er nicht die Schale zerbrochen hat. Viele sterben, bevor sie es tun können. Die Beweglichkeit in diesem Ende ist eingeschränkt, so daß sehr viele Küken nicht die zum Schlupf nötigen Bewegungen ausüben können. Wenn man die Eier mit dem spitzen Ende noch oben im Brutapparat ansetzt, liegen etwa 50 % der Küken in dieser Stellung.

Fehlstellung 3: Der Kopf liegt auf der linken Seite. Obwohl der Embryo theoretisch genausogut schlüpfen könnte, wenn er sich im Uhrzeigersinn dreht und den Kopf unter dem linken Flügel hat, anstatt gegen den Uhrzeigersinn, mit dem Kopf unter dem rechten Flügel, schlüpft er in Wirklichkeit nicht gut. Es ist eine ziemlich tödliche Stellung.

Fehlstellung 4: Der Körper dreht sich längs der Längsachse des Eies, so daß die Schnabelspitze irgendwo in der Nähe der Luftkammer liegt. Aus dieser Position ist es für das Küken unmöglich zu schlüpfen und andere Defekte sind meist mitbeteiligt.

Fehlstellung 5: Die Füße liegen über dem Kopf. In der gewöhnlichen Lage mit gebeugten Füßen, können diese Füße einen gewaltigen Stoß gegen die Schale ausüben und helfen dem Nacken und den Muskeln, den Embryo in der Schale zu drehen. Befinden sich die Füße aber über dem Kopf, ist das Drehen sehr schwierig, und die meisten Küken schlüpfen nicht.

Fehlstellung 6: Der Kopf liegt über den Flügeln. Das ist eine normale Abweichung der gewöhnlichen Schlupfposition und kein Hindernis für das Küken, aus der Schale zu kommen. Embryos in dieser Stellung sterben wahrscheinlich aus einem anderen Grund.

Fehlstellung 7: Der Embryo liegt quer zum Ei. Diese Position ist selten und kann nur vorkommen, wenn das Ei kugeliger als normal ist, oder wenn der Embryo sehr klein ist und schlecht bebrütet werden kann. Oft sind noch andere Mängel beteiligt. Aus dieser Stellung wird es für das Küken unmöglich, zu schlüpfen.

Gründe für Fehlstellungen

Es gibt viele Gründe dafür. Es ist unvermeidlich, daß eine bestimmte Anzahl von Embryos ohne ersichtlichen Grund eine Fehlstellung eingenommen haben, aber schlechte Brutbedingungen können diese Rate noch steigern. Einige sind auch genetisch festgelegt; aber schlechte Temperaturkontrolle, ungenügendes Wenden und unachtsame Behandlung werden diese Zahlen vergrößern. Der häufigste Grund für Fehlstellungen sind Erschütterungen und Stöße während des mechanischen Wendevorganges.

Kapitel 7

Die physikalischen Bedingungen, die für eine erfolgreiche Schlupfrate notwendig sind

Egal wie ein Ei bebrütet wird, unter der Bruthenne, in einem kleinen Flächenbrüter oder in einem kommerziellen Brutschrank, die direkte Umgebung des Eies muß korrekt sein, um eine erfolgreiche Entwicklung zu gewährleisten. Die Grundelemente dieser Umgebung sind Temperatur, Luftfeuchtigkeit, Ventilation und natürlich das Wenden des Eies.

Unter der Henne kontrolliert der natürliche Instinkt der Henne diese Faktoren, während der Züchter nur die Umgebung der Henne kontrolliert. Wenn die Eier zu kalt werden, setzt sich die Henne dichter auf sie und wärmt sie auf. Wird aber die erzeugte Hitze für die Eier zu heiß, erhebt sich die Henne etwas vom Nest, bis sich die Eier genügend abgekühlt haben.

Maschinen besitzen solche Instinkte nicht. Da die Bedürfnisse des Eies sich während der Brutperiode verändern, muß der Züchter sie dementsprechend anpassen. Es ist für den Züchter ratsam, die Gebrauchsanweisungen zu befolgen, um die besten Ergebnisse zu erhalten, da der Hersteller mit der Brutmaschine sicher viele Experimente durchgeführt hat.

Die Temperatur

Ein frisches Ei nimmt die Umgebungstemperatur an, aber wenn die Entwicklung des Embryos fortschreitet, erzeugt er seine eigene Wärme und entwickelt langsam den normalem Temperaturregelmechanismus erwachsener Vögel. Um die Schlupfzeit hat ein Embryo eine innere Temperatur, die der ausgewachsener Vögel nahekommt, sie liegt einige Grad über der optimalen Bruttemperatur. Während der ganzen Brutperiode ist die Temperatur natürlich von der Hitze im Inkubator abhängig, aber in den letzten Tagen kann die selbsterzeugte Hitze den Inkubator überheizen, und es müssen spezielle Methoden angewendet werden, um die Eier wieder abzukühlen. Bei kleinen Tischbrütern ist der Hitzeverlust immer größer als die Wärmeerzeugung, so daß es hier normalerweise kein Problem gibt. Aber in Maschinen, die Tausende von Eiern enthalten, benötigt man Kühlschlangen. Die modernen großen Handelsbrutmaschinen sind so ausgerichtet, daß sie die von den Eiern abgegebene Wärme wieder nutzen, um die frischen Eier aufzuwärmen und vermindern so die elektischen Kosten. Es ist bekannt, daß große Maschinen besser als kleine sind und einer der Hauptgründe liegt wohl in dem Ausnützen der natürlichen Wärme.

Auch die Luftbewegung wirkt auf die optimale Bruttemperatur. Hohe Luftbewegung entfernt die von den Eiern erzeugte Wärme und kühlt sie auf Inkubatortemperatur ab. Um das auszugleichen, muß die Temperatur im Brüter etwas höher liegen. Auf die gleiche Weise kann die Luftfeuchtigkeit die optimale Temperatur beeinflussen. Wasserverdunstung hat einen kühlenden Effekt, dabei spielt die Menge der Verdunstung, die durch das Messen der Luftfeuchtigkeit kontrolliert werden kann, eine Rolle.

Man kann sich eine ähnliche Situation vorstellen, wenn man eine Gruppe von Personen nimmt und an diesen die Grundprinzipien der Verdunstung betrachtet. Befinden sich diese Leute bei einer angenehmen Temperatur von etwa 15 °C im Freien, ist alles gut. Wird es aber windig, frieren sie, und dieser Effekt wird noch gesteigert, wenn es zu regnen beginnt und ihre Kleidung naß wird. Wenn sich dieselbe Gruppe bei der gleichen Temperatur und der gleichen Luftfeuchtigkeit in einem Raum befindet, fühlt sie sich wieder wohl. Aber jetzt, wenn alle Türen und Fenster geschlossen sind, und keine Luftumwälzung stattfindet, wird es im Raum immer heißer und heißer. Ist es noch dazu feucht, wird es unerträglich. Das kommt alles von der selbsterzeugten Wärme der Gruppe. Wenn man nun ein Fenster öffnet und Luftumwälzung zuläßt, verschwindet die Hitze und auch die Feuchtigkeit, bis die Wärme wieder ausgeglichen ist und sich alle wieder wohl fühlen.

Es besteht so eine Wechselbeziehung zwischen der Temperatur, der Feuchtigkeit, der Luftbewegung und der stündlichen Luftveränderung. Wenn eine bestimmte Maschine alle diese Faktoren richtig ausführt, können die Eier gut ausgebrütet werden. Wenn das Gleichgewicht nicht übereinstimmt, werden sie nicht ausschlüpfen.

Die Bildung der Wärme eines Tieres

Dies sind neue Ergebnisse von einem Sensortropfen, auf einem Eitablett mit Cereopsis-Eiern (Kap-Schell-Gans). Alle 30 Minuten wird das Tablett 90° gedreht, vorwärts und rückwärts, so daß die eine halbe Stunde der Sensor in dem Luftzug ist, bevor er die Eier überstreicht und die nächste halbe Stunde nach dem überstreichen der Eier. Bewegt

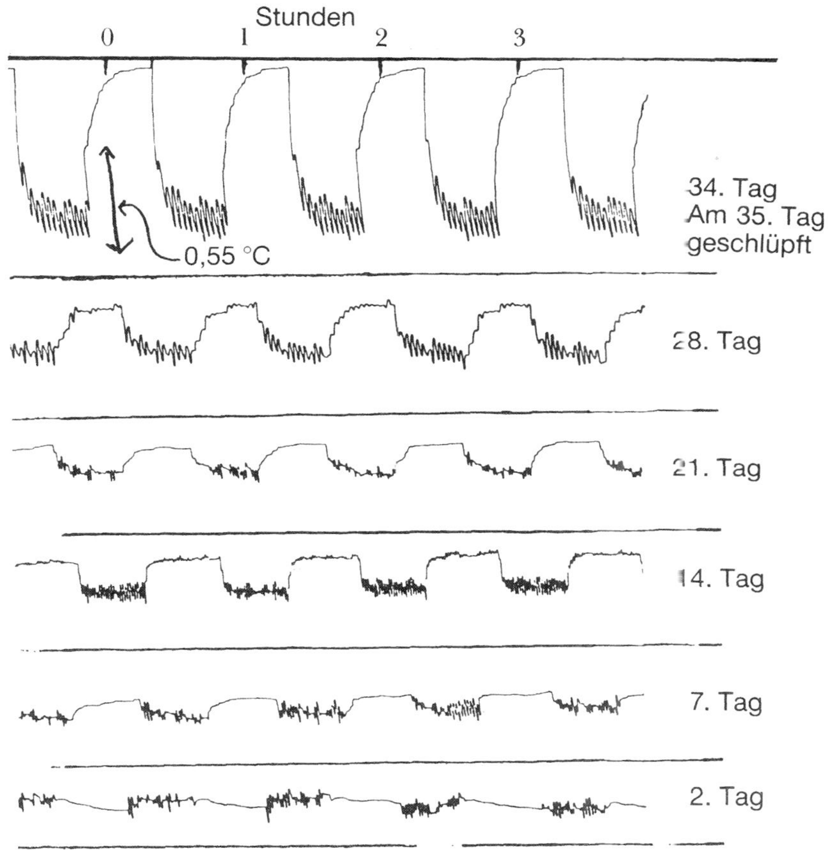

Dies sind Aufzeichnungen eines Meßgerätes, das vor einem Horden mit Gänseeiern aufgestellt wurde. Alle 30 Minuten drehte sich der Horden um 90°, vorwärts und rückwärts, so daß abwechselnd jede halbe Stunde das Meßgerät im Luftstrom lag bevor und nachdem er über die Eier strich. Die Lufttemperatur steigt nicht, wenn die Luft über frische Eier streicht, aber sie steigt um 0,95 °C über Eiern nahe dem Schlupfzeitpunkt

Abb. 7.1: Die Bildung der tierischen Wärme

sich die Luft über frische Eier, ändert sich die Temperatur nicht, befinden sie sich aber vor dem Schlupf, steigt die Temperatur um etwa 1 °C an.

Die verschiedenen Inkubatormarken haben auch verschiedene Luftumwälzungssysteme, so daß niemals zwei Inkubatoren die gleiche optimale Bruttemperatur haben. Um die Sache noch weiter zu komplizieren, haben auch nicht alle Maschinen überall in sich eine gleichmäßige Wärme. Das Thermometer kann an einer Stelle angebracht sein, das die Temperatur etwas über oder unter der anzeigt, wie sie auf dem Eitablett wirklich ist. Das wirkt sich ebenfalls auf die empfohlene optimale Temperatur aus.

Außerdem gibt es noch Speziesunterschiede, was die optimale Temperatur betrifft. Es sind Faktoren wie die innere Körpertemperatur eines Vogels, die Eigröße, die Schalendurchlässigkeit und Brutdauer. Es muß immer noch viel getan werden, um die Grundbedingungen der Brut bei anderen Vögeln als bei Haushühnern kennenzulernen.

In der Forschung über die optimalen Bedingungen von Hühnereiern ist eine Menge getan worden.

Wie man auf der Graphik erkennen kann, liegt die beste Schlupftemperatur bei Hühnereiern zwischen 36,9 und 38,0 °C, vorausgesetzt, daß die Luftfeuchtigkeit und die -bewegung ausgeglichen sind. Die höchste Schlupfrate von 100 % wird bei 37,5 °C erreicht.

Wie wir aus den wenigen Ergebnissen bei anderen Spezies wissen, liegt die optimale Bruttemperatur bei Laufvögeln bei 36,1 °C, bei Gänsen

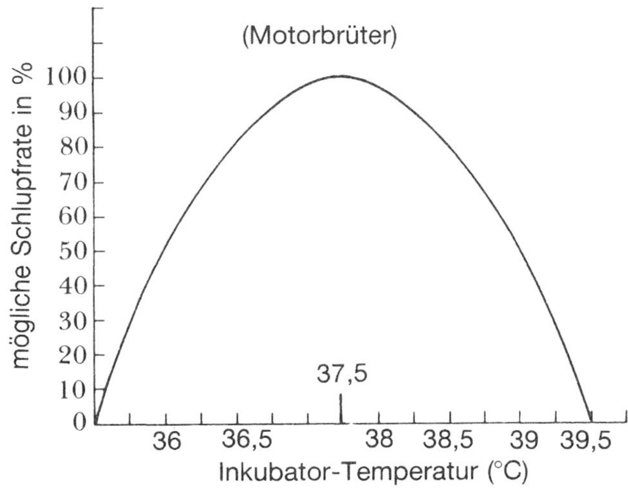

Abb 7.2: Kurve der Schlupfrate bei verschiedenen Bruttemperaturen. Luftumwälzung und relative Luftfeuchtigkeit sind konstant

bei 37,2 °C, bei Enten bei 37,3 °C, und bei Fasanen, Wachteln und Perlhühnern bei 37,6 °C. Das bezieht sich natürlich auf die bestimmten Brüter, in denen diese Experimente durchgeführt wurden und berücksichtigt nicht die verschiedenen Luftfeuchtigkeits- und Luftbewegungsbedingungen anderer Systeme.

Die Inkubatortypen

Flächenbrüter

Nicht wie bei einem Brutschrank, in dem die Luft durch einen Ventilator oder ein Schaufelrad umgewälzt wird und überall im Inkubator dieselbe Temperatur herrscht, besitzen die Flächenbrüter einen Temperaturabfall in ihrem Inneren. Die Hitze wird von oben zugeführt und da die Luft sich abkühlt, sinkt sie langsam durch die Eier nach unten. Es kann eine Differenz von 7,7 °C zwischen oben und unten entstehen und in den Eiern selbst ein Unterschied von 2 bis 3 °C.
Es ist anscheinend außerordenlich wichtig, das Thermometer in der richtigen Lage über den Eiern anzubringen und auch die Luftbewegung zu kennen, um die richtige Temperatur für das jeweilige Stadium der Bebrütung zu wissen.
Die übliche Empfehlung bei Hühnereiern ist 39,4 °C 5 cm über dem Boden des Eitabletts und, um es noch etwas schwieriger zu machen, 30 °C am Boden des Brüters zu haben. Dadurch soll die Eioberfläche auf 38,8 °C und die Eimitte auf 37,2 bis 37,7 °C erwärmt werden.

Brutschränke

Hiervon gibt es drei Arten: Den kombinierten Vor- und Schlupfbrüter, getrennte Schlupfbrüter und kleine Tischmaschinen mit Luftumwälzung mittels eines Ventilators. Bei den kombinierten Typen wird die überschüssige Wärme der bald schlüpfenden Küken ausgeglichen, indem die Eihorden an eine Stelle geschoben werden, an der die Temperatur ein oder zwei Grad niedriger ist, im Gegensatz zu den frisch eingesetzten Eiern. Das muß von der Veränderung der Luftfeuchtigkeit begleitet sein und in manchen Maschinen auch von der Änderung der Temperatur der frisch eingesetzten Eier. Bei diesem Typ müssen die Anweisungen des Herstellers genau beachtet werden.
Getrennte Schlupfbrüter müssen eine höhere Luftfeuchtigkeit haben und je nach der Luftumwälzung können die Temperaturen etwas niedriger liegen.
Der kleine Tischinkubator ist normalerweise schlecht isoliert, und es entweicht mehr Hitze als natürlich produziert werden kann, was aber

oft nicht bemerkt wird. Die Temperatur muß, wie vom Hersteller empfohlen, während der ganzen Bebrütung, also vom Einsetzen der Eier bis zum Schlupf, gleich sein.

Die Auswirkungen inkorrekter Temperatur

Die schädlichen Auswirkungen einer falschen Temperatur hängen von ihrer Dauer und dem Zeitpunkt während der Brutperiode ab, in der sie auftreten. In den ersten Tagen, während der Entstehung des Kükens, kann größerer Schaden durch falsches Behandeln angerichtet werden. In späteren Stadien haben diese Fehler keinen oder nur wenig Einfluß, außer auf eine leichte Veränderung in der Wachstumsrate und somit auch auf den Zeitpunkt des Schlupfes.

Die Temperaturgrenzen, in der eine gute Entwicklung erzielt wird, sind sehr eng gesteckt. Ein Fehler von mehr als 0,5 °C kann bereits ungünstigste Ergebnisse hervorbringen und fehlerhafte Thermostate können großen Schaden anrichten. Da der Embryo auf falsche Temperaturen in den ersten Tagen so empfindlich reagiert, sind manche Züchter dazu übergegangen, diese Eier zuerst einer Henne zu überlassen und sie erst nach sieben oder zehn Tagen in den Inkubator zu setzen. Meistens scheint die falsche Temperatur nicht genau zu dem Zeitpunkt, zu dem sie einwirkt, einen Schaden anzurichten, aber die spätere Todesrate kann sehr hoch sein.

Die millionen komplexer Vorgänge, die sich bei der Umwandlung einer einzelnen, befruchteten Zelle bis zum Küken abspielen, haben einen sehr straffen Zeitplan und alles muß zusammenarbeiten, sowohl in der Struktur als auch in der Funktion. Z. B. sind beim vier Tage alten Küken die Enzyme entwickelt, die es zum Spalten von einfachen Zuckern zu Wasser und Kohlendioxid braucht, vorher konnte es nur Milchsäure spalten, zu dem kein Sauerstoff nötig war. Aber jetzt benötigt es Sauerstoff. Gleichzeitig mit der biochemischen Entwicklung bilden sich Blutinseln, die Blut herstellen. Am vierten Tag sind diese soweit entwickelt, daß sich richtige Blutgefäße gebildet haben, von denen sich ein Teil rhythmisch zusammenzieht und entspannt, um das Blut pulsieren zu lassen. Das wird dann zum Herz. Auch am vierten Tag, in einem Zeitraum von etwa vier Stunden, verlängert sich dieser kontraktile Schlauch, formt sich zu einem Z, verschmilzt dann und entwickelt sich zum Herzen, das das Blut in den Kreislauf pumpt. Gleichzeitig wachsen auch die Eihäute außerhalb des Embryos, so daß am vierten Tag der Gasaustausch von Sauerstoff und Kohlendioxid durch die Schale beginnen kann.

Um zu überleben, muß der Sauerstoffbedarf des Kükens mit seinem Verbrauch übereinstimmen. Wenn einer der Vorgänge nicht mehr mit den anderen übereinstimmt, wird das Küken entweder sterben oder so geschwächt, daß es die nächsten großen Schritte nicht überleben wird. Alle chemischen Reaktionen laufen bei höheren Temperaturen schneller ab und verlangsamen sich bei Abkühlung, aber nicht im gleichen Verhältnis. Die falsche Temperatur kann so die komplizierten Vorgänge aus dem Takt kommen lassen, sei es das Wachstum oder die enzymatischen Funktionen. Wird eine Abnormalität z. B. des Herzens durch falsche Temperatur zur kritischen Zeit, während sich der einfache Schlauch faltet und formt, verursacht, bleibt das Herz abnormal und spätere Spielereien mit der Temperatur werden es nicht wieder heilen. Viele Küken überleben in diesem Stadium, aber schaffen die große Veränderung zum Lungenkreislauf kurz vor dem Schlüpfen nicht.

Die Auswirkungen zu hoher Temperatur: Wenn die Temperatur während der gesamten Brutdauer zu hoch ist, kann es so großen Schaden anrichten, daß kein einziges Küken schlüpft, obwohl sich ein Teil der Küken bis zum Schluß gut entwickelt hat, aber dann tot in der Schale liegt. Diese Wirkung ist dem Grad des Schadens proportional. Die Embryonen haben alle begonnen, sich zu entwickeln, aber eine Reihe stirbt nach vier oder fünf Tagen und man kann beim Schieren den typischen Blutring um den Dotter erkennen. Fehler von mehr als einem Grad töten in dieser Zeit eine Menge Eier ab, aber wenn die Temperatur nur ein klein wenig zu hoch ist, kann man die Wirkung bis zum Ende kaum erkennen. Ein unterlaufener Fehler ist nicht mehr zu korrigieren!
Senkt man die Temperatur in den nächsten Tagen, um den Fehler auszugleichen, wird man die Sache nur verschlimmern, da man den Embryo weiter schwächt und am Ende erhält man eine noch höhere Todesrate.
Die Küken, die schlüpfen, sind sehr klein, schmutzig und manche haben einen schlecht heilenden Nabel oder sogar ein Stück Dottersack heraushängen. Einige schlüpfen zu früh, sie halten sich aber am Leben und sehr viele, eigentlich gesund aussehende Küken, stecken tot in der Schale. Generell kann man sagen, daß mit zu hoher Temperatur gebrütete Küken schlecht gedeihen und die frühe Sterblichkeitsrate hoch ist. Es gibt einige Mißbildungen, wie gekreuzte Schnäbel, verkrümmte Zehen und schiefe Nacken.
Etwas zu hohe Temperaturen in der späteren Bruthälfte werden besser

vertragen als in der ersten Hälfte. Das kommt daher, weil der Embryo seine Bildung abgeschlossen hat und jetzt nur mehr wächst. Die Wachstumsrate steigert sich und ein gutes Gelege normaler Küken kann einen Tag zu früh schlüpfen. Gänsezüchter bemerken das oft, wenn sie ihre Tiere einsperren und das halbe Gelege nach ein paar Tagen wegnehmen und der Gans die andere Hälfte lassen. Der Inkubator ist auf 37,2 bis 37,7 °C für die Hühnereier eingestellt, was für die Gänse etwas zu hoch ist, aber die schon halb entwickelten Gänseküken können das aushalten und schlüpfen 48 Stunden vor ihren Geschwistern im Nest und können somit nicht der Mutter zur Aufzucht zurückgegeben werden. Wären sie die ganze Zeit über im Inkubator gewesen, hätten sie alle tot in der Schale gelegen.

Die Auswirkungen zu niedriger Temperatur: Hier gilt wieder, daß die Auswirkungen zu niedrigerer Temperatur dem Fehlergrad proportional sind. Etwas zu niedrige Temperatur verzögert den Schlupf, aber erhöht die Todesrate nur wenig. Häufiges Öffnen der Inkubatortür, um neue, kalte Eier hineinzulegen oder die gelegentliche Verminderung der Temperatur um ein paar zehntel Grad kann das bewirken. Auch das zu häufige Herausholen der Eier, um sie zu schieren, kann diesen Effekt hervorrufen. Eine Zeitlang war es üblich, die Eier täglich zu kühlen, wie es die Henne tut, wenn sie auf Nahrungssuche geht, aber heute sieht man in diesem Verfahren keinen Vorteil mehr. Vielleicht gab es diesen Vorteil bei den Paraffin-Inkubatoren, die einen hohen CO_2-Gehalt hatten und die frische Luft gut für die Eier war.

Wenn die Temperatur während der gesamten Brutdauer viel zu niedrig ist, wird die Schlupfrate sehr erbärmlich ausfallen mit vielen toten Küken in der Schale. Die Küken, die doch schlüpfen, sind oft mit Eiinhalt verschmiert und sehr schmutzig, mit großen, weichen Körpern, als ob der Dottersack für ihre Bäuche zu groß wäre. Sie bleiben noch eine längere Zeit am Leben und haben schwache Beine und einen schlechten Gleichgewichtssinn. Das ganze Gelege kann für einige Zeit durchgebracht werden.

Thermostate, die die Temperatur nicht exakt halten, sind das schlimmste. Sie verursachen einen niedrigen Prozentsatz schlüpfender Küken und noch dazu Küken, die sehr schwächlich sind.

Vorgewärmte Eier

Es scheint, daß frische Eier, die plötzlich in die Hitze des Inkubators kommen, eine Art Schock erleiden. Bessere Schlupfergebnisse kann man erzielen, wenn die Eier 24 Stunden lang vorgewärmt werden, und die Bebrütung auf eine natürlichere Weise beginnt. Das wendet man vor allem an, wenn die Eier vor der Bebrütung schon einige Zeit gelagert wurden.

Luftfeuchtigkeit

Es klingt paradox, daß für die erfolgreiche Bebrütung eine optimale, relative Luftfeuchtigkeit nötig ist. Aber diese kann zwischen weiten Grenzen variieren, viel mehr als ein Ei bei Temperaturunterschieden vertragen kann. Das kommt daher, weil der Embryo selbst über seinen Wasserstoffwechsel eine Kontrollmöglichkeit hat.
Während des letzten Drittels seiner Zeit im Ei trinkt der Embryo seine Amnionflüssigkeit und das restliche Eiklar, die sich dann vermischen. Er kann also trinken, wenn er zu trocken wird, oder nicht, wenn er zu naß ist.
Die Ausscheidungen aus den entwickelten Eingeweiden und den Nieren werden in der Allantois gesammelt. Das Wasser wird wieder durch die Blutgefäße aufgenommen und diese Absorbtionsrate kann bis zu einem gewissen Grad kontrolliert werden.
So kann eine Periode der Nässe durch eine der Austrocknung ausgeglichen werden und umgekehrt. Das ist also anders als bei der Temperatur, bei der die gleichmäßige Wärme wichtig ist, und keine Fehler ausgeglichen werden können.
Aber es gibt auch beim Embryo Grenzen und darüber hinaus kann er nicht mehr ausgleichen; und man erreicht immer bessere Schlupfraten, wenn auch die Luftfeuchtigkeit innerhalb von bestimmten Grenzen beibehalten wird.

Die Beziehung zwischen Luftfeuchtigkeit und Temperatur

Wasser verdunstet in die Luft und wird in ihr als Wasserdampf, als Gas mitgeführt. Die Menge Wasserdampf, die sie in einem bestimmten Volumen aufnehmen kann, ist von der Temperatur und dem Druck abhängig.
Man kann aus praktischen Gründen den atmosphärischen Druck vernachlässigen, da er nicht eine so entscheidende Rolle für die Schlupfrate spielt. In höheren Lagen ist der Luftdruck niedriger und das kann den Wassergehalt in der Luft senken, so daß der Druck doch auf die Schlupfrate wirken kann. Aber der mangelnde Sauerstoff in diesen Höhen ist ein viel größeres Problem. Glücklicherweise gibt es nirgends in England solche Höhen, aber Brutmaschinen im Himalaya könnten

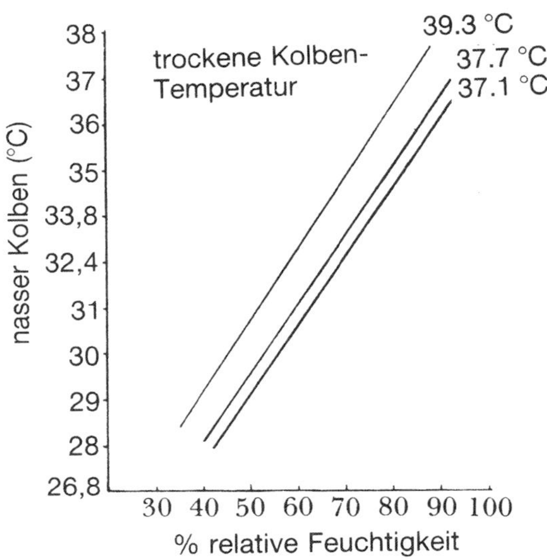

Abb. 7.3: Graphik einer feuchten und trockenen Kolbenablesung bei unterschiedlicher relativer Luftfeuchtigkeit

Kopfzerbrechen bereiten. 6,5 Liter Luft bei 21 °C und einem Maximalsättigungsgrad enthalten 0,7 Liter Wasser. Wenn dieselbe Luft auf 37,7 °C erwärmt wird, kann sie 1,4 Liter Wasser enthalten. Wenn mehr Wasser zur Verfügung steht, wird es verdampfen, bis die Luft wieder gesättigt ist. Mit anderen Worten, warme Luft trocknet das Wasser. Die relative Luftfeuchtigkeit wird als Prozentsatz der Sättigung mit Wasser bei einer bestimmten Temperatur definiert. Für den Inkubator ist sie bei 50–60 % optimal, d. h. 6,5 Liter Inkubatorluft sollten etwa 0,7 Liter Wasser im Inkubator enthalten. Wenn diese Luft beim Verlassen des Inkubators plötzlich abkühlt, wird sich jetzt überschüssiges Wasser als Kondensationswasser absetzen, was dann Probleme an elektrischen Schaltern und Verbindungen hervorrufen kann.

Das Messen der relativen Luftfeuchtigkeit

Die einfachste und billigste Methode, aber leider nicht immer die zuverlässigste, ist die Messung mit dem Haarhygrometer. Jeder, der einmal gezeltet hat, weiß, daß das Halteseil des Zeltes sich dehnt und die Zeltbahnen im Regen schrumpfen und für den Camper oft zum großen Übel werden. Dieses Prinzip wird beim Haarhygrometer

gebraucht. Das menschliche Haar wurde dabei als bestes befunden. Ein paar verdrehte Haare werden so befestigt, daß das Schrumpfen in der Nässe einen Zeiger bewegt. Sogar die Hersteller geben zu, daß ihre Genauigkeit nur ± 15 % beträgt und die Reaktionszeit bei Veränderungen so langsam ist, daß es nutzlos wird, außer es hängt als Spielzeug im Wohnzimmer.
Das luxuriösteste, modernste und teuerste sind elektronische Instrumente. Ganz einfach erklärt, sind das geleeartige Platten, auf der Oberfläche eines Nichtleiters. Das Gelee enthält ein ionisierendes Salz, dessen elektrischer Widerstand sich durch die Aufnahme des Wassers verändert. Das ist von der Luftfeuchtigkeit abhängig. Es wird behauptet, daß sie durch Schmutz und Temperatur nicht beeinflußt werden, aber sie sind noch zu neu und zu teuer, um als Anzeiger im Inkubator verwendet werden zu können.

Die Luftfeuchtigkeit und die Luftkammer

Verdunstung

Von dem Moment an, in dem das Ei gelegt worden ist, beginnt auch seine Wasserverdunstung durch die Poren der Eischale hindurch. Die Schale ist aus einer starren Struktur und im Augenblick des Legens ist noch keine eigentliche Luftkammer vorhanden, aber da der Eiinhalt sich durch das Abkühlen des Eies etwas zusammenzieht, beginnt sich die Luftkammer langsam zu bilden.
Der Verlust der Wassermenge wird durch die Temperatur, die relative Luftfeuchtigkeit und die Luftbewegung um das Ei herum bestimmt. Die Eiqualität, sowohl des Brut- als auch des Speiseeies, verschlechtert sich durch die Verdunstung. Zu schnelle Verdunstung kann ein Ei wertlos machen, deshalb ist es wichtig, geeignete Lagerbedingungen beizubehalten, um eine gute Schlupfrate zu garantieren. Die Rate ist auch von der Schalendurchlässigkeit abhängig.
Während der Bebrütung muß die Verdunstungsrate immer wieder kontrolliert werden. Die Temperatur und die Luftbewegung sind festgelegt, so kann die Luftfeuchtigkeit nur durch Einbringen von Wasser in den Brutapparat ausgeglichen werden.

Wasser aus dem Stoffwechsel

Wasser aus dem Stoffwechsel wird zusammen mit Kohlendioxid gebildet, wenn die Nahrung aufgespalten wird, um Energie für das Wachstum zu gewinnen. Ein Teil dieses Wassers wird wiederverwendet, entweder in anderen komplexen, chemischen Vorgängen für das

Wachstum des Kükens oder wird als Teil seiner Körperflüssigkeit zurückbehalten. Die Amnionflüssigkeit um das Küken herum wird so gebildet. Wenn die Produktionsrate dieses Wassers die Verdunstungsrate übersteigt, sammelt sich das Wasser an, und man kann sehen, daß die Luftkammer während der Bebrütung immer kleiner wird.

Gewichtsverlust während der Bebrütung

Die Luftkammergröße ist ein guter und geeigneter Anzeiger für den richtigen Luftfeuchtigkeitsgehalt. Noch besser aber ist das Wiegen des Eies, aber auch mit mehr Problemen behaftet. Ein Ei muß mindestens 11 % seines Anfangsgewichts verlieren, um ausschlüpfen zu können. 13 % wird als ideal angesehen, einige Autoren empfehlen sogar 16 %. Man weiß auch , daß die Eier noch ausschlüpfen, wenn sie 20 % ihres Gewichts verloren haben.

Ein Teil dieses Gewichtsverlustes kann man auf die Verdunstung zurückführen. Die Verlustrate verläuft während der Bebrütung nicht gleichmäßig, sondern folgt einer s-förmigen Kurve; d. h., daß die Verlustrate zu Beginn ziemlich groß ist, dann auf einem gewissen Niveau bleibt und gegen Ende noch einmal stark ansteigt. Der andere Teil des Gewichtsverlustes ist durch den Stoffwechsel bedingt, der einer Exponentialkurve folgt; d. h., daß der Verlust am Anfang gering ist und gegen Ende der Bebrütung ansteigt.

Physikalische Parameter sind also für den Gewichtsverlust verantwortlich.Wenn die zwei Kurven miteinander verbunden werden, kann man erkennen, daß es sich um eine Gerade handelt, mit einer Abweichung von etwa 3 % an jeder Seite.

$$\%\ \text{Bebrütungszeit} = \frac{\text{Zeit im Brüter}}{\text{Brutzeit der Art}} \times 100$$

Um schlüpfen zu können, muß der Gewichtsverlust der Kurve entsprechen. Haben zu einem Stadium der Bebrütung die Eier noch nicht genügend Gewicht verloren, ist die Luftfeuchtigkeit zu hoch. Haben sie zuviel verloren, ist die Luftfeuchtigkeit zu gering.

Die gegenteiligen Wirkungen inkorrekter Luftfeuchtigkeit

Die Feuchtigkeitsbedürfnisse des sich entwickelnden Eies verändern sich mit dem Grad der Weiterentwicklung des Kükens. Es besteht ein sehr großer Unterschied zwischen den verschiedenen Spezies in ihren Feuchtigkeitsansprüchen, aber man sagt generell, daß sie in der ersten

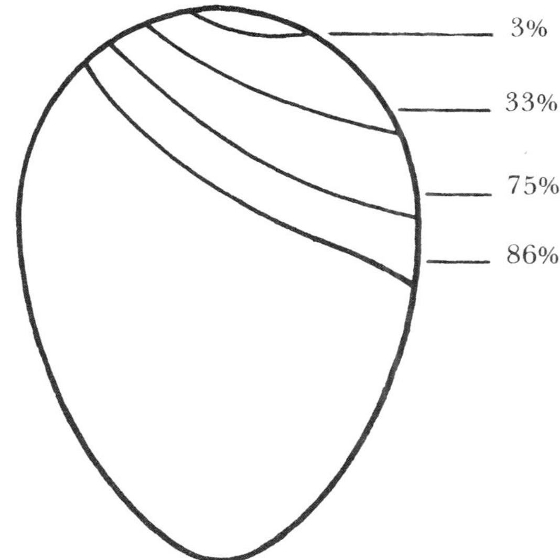

Abb. 7.4: Die Entwicklung der Luftkammer

Zeit der Brutperiode alle eine geringe bis mittlere Luftfeuchtigkeit brauchen und in der zweiten Bruthälfte eine mittlere. Am Ende der Brutzeit hilft eine trockene Schale dem Küken, da es leichter in die Luftkammer einbrechen kann, und während des Herausschlüpfens aus dem Ei ist eine 100%ige relative Luftfeuchtigkeit wesentlich. Nach dem Schlüpfen muß sich das Küken trocknen können, damit seine Flaumfedern sich öffnen.

Zu wenig Feuchtigkeit in allen Stadien der Bebrütung verursacht ein enormes Schrumpfen des Eiinhaltes. Der Embryo kann das Kalzium für seinen Knochenbau nicht aus der Schale ziehen, und es schlüpfen dann sehr kleine Küken. Die sich entwickelnden Nieren haben nicht genügend Wasser, um die verbrauchten Stoffwechselprodukte ausscheiden zu können. Diese reichern sich dann im Körper und in der Eihautflüssigkeit an, ein Rest leimartigen Eiklars bleibt in der Schale zurück. Die meisten Küken sterben um die Zeit, in der sie mit der Atmung beginnen sollten und die anderen, die schlüpfen, sind klein, schmutzig und schwach.

Zuviel Feuchtigkeit in diesem Stadium läßt nur eine kleine Luftkammer zu, es entsteht zuviel überflüssiges Eiklar. Es schlüpft – häufig zu

früh – ein weiches, klumpiges Küken mit einem nicht heilenden Nabel. Bei einigen ist der Dottersack nicht genügend in die Bauchhöhle eingezogen.
Viele können gar nicht schlüpfen und wenn man das Ei öffnet, fließt das überschüssige Eiklar heraus. Der Dottersack scheint monströs, die Eihäute sind durchnäßt und manchmal hat das Küken die Eischale noch angepickt, bevor es starb.
Glücklicherweise kann man die falsche Luftfeuchtigkeit in den verschiedenen Stadien korrigieren, wenn man die Eier wiegt oder die Größe der Luftkammer betrachtet.
Die trockene Schale läßt das Küken die restliche Allantoisflüssigkeit aufnehmen, und der andere Teil verdunstet. Wenn die Verdunstung nicht stattfindet, bleiben die Eihäute feucht und das Küken kann nur schlecht in die Luftkammer einbrechen und die Blutgefäße in den Eihäuten verschließen sich nicht richtig, und es bleibt ein blutiger, unverheilter Nabel zurück.
Während des eigentlichen Schlupfvorganges, wenn das Küken das Ei verläßt, muß die Luftfeuchtigkeit hoch sein, um zu verhindern, daß die Eihäute austrocknen und somit den Schlupf des Kükens aufhalten. Viele bevorzugen eine ruhige Luftbewegung während des Schlupfes, da die Eihäute weniger schnell austrocknen, vor allem wenn die notwendige Ventilation nicht durch genügend Wasser ausgeglichen ist. Ist die Temperatur und die Luftfeuchtigkeit für die Bebrütung richtig, ist auch die Feuchtigkeit für den Schlupf weniger kritisch, da kein schmutziges Eiklar zurückbleibt und die Eihäute dünn sind und nicht dem schlüpfenden Küken anhaften. Sind sie unvollkommen, aber doch noch gut genug um einen ansehnlichen Prozentsatz von Küken bis zum Schlupfstadium kommen zu lassen, haftet wegen ungenügender Feuchtigkeit das Küken an der Schale. Das kann entweder durch die zähen Eihäute geschehen, wenn in frühen Stadien die Feuchtigkeit zu hoch war, oder durch das leimartige, nicht aufgenommene Eiklar bei zu geringer Feuchtigkeit.
Die Schalenhaut der Fasaneneier scheint sich selbst bei hoher Luftfeuchtigkeit zu verhärten. Es können dadurch gesunde Küken im Ei sterben, die die Schale um das ganze Ei herum zwar aufgepickt haben, aber nicht mehr die Kraft besaßen, den Deckel der Schale wegzudrükken. Sie sind an ein paar Strängen ledriger Schalenhaut festgegurtet.

Die Luftumwälzung

Die Ventilation in einem Inkubator ist genauso wichtig wie die Temperatur und die Luftfeuchtigkeit. Das Geheimnis eines guten Inkubators

liegt in seiner Luftumwälzung. Zwei Faktoren spielen dabei eine Rolle:
1. Die Zahl der Umwälzungen pro Stunde und
2. die Luftbewegungsrate über den Eiern.

Die Zahl der Umwälzungen pro Stunde

Diese wird durch die Lage und die Größe der Ventilatorlöcher in der Brutmaschine kontrolliert. Die meisten Brüter haben die Möglichkeit, die Größe von mindestens einem Loch zu verändern, um sie den verschiedenen Bedürfnissen der Eier anzupassen. Während der 21 Tage im Inkubator verbraucht ein Hühnerei 4617 cm^3 Sauerstoff und gibt 3864 cm^3 Kohlendioxid ab. Man kann es auch einfacher ausdrükken, es sind etwa 4,6 l Sauerstoff und 3,8 l Kohlendioxid.
Wenn das Ei in sehr frühen Stadien nur aus Nahrung besteht und nur einen sehr kleinen lebenden Keim hat, ist der Gasaustausch minimal. Aber wenn sich das Küken dann weiterentwickelt, wächst der Gasaustausch exponential an, und um die Schlupfzeit brauchen 100 Hühnereier am Tag 120 Liter Sauerstoff und geben 70 Liter Kohlendioxid ab. Die Exponentialproduktion von Kohlendioxid spiegelt die Produktion der tierischen Wärme wieder, so daß das Öffnen des Ventilators das Weichen der Hitze und des CO_2-Gehaltes zuläßt und frischen Sauerstoff hereinbringt.
Da in allen Inkubatoren, mit Ausnahme der großen Brutschränke, die man betreten kann, die Luft ausgetauscht werden kann, müssen sie auch eine gute Luftumwälzung haben. Als Faustregel hat man aufgestellt, daß ein Raum, in dem es zum Arbeiten nicht zu stickig ist, eine gute Ventilation besitzt.
Frische Luft enthält ungefähr 80 % Stickstoff, der träge ist, und 20 % Sauerstoff. Es sind noch Spuren von anderen trägen Gasen vorhanden und auch von Kohlendioxid. Der genaue Gehalt von CO_2 hängt davon ab, wo die Probe entnommen wurde. Auf dem Land liegt der Gehalt bei 0,03 %, während er in der Stadt durch die vielen Autos bis zu 0,08 % und mehr ansteigen kann.
Wenn die Sauerstoffkonzentration in der Luft vermindert ist, beeinflußt das die Schlupfrate nicht erheblich, es sei denn, er erreicht 17 %, darunter ist der Schlupf verringert. Bei Höhen um 2500 m ist der Sauerstoffgehalt in der Luft nicht mehr ausreichend, um eine gute Schlupfrate zu gewährleisten und es wird notwendig, den Inkubator mit zusätzlichem Sauerstoff zu versorgen. Schädliche Auswirkungen durch zu hohen Sauerstoffgehalt sind nicht bekannt, wenn man nicht viel zu viel zugibt, aber das wird unter normalen Brutbedingungen

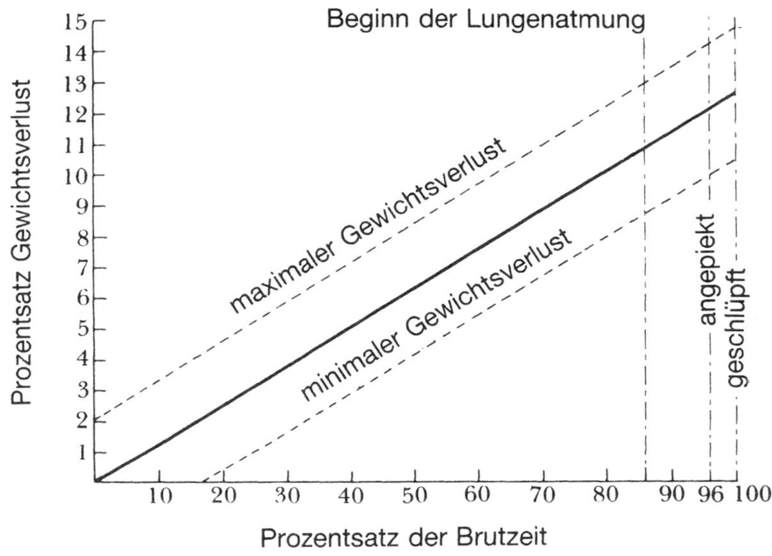

Abb. 7.5: Graphik des Gewichtsverlustes

nicht eintreten. Ein Sauerstoffmangel kann entstehen, wenn in der Maschine oder im Brutraum die Luftumwälzung zu gering ist.
Die optimale Kohlendioxidkonzentration in einem Inkubator soll für Küken 0,4 % sein. Für die Fasane liegt das Optimum etwas niedriger und für Wassergeflügel, vor allem Gänse, etwas höher. Konzentrationen von mehr als 1 % sind für alle schädlich, und Werte über 2 % sind tödlich. Sehr niedrige Kohlendioxidwerte in den ersten Tagen beschleunigt das anfängliche Wachstum des Embryos, können aber die Schlupfrate ein wenig senken.

Die Abhängigkeit der Luftumwälzung

Die Aufstellung eines Inkubators

Der Brutraum ist fast genauso wichtig wie der Brüter selbst. Ein zugiger, hölzerner Schuppen im Freien hat eine höhere Luftumwälzung als ein alter Keller, in dem lediglich ein fehlender Ziegelstein für frische Luft sorgt. Die Ventilationslöcher müssen in dem Keller bei der gleichen Brutmaschine weiter geöffnet werden als in dem Schuppen, um bei beiden ungefähr die gleiche Schlupfrate zu erlangen. Dieser

Unterschied muß auch bei der Regulation der Temperatur und der Luftfeuchtigkeit in Betracht gezogen werden.

Luftdruck
Mit der Änderung des Druckes ändert sich auch das Volumen eines gegebenen Gewichtes von Gasen. Wenn man den Druck erhöht, wird es zu einem kleineren Volumen zusammengepreßt und wenn man ihn erniedrigt, wird sich das Gas ausdehnen. Die genaue Sauerstoffmenge in 0,028 m^3 Luft hängt vom Luftdruck ab. Unterhalb Meereshöhe ist nirgends genügend, daß die Sauerstoffspannung der Luft deutlich steigt, so daß es den Schlupf beeinflußt. Aber in Höhen über 2500 m sinkt die Sauerstoffspannung und auch der Wasserdampfdruck unter den kritischen Punkt. Eier in Höhen über 2500 m auszubrüten ist sehr riskant, außer natürlich bei den Spezies, die sich an diese Höhe angepaßt haben.

Außentemperatur
Heiße Luft steigt in die Höhe. Je kälter ein Inkubatorraum ist, desto mehr warme Luft entweicht durch die Ventilationsöffnungen und wird durch weitere kühlere Luft ersetzt, die aufgeheizt werden muß. Anders ausgedrückt, der Luftaustausch durch die Maschine wächst durch

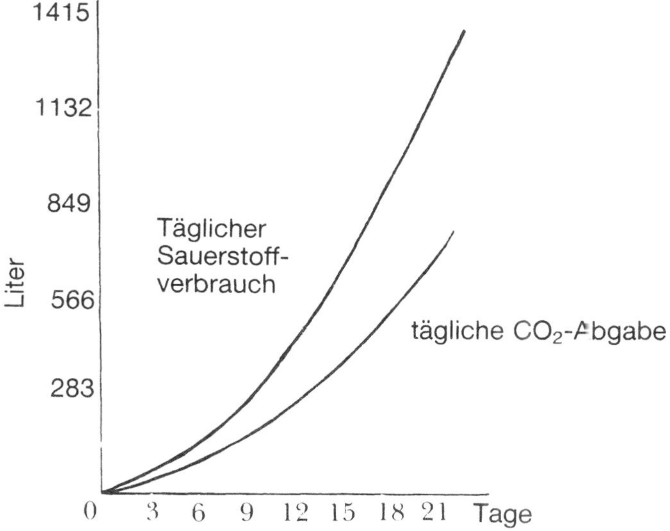

Abb. 7.6: Graphik des Sauerstoffverbrauchs und der Kohlendioxidproduktion von 1000 Hühnereiern während der Bebrütung

einfache Konvektion (Übertragung), wenn der Inkubatorraum kalt ist. Vorausgesetzt, daß sich die Heizungen und die Befeuchtungsmechanismen ausgleichen, ist dieser Bedarf kein großes Problem. Ist der Raum heiß, kann das den Luftzug in der Maschine reduzieren und eine ungleichmäßige Ventilation verursachen.

Viele der kleinen Maschinen arbeiten bei extremen Temperaturen sehr schlecht, besonders wenn die Raumtemperatur zwischen Tag und Nacht große Temperaturunterschiede aufweist.

Die Zahl der Eier in der Brutmaschine

Je mehr Eier in der Maschine sind, desto mehr Sauerstoff brauchen sie und desto mehr Kohlendioxid geben sie ab. Die meisten Brüter haben eine bessere Schlupfrate, wenn sie voll sind. Es wird oft empfohlen, bei nur ⅔ Füllung der Maschine die Ventilatoren etwas zu schließen, um den nötigen Kohlendioxidgehalt aufzubauen und die Hitze zu halten.

Das Alter der Eier in der Maschine

Wie man auf der Graphik erkennen kann, brauchen tausend Hühnereier 14 Liter Sauerstoff am ersten Tag und geben 9 Liter CO_2 ab. Am letzten Tag brauchen die Eier 1300 l Sauerstoff und geben 640 l Kohlendioxid ab.

Die Ventilation muß gegen Ende der Brutzeit immer mehr gesteigert werden. Um die Kohlendioxidspiegel beim niedrigen Optimum zu halten, muß die Luft bei einer Brutmaschine etwa achtmal pro Stunde umgewälzt werden, wenn die Eier darin in verschiedenen Entwicklungsstadien sind. Ein schlüpfendes Küken benötigt etwa zwölf Luftumwälzungen pro Stunde.

Die Einstellung der Luftumwälzungsrate

Die direkte Schätzung des Kohlendioxidgehaltes in der Maschine ist der einzig zufriedenstellende Weg bei gut isolierten, großen Maschinen, die mit Kühlschlangen ausgerüstet sind, um die Luftumwälzung einzustellen. Das kann mit einer geeigneten Ausrüstung sehr leicht getan werden, doch die ist teuer. Ein einfacherer Weg ist es, die Maschine mit unschädlichem Rauch aus einer Rauchbombe zu füllen und zu messen, wie lange die Maschine braucht, ihn wieder loszuwerden. Mit einer einfachen Rechnung kann man dann die Zahl der Umwälzungen pro Stunde ermitteln.

Generell brauchen 100 Hühnereier 280 l Frischluft pro Stunde, während hundert Truthahneier 560 l Frischluft pro Stunde brauchen.

Abb. 7.7: HOVA-Flächenbrüter mit elektronischem Wender (links)
HOVA-Schaubrüter (rechts)

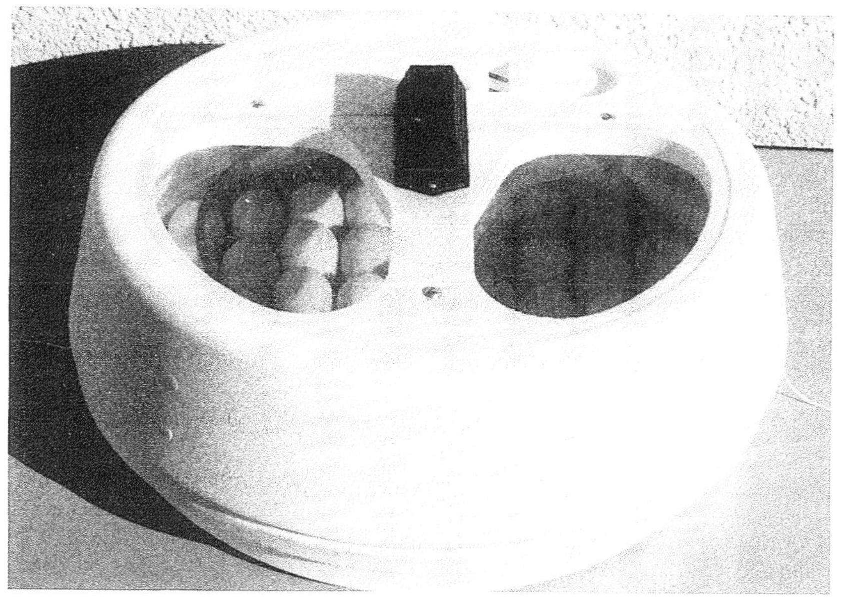

Abb. 7.8: Janeschik-Sichtbrüter

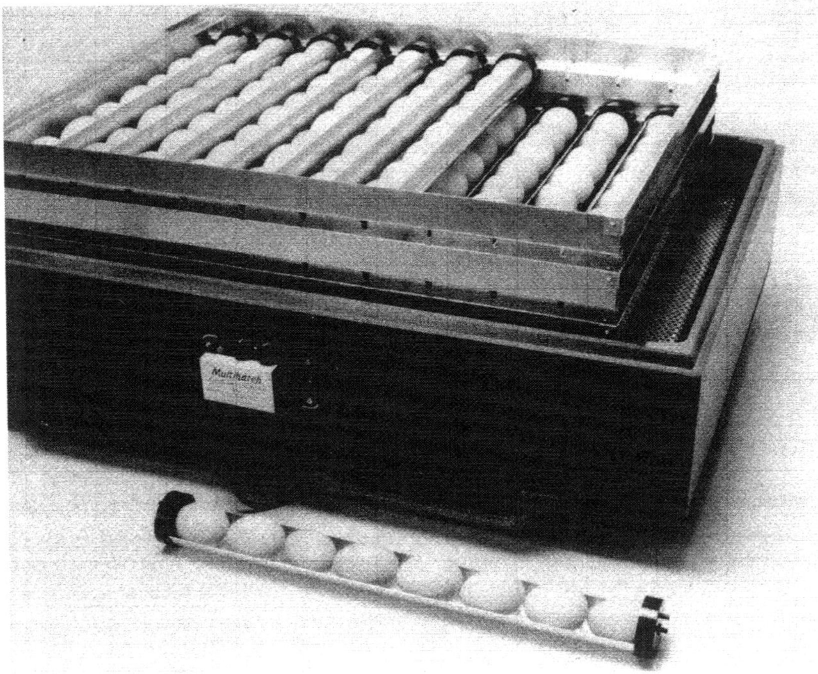

Abb. 7.9: Brinsea-Profi-Motorbrüter, mit Ventilation, Feuchtigkeitsregelung und vollautomatischer Wendung

Abb. 7.10: Brinsea-Profi-H, Schlupfbrüter

Die Luftbewegung durch die Eier

Von allen Problemen, die bei der Planung eines Inkubators gelöst werden müssen, ist die Luftbewegung durch die Eier das schwierigste. Das ist der Faktor, der entscheidet, ob die Maschine die Küken schlüpfen lassen kann oder nicht.

Die gleichmäßige Verteilung der Wärme

Es ist wichtig, daß überall im Inkubator die gleiche Temperatur herrscht. Bei Flächenbrütern steht die Luft keineswegs, sondern bewegt sich sehr langsam nach unten, vom heißen, oberen Teil der Maschine bis zum Boden. Alle Eier befinden sich auf einer einzigen Ebene und haben alle dieselbe Temperatur. Über den Eiern ist es zu heiß und unter den Eiern ist es zu kalt.

Einige der elektrischen Tischmaschinen arbeiten mit dem gleichen Prinzip. Die Eihorde ist von Heizelementen umgeben und zwar an allen vier Seiten, auf der gleichen Höhe wie sich die Eier befinden. Die heiße Luft aus den Heizungen steigt zum oberen Teil der Maschine auf, sammelt sich dort und wenn die Luft abkühlt, fließt sie langsam durch die Eier nach unten auf den Boden. Sie fließt an den Heizungen vorbei, wo sie erneut aufgeheizt wird und steigt wieder auf und zirkuliert auf diese Weise dauernd. Diese sollten Konvektionsinkubatoren genannt werden und nicht Flächenbrüter.

Das Konvektionsprinzip kann nur in kleinen Schränken arbeiten, die nur eine Lage Eier besitzen. Bei größeren Maschinen muß die Luft mechanisch umgewälzt werden, um die Hitze gleichmäßig zu verteilen. Es ist jedenfalls so, je größer die Luftbewgung in den Brütern ist, desto leichter kann sich auch die Hitze aus den Heizungen gleichmäßig verteilen.

Alle Brutschränke sind entweder mit Ventilatoren oder mit Propellern ausgestattet, um die Luft zirkulieren zu lassen. Diese Planung garantiert, daß es innerhalb eines Inkubators an einer Stelle niemals zu heiß oder zu kalt werden kann.

Die Wärmebewegung aus den sich entwickelnden Eiern

In allen Stadien ist das Ei von der Wärmeversorgung der Heizungen abhängig. Anfangs nimmt das Ei die Inkubatortemperatur an, aber ungefähr nach der Hälfte seiner Entwicklung fängt der Embryo selber an, durch seinen eigenen Stoffwechsel Wärme zu erzeugen und damit steigt seine Körpertemperatur über die des Inkubators an. Zuerst ist die Wärmeproduktion noch gering, aber um die Zeit des Schlupfes ist sie schon beträchtlich, da das Küken den Temperaturregelmechanis-

mus der Erwachsenen angenommen hat und seine innere Temperatur einige Grad über der optimalen Inkubatortemperatur beibehält.
Die überschüssige Hitze muß durch Luftbewegung über den Eiern entfernt werden. Wenn der Luftzug nicht ausreichend ist, überhitzen die Eier, und wenn er zu stark ist, unterkühlen die Eier, so daß der Embryo schwächer wird und sogar sterben kann. Er versucht natürlich die ganze Zeit, seine Körpertemperatur gegen die unerträglichen Umstände aufrechtzuerhalten.

Die Verdunstung aus den Eiern
Die Verdunstungsrate des Wassers aus den Eiern ist abhängig von der Luftbewegungsrate über den Eiern wie auch von der Luftfeuchtigkeit und der Temperatur. Je schneller sich die Luft bewegt, desto mehr Wasser entnimmt sie dem Ei und umgekehrt, je langsamer sich die Luft bewegt, desto weniger wird sie entnehmen. Bei einer erfolgreichen Bebrütung sollte das Ei etwa 12 % des Anfangsgewichts verlieren, wovon eine ganze Menge aufgrund der Verdunstung verlorengeht. Die Verdunstungsrate muß also richtig sein. Inkubatoren mit einer hohen Luftbewegungsrate müssen feucht gehalten werden und die mit einer kleinen Rate relativ trocken.
Die Verdunstung nimmt auch Wärme aus dem Ei, deshalb sollte sich schnell bewegende Luft etwas wärmer und feuchter sein als langsamere Luft.

Der Austausch der Atemgase
Sauerstoff gelangt durch die Poren der Schale in das Ei und Kohlendioxid diffundiert heraus. Der Anteil des Durchtritts der beiden Gase hängt nicht nur von den Konzentrationen der beiden Gase beiderseits der Schale ab, sondern auch von der Luftbewegung über der Schale und der Anzahl der Poren in ihr. Kohlendioxid ist nicht nur ein Abfallprodukt, das entfernt werden muß, es spielt auch eine lebenswichtige Rolle im Säure-Base-Haushalt, das den pH-Wert einstellt, oder auch Säuregehalt genannt. Dadurch bleibt der Säuregehalt des Eiinhalts im Gleichgewicht. Kohlendioxid löst sich in Wasser und reagiert zu Kohlensäure, wie die chemische Gleichung zeigt.
$H_2O + CO_2 = H_2CO_3$.
Die Menge des Kohlendioxids im Ei bestimmt den Säuregehalt des Eiklars. Zuviel oder zuwenig verändert das Protein, es denaturiert eventuell. Wie vorher schon festgestellt, liegt der optimale Kohlendioxidspiegel im Inkubator bei 0,4 %. Wenn der Luftzug zu groß ist, entfernt er das CO_2 aus dem Ei und wenn er zu gering ist, reichert sich

soviel CO_2 im Ei an, daß es das Embryo ernsthaft schädigen kann.
In jedem guten Inkubator ist ein kritisches Gleichgewicht zwischen Temperatur, Luftfeuchtigkeit, Luftbewegung über den Eiern und der Größe der Ventilationsöffnungen. Verändert sich einer dieser Faktoren, müssen die anderen angeglichen werden. Wenn man z. B. die Ventilatoren öffnet, um die Hitze herauszulassen, muß das durch einen vermehrten Wassergehalt ausgeglichen werden, um den richtigen Luftfeuchtigkeitsspiegel wieder zu erlangen.
Leider wurde noch nicht genügend Grundforschung über die kritischen Gleichgewichte bei anderen Vogelarten betrieben. Aber man kann generell sagen, daß ein größeres Ei mehr Wärme und Kohlendioxid produziert als ein kleines, und mehr Sauerstoff braucht. Die Feuchtigkeitsbedürfnisse entsprechen wohl den natürlichen Nistplätzen, d. h. daß die Vögel, die am Wasser nisten, mehr Feuchtigkeit brauchen als die, die an ganz trockenen Stellen nisten.

Das Wenden

Man hat elektronische Eier in natürliche Nester gelegt und aufgezeichnet, was der Vogel mit diesen Eiern macht. Dieser Versuch hat gezeigt, daß der brütende Vogel seine Eier ungefähr alle 35 Minuten neu hinrichtet und wendet. Die einzigen Eier, die nicht gewendet werden müssen, sind die von subtropischen Spezies, wie beim Thermometerhuhn und Australischen Buschhuhn. Der männliche Vogel bereitet einen riesigen Erdwall aus Gestrüpp und Pflanzen, der sich beim Verfaulen aufheizt. Der Hahn fordert daraufhin seine Henne auf, die Eier in diesen Haufen zu legen und sie kümmert sich dann um nichts Weiteres. Nachdem die Eier gelegt und in dem Haufen vergraben worden sind, kratzt der Hahn immer wieder Sand auf den Haufen und auch wieder hinunter. Es scheint, als seien seine Füße temperatursensibel und er reguliere die Wärme des Haufens durch Aufschütten von Sand, wenn der Erdwall abkühlt, und Wegkratzen des Sands, wenn er zu heiß wird.
Er wendet die Eier nie, aber man hat festgestellt, daß die Eier mit der Luftkammer nach oben senkrecht stehen müssen, damit die Küken ausschlüpfen können. Wenn sie nicht genau senkrecht stehen und ihre Luftkammer am Boden ist, werden keine Küken schlüpfen.
Bei allen anderen Vogelspezies schlüpfen die Küken nicht, wenn die Eier nicht regelmäßig gedreht werden. Zweimaliges Drehen am Tag ist für ein abgehärtetes Küken, das über viele Generationen in Brutschränken gezüchtet wurde, ausreichend, aber bei allen anderen Spezies sollten die Eier mindestens dreimal am Tag, wenn nicht häufiger

gewendet werden. In den meisten Inkubatoren mit mechanischer Wendevorrichtung werden die Eier stündlich gedreht. Das Wenden ist vor allem in den frühen Stadien sehr wichtig. Z. B. bemerkte ein Wildgeflügelzüchter nicht, daß seine automatische Wendevorrichtung an seinem großen Brutschrank kaputt war. Normalerweise wurden Schlupfraten von 80 % bei seinen Fasanen erzielt. Er schätzte, daß die Maschine etwa drei Tage, bevor er es festgestellt hatte, ausgefallen war. Er setzt seine Eier wöchentlich an und die erste Schlupfrate nach dem Ausfall betrug nur 73 %. Die zweite Schlupfrate nur noch 51 % und die dritte lag unter 20 %. Die folgenden Schlupfergebnisse, die von dem Ausfall nicht mehr betroffen waren, lagen wieder bei über 80 %.

Die Embryos waren nicht zum Zeitpunkt des Ausfalls gestorben, sondern erst kurz vor dem Schlüpfen. Viele Embryos lagen in Fehlstellung in der Schale und keiner war in die Luftkammer gedrungen, bevor er starb. Bei einem Routineschieren vor dem Einsetzen in den Schlupfbrüter erschienen alle Embryonen am Leben und gesund.

In den letzten drei Tagen der Bebrütung, wenn der Embryo sich selbst im Ei dreht und seine Schlupfposition einnimmt, ist das Wenden nicht mehr notwendig.

Die Auswirkungen des Drehens in dem Ei

Der Teil des Dotters, der mit der Keimscheibe in Berührung kommt, ist leichter als der übrige Dotter. Daher neigt er immer, nach oben zu fließen und dreht das Eigelb um seine Hagelschnüre. Bis die Blutgefäße des Embryos soweit entwickelt sind, daß diese ihn mit Nahrung versorgen können, ermöglicht jede Drehung, daß die Keimscheibe mit frischen Nährstoffen in Kontakt kommt, die für ihn wichtig sind. Mangelndes Drehen kann dem Embryo also der Nährstoffe und des Sauerstoffs in einem sehr kritischen Stadium seiner Entwicklung berauben.

Das Eigelb ist im ganzen leichter als das Eiklar und neigt dazu nach oben zu steigen. Nur die Hilfsbänder oder Hagelschnüre halten es in der Eimitte und verhindern aber nicht den Auftrieb des Dotters zur Oberkante des Eies. Wenn das Ei nicht häufig gewendet wird, berührt der Embryo die Eischale und heftet sich an ihr an und wächst dadurch nicht normal weiter. Das verursacht die Verdrehung des Embryos und seiner Eihäute und wirkt schnell tödlich.

Bis seine Nieren und seine Lungen voll funktionstüchtig sind, ist der Embryo von seinen Eihäuten für den Atemluftaustausch, seinen Wasserhaushalt und seine Ausscheidung der Abfallprodukte abhängig.

Diese Membranen, das Chorion, die Allantois und das Amnion werden alle in der ersten Woche gebildet. Das Amnion umgibt den Embryo und enthält eine lebenswichtige Flüssigkeit, in der der Embryo schwimmt. Die Allantois wächst und kleidet die ganze innere Schale aus. Wenn das Ei nicht oft genug gewendet wird, heften sich diese Membrane zusammen und können nicht mehr richtig wachsen. Während des ganz frühen Brutstadiums ist ihre begrenzte Funktion ausreichend und das Küken wächst weiter. Aber gegen Ende, wenn das Wachstum fast abgeschlossen ist und die Anforderung an die Eihäute am größten ist, stirbt das Küken, vergiftet durch seine eigenen Abfallprodukte.

Die Haltung des Embryos im Ei

Während der ganzen Brutzeit nimmt der Embryo immer eine für sein Alter typische Haltung im Ei ein. Das Wenden des Eies unterstützt diese Bewegungen im Ei und ohne das Drehen würde die Rate der Fehlstellungen ansteigen. Die erfolgreiche Befreiung des Kükens aus der Schale zur Zeit des Schlupfes wäre nicht möglich.

Um die Vorgänge zu beschreiben, nehmen wir ein Hühnerei als Beispiel. Die erste Stellung kann ungefähr nach 18stündiger Bebrütungszeit gesehen werden. Der Embryo liegt im rechten Winkel zur Längsachse des Eies, sein Kopf ist auf der rechten Seite, wenn man die Luftkammer von sich weghält. Bei fortgeschrittener Entwicklung, wenn sich die Eihäute bilden, kommt der Embryo auf seiner linken Seite zu liegen, auf dem Dotter ruhend. Sobald das Amnion voll ausgebildet und mit Flüssigkeit gefüllt ist, schwingt der Embryo darin in allen Positionen. Die Pulsation des Amnions bewegt ihn herum, aber am neunten Tag ist es wichtig, daß der Embryo am stumpfen Ende nahe der Luftkammer liegt. Eier, die nicht gewendet werden, bringen den Embryo nicht in diese Lage, was sehr ungünstig für die weitere Entwicklung ist.

Am zehnten oder elften Tag nimmt er seine vorhige Stellung wieder ein: im rechten Winkel zur Längsachse des Eies, den Kopf nach rechts. Er liegt jetzt auf dem Rücken in einer Mulde des Dotters und das ganze Eiklar wurde zum spitzen Eipol hin gedrückt. Langsame, zusammenziehende Bewegungen des Dottersacks und das Drehen des Eies lassen den Embryo wieder aus der Mulde herausschlüpfen und sich bewegen, so daß sein Rücken sich gegen die Schale lehnt und das ganze Eigelb vor ihm liegt. Die Füße befinden sich beiderseits des Dotterstiels und sind auf der Brust gefaltet.

Von jetzt an, bis kurz vor dem Schlüpfen, wächst das Küken und windet sich in seine spätere Schlupfposition. Es liegt noch immer auf seiner linken Seite, dreht und stößt mit den Beinen, so daß das Hinterende sich allmählich in das kleine Eiende hineinbewegt. Der Körper wächst nun viel schneller als der Kopf. Diese Vorgänge werden durch die Schwerkraft noch beschleunigt und unterstützt. Die Eiform stellt sicher, sogar wenn der Embryo auf der Seite liegt, daß die Luftkammer über ihm ist. Eier, die mit der Luftkammer nach unten eingesetzt werden, enthalten oft viele Embryonen, die mit dem Kopf im kleinen Ende stecken und aus dieser Stellung wird es dann für sie ziemlich schwierig zu schlüpfen.

Der Kopf bleibt auf der linken Seite, das schnelle Wachstum des Rückens beugt den Nacken, so daß der Schnabel unter den rechten Flügel gesteckt wird und Richtung Luftkammer zeigt.

Sobald es seine Position eingenommen hat (bei Hühnern ist das ungefähr am 17. Tag), ist ein weiteres Drehen nicht mehr nötig, aber auch nicht schädlich.

Der Mechanismus des Wendens

Wenn das Wenden mit der Hand ausgeführt wird, reicht es, das Ei einfach zu rollen. Bei einer einzigen Lage und einem Flächenbrüter werden die Eier einfach auf irgendeine Seite gelegt. Wenn man eine Seite des Eies mit einem X und die andere mit einem O markiert, kann man auf den ersten Blick erkennen, ob jedes Ei zum richtigen Zeitpunkt gedreht worden ist.

Es ist aber wichtig, die Eier nicht immer in die gleiche Richtung zu rollen, denn sonst wickelt sich eine Hagelschnur ab und die andere so stark auf, daß ihre Struktur reißen kann und das Eigelb dann frei im Ei fließt und somit den Tod des Embryos verursacht.

Es gibt verschiedene Methoden, die Eier mechanisch zu rollen. Eine ist, die Eier, die auf Rollen liegen und durch eine Schnur oder eine Kette bewegt werden, mehrere Male täglich zu drehen. Bei einer anderen liegen die Eier in einer Mulde wie in einer Dachrinne; diese ganze Rinne wird über einen Drehpunkt vor- und zurückbewegt. Alle Rinnen sind durch einen Stab mit einem Hebel verbunden, durch dessen Bewegung, vorwärts und rückwärts, drehen sich die Eier.

Bei den meisten Methoden des mechanischen Wendens werden die Eier senkrecht auf das Tablett gesetzt, auf ihrer Spitze stehend, die Luftkammer nach oben. Wenn man die Eier 45° schwenkt, liegt die eine Seite oben und wenn man sie wieder 45° zurückschwenkt, liegt die andere Seite oben. Das bewirkt einen Drehvorgang. Bei einigen kleinen Maschinen mit nur einer Horde legt man die Eier auf einen viereckigen Maschenrost, der in bestimmten Zeitabständen automatisch vor- und zurückbewegt wird. Aber in den meisten Maschinen mit vielen Horden werden die Eier dicht senkrecht nebeneinandergestellt, die Spitze nach unten und eine Horde wird dann um 90° vorwärts und rückwärts bewegt.

Eine Empfehlung für das Einsetzen

Es gibt eine alte Geschichte von einer Brutfarm im Norden Kanadas, die wahr sein soll. Diese Brutfarm konnte mit der Eisenbahn erreicht werden, aber da sie am Ende einer Nebenstrecke lag, kam nur wöchentlich ein Zug dorthin und das war mittwochs um zwölf Uhr mittags.

Das ganze Unternehmen war darauf eingerichtet, einmal wöchentlich eine große Schlupfrate zu haben und die Küken wurden dann verpackt und fertiggemacht für den Mittwoch-Mittag-Zug. Die Küken, die zu spät für den Zug schlüpften, wurden nicht umgebracht, sondern weiter als Zuchttiere erhalten.

Aber im Laufe der Jahre wurde der Prozentsatz der spät schlüpfenden Küken immer größer, bis der Zeitpunkt kam, an dem alle Küken zu spät schlüpften und sie nie mehr in diesen bestimmten Zug verfrachtet werden konnten. Sie waren also alle mit Erfolg dahingehend gezüchtet worden, eine Brutzeit von 22 Tagen zu haben.

Auf genau die gleiche Weise ist den meisten großen Fasanenzüchtern zufällig gelungen, ihren Bestand so zu züchten, daß er sich einer bestimmten Marke eines großen Inkubators angepaßt hat, den die Züchter seit Jahren benützt hatten. Nur die Eier, die in diesem Inkubator schlüpfen, überleben, um den zukünftigen Zuchtbestand zu bilden. Sie bekommen tatsächlich regelmäßig hervorragende Schlupfergebnisse ihrer eigenen Vögel. Und es ist überhaupt nicht selbstverständlich, daß andere Eier in ihren Inkubatoren ebensogut schlüpfen. Sie praktizieren also eine strenge Auslese der geschlüpften Eier. Alle Eier, die etwas in der Größe, der Form oder der Schalenstruktur abweichen, werden nicht eingesetzt, da sie wissen, daß die Küken dieser Eier nicht gut ausschlüpfen. Brütet diese Eier allerdings eine Bruthenne aus, schlüpfen diese Küken genausogut wie ihre Geschwister.

Ziervögel, die oft erst seit ein paar Generationen fern ihrer Heimat leben, sind noch nicht so ausgewählt worden, um in den Inkubatoren zu schlüpfen, so müssen diese Brutapparate diesen Vögel angepaßt werden, nicht andersherum.

Abb. 7.11: Hamer-Fasanen-P21-Inkubator

Das Einsetzen von Eiern exotischer Vögel in den Brüter muß auf den Grundlagen der Wirtschaftsgeflügelzucht basieren und Abweichungen davon werden nur für wissenschaftliche Zwecke unternommen.

Brutschränke mit getrennten Schlupfbereichen
Jeder Hersteller gibt etwas andere Empfehlungen, die auf den Grundlagen der Luftumwälzung in der Maschine und seinen eigenen Erfahrungen aufgebaut sind. Die folgenden Zahlen sind allgemeine Richtlinien, aber es sollten die Anweisungen der Hersteller ausdrücklich befolgt werden.

Vom ersten bis vierzehnten Tag

	Huhn	Pute	Perlhuhn	Fasan	Gans	Ente	Rebhuhn
T (°C)	37,5	37,4	37,64	37,64	37,2	37,3	37,64

Vom vierzehnten Tag bis zum Umsetzen in den Schlupfbrüter

	Huhn	Pute	Perlhuhn	Fasan	Gans	Ente	Rebhuhn
T (°C)	37,4	37,2	37,5	37,5	36,9	37,2	37,5

Wann die Eier in den Schlupfbrüter umgesetzt werden, wird von der Gesamtbrutdauer bestimmt und findet normalerweise drei Tage vor dem eigentlichen Schlupf statt. Die etwas niedrigere Temperatur in der zweiten Hälfte der Brutperiode ist auf die Tatsache zurückzuführen, daß der Embryo nun eigene Wärme erzeugen kann. Die unterschiedlichen Feuchtigkeitsbedürfnisse stehen in direktem Zusammenhang mit der Schalendurchlässigkeit und der Feuchtigkeit in der natürlichen Umgebung des Vogels.

Beim Umsetzen in den Schlupfbrüter sollte sowohl die Temperatur als auch die Feuchtigkeit für 24 Stunden vermindert werden.

Die Wärmeproduktion des Vogels hat nämlich jetzt seinen Höhepunkt erreicht und die trockene Atmosphäre fördert die Verdunstung aus dem Ei und sorgt für weitere Abkühlung. Während dieser 24 Stunden bricht der Embryo in die Luftkammer ein, zerreißt zuerst die Allantois und dann die innere Membran. Die Allantois war das Lager der Eingeweide- und Nierenausscheidungen während der Bebrütung. In den letzten Tagen wurde das restliche Wasser dieser Ausscheidungen von den Allantoisblutgefäßen aufgenommen. Wenn die Allantois dick und mit Flüssigkeit gefüllt ist, wird es für den Embryo sehr schwer, in die Luftkammer vorzudringen und zu atmen. Die Allantoisblutgefäße haben nämlich auch als Ersatzlungen gedient, insofern, daß durch sie Kohlendioxid und Sauerstoff durch die Schale ausgetauscht wurden.

Wenn der Embryo dann seinen ersten Atemzug nimmt, öffnen sich die Blutgefäße in den Lungen und die der Allantois verschließen sich. Das geschieht auch, wenn der Embryo es nicht geschafft hat, die Membran zu durchstoßen. Deshalb ist es nützlich, sich zu versichern, daß diese Membranen zu dieser Zeit so dünn wie möglich sind. Das erreicht man durch eine große Verdunstungsrate, die dem Embryo auch gleichzeitig ermöglicht, leichter Luft in der Luftkammer zu bekommen.

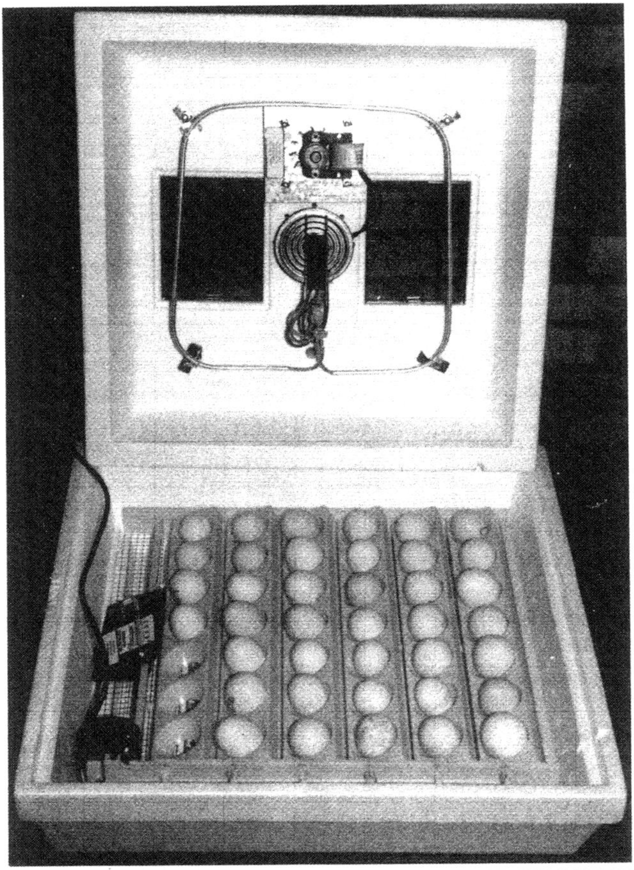

Abb. 7.12:
Kleiner Motorbrüter
als Tischmodell
(BRUJA, Janeschik,
Hammelburg)

Abb. 7.13: BRINSEA-Hobby-Brüter 1200 – Flächenbrüter mit vollautomatischer Wendung für 42 Hühnereier (Riechers, Blomberg)

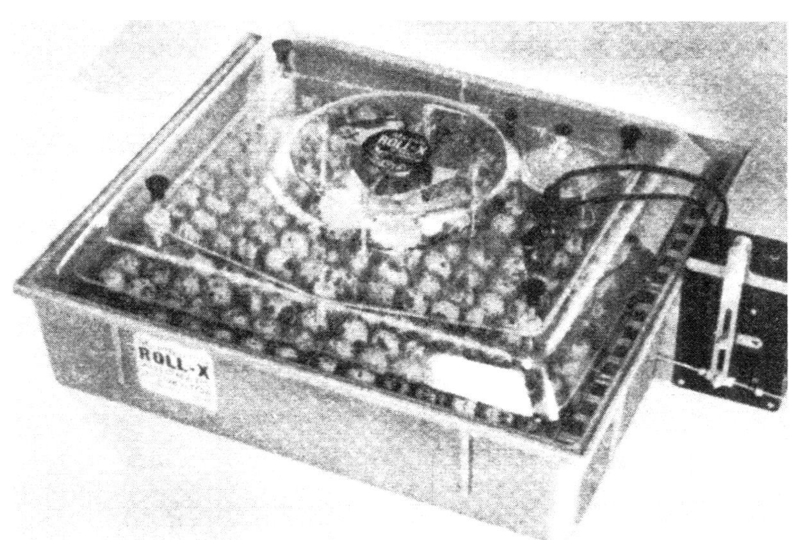

Abb. 7.14: Marsh-Roll-X-Inkubator
(Courtesy: Marsh Manufacturing Company Ltd.)

Abb. 7.15: Marsh-Turn-X-Inkubator
(Courtesy: Marsh Manufacturing Company Ltd.)

Abb. 7.16: Western begehbarer Schlupfbrüter: sein Inneres

Die ersten 24 Stunden im Schlupfbrüter

	Huhn	Pute	Perlhuhn	Fasan	Gans	Ente	Rebhuhn
T (°C)	36,6	36,9	37,3	37,2	36,6	36 9	37,5

Wenn das Küken einmal mit der Lungenatmung in der Luftkammer begonnen hat, steigt die Konzentration des Kohlendioxids in der Luftkammer deutlich an, sogar bis zu 22 %, und das ist für das Küken der Anreiz, aus der Schale herauszubrechen. Sobald die Schale angepickt ist, werden die nassen Eihäute der Luft ausgesetzt und es erfolgt dadurch ein Anstieg der Luftfeuchtigkeit im Brutapparat. Dieser natürliche Anstieg verhindert aber das Austrocknen der Membranen nicht und das kann dazu führen, daß das Küken an der Schale haften bleibt. Es muß also weiter Feuchtigkeit zugeführt werden.

Zweite und folgende 24 Stunden im Schlupfapparat

Temperatur — Die eingesetzten Eier sollten unverändert im Vergleich zur vorherigen Austrocknungsperiode bleiben.

Rel. Luftfeuchtigkeit — Die Feuchtigkeit sollte für alle Spezies angehoben werden.

Nachdem alle Küken geschlüpft sind, werden die Ventilatoren geöffnet, um die Küken trocknen zu lassen.

Brutschränke, kombinierte Vor- und Schlupfbrüter

In den Brutapparaten, in denen sich verschieden alte Eier gleichzeitig entwickeln, brauchen alle etwas unterschiedliche Bedingungen, bei deren Überwachung man Kompromisse eingehen muß.

Natürlich ist auch jede Inkubatormarke verschieden, aber trotzdem ist es bei den meisten so, daß die Bruthorden jede Woche verschoben und am Ende der Bebrütung in das Schlüpfabteil gesteckt werden, wo die Temperatur um ein Grad niedriger liegt als im übrigen Brutschrank. Frische Eier werden an die wärmste Stelle geschoben, meistens in das oberste Fach, und wenn nach einer Woche wieder frische Eier eingesetzt werden, versetzt man die Horden einfach eine Reihe nach unten. Die Luftfeuchtigkeit stellt sich in diesen Maschinen meistens nicht automatisch ein. Es werden große Wasserbehälter am Boden der Maschine aufgestellt, die wöchentlich aufgefüllt werden. Nach dem

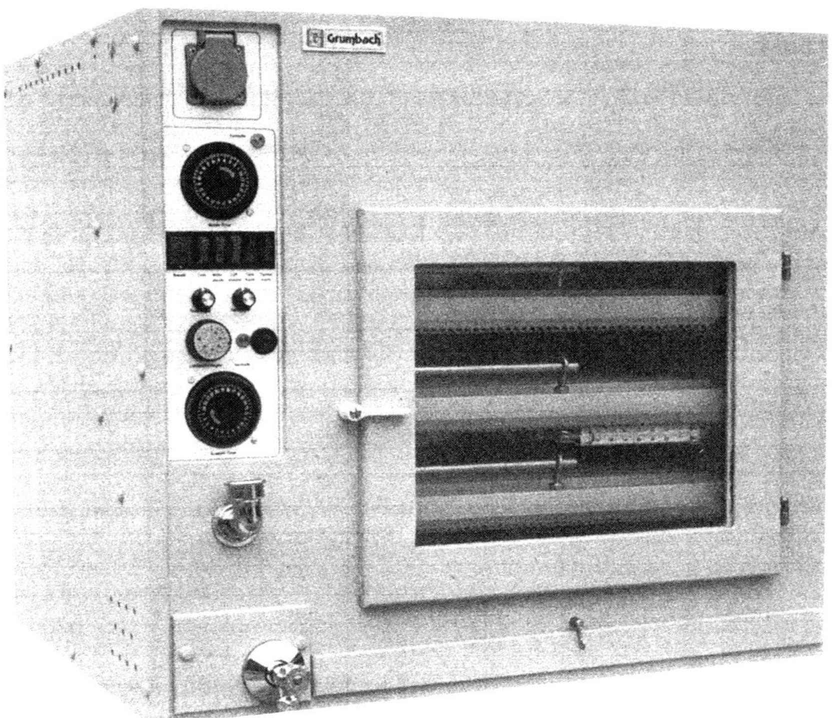

Abb. 7.17: GRUMBACH-Sicherheitsbrüter BSS 120, als Vor- oder Schlupfbrüter

Auffüllen ist die Luftfeuchtigkeit viel zu hoch, aber da das Wasser verdunstet, sinkt sie ab und nach ungefähr dem vierten Tag ist das ganze Wasser verschwunden und die Eier müssen eine drei Tage lange Trockenperiode aushalten. Der Schlupfzeitpunkt wird so gelegt, daß die Eier die letzte Trockenperiode zum richtigen Zeitpunkt erfahren. Wenn anschließend die Wasserbehälter wieder aufgefüllt werden, ist die für das Ausbrechen aus der Schale notwendige hohe Feuchtigkeit für das Küken vorhanden.

Diese Maschinen arbeiten gut, wenn sie voll mit Eiern sind und die nötige tierische Wärme ausnützen, und wenn das regelmäßige Verschieben der Eihorden und das Wasserauffüllen peinlichst genau befolgt werden. Man kann den Schrank leicht zu stark befeuchten, vor allem für Fasane, wenn man dem irrigen Glauben unterliegt, daß die Wasserbehälter die ganze Zeit gefüllt sein müßten. Wenn die Inkuba-

Abb. 7.18: VICTORIA-Großbrüter

toren weniger als ⅔ voll sind, wird empfohlen, die Temperatur etwas zu erhöhen, um die fehlende Wärmeerzeugung der Tiere auszugleichen.

Kleine Tischmaschinen mit Luftzirkulation
Die Anweisungen bezüglich Temperatur, Luftfeuchtigkeit und -umwälzung bei diesen kleinen Maschinen müssen befolgt werden. Die Isolation gegen den Wärmeverlust ist sehr unterschiedlich. Die Anzahl der Eier in ihnen ist oft zu niedrig, um genügend tierische Wärme zu erzeugen, damit der Verlust durch schlechte Isolation ausgeglichen wird.
Eine wesentliche Rolle spielt auch die Aufstellung eines Inkubators, da große Temperaturschwankungen von Tag zu Nacht die gleichmäßige Eitemperatur beeinträchtigen können. Die Feuchtigkeit wird meistens durch die Veränderung der Luftzirkulation kontrolliert. Mit diesen Maschinen zu arbeiten, ist eine Wissenschaft für sich, da viele der billigen Ausführungen oft enttäuschende Ergebnisse hervorbringen.
Das Einsetzen der Eier erfolgt normalerweise ähnlich wie bei den größeren Maschinen.

Flächenbrüter

Es gibt zwei Arten von Flächenbrütern: das original Paraffin verbrennende Modell und seine elektrischen Nachfolger.

Wie oben schon gesagt, wird die heiße Luft von oben zugeführt und sinkt nach unten ab, wenn sie abkühlt. Filz am Boden der Maschine reguliert die Luftumwälzungsrate und so auch die Temperatur am Eiboden. Wenn man einen Filz wöchentlich herausnimmt, wird die Luftumwälzung gesteigert.

Die Paraffinmodelle scheinen besser als die elektrischen zu arbeiten, da die heiße Luft durch Verbrennung entsteht, d. h. sie enthält Wasser und Kohlendioxid. Ein elektrisches Element heizt lediglich die Luft auf und trocknet sie somit. Für diese Typen braucht man viel mehr Feuchtigkeit.

Empfehlung für das Einsetzen

Alle Hersteller geben verschiedene Anweisungen, an die man sich sorgfältig halten sollte.

Wenn die Embryos mit ihrer eigenen Wärmeerzeugung beginnen, steigt die Temperatur im Inkubator. Dieser Anstieg sollte durch das Entfernen der Filze reguliert werden, und nicht dadurch, daß man die anderen Parameter anpaßt.

Hühner: Die Temperatur während der ersten Wochen sollte 38,3 °C 5 cm über dem Boden der Eihorde betragen. Am Ende der Woche sollte der erste Filz entfernt werden. Die Temperatur steigt dann in der zweiten Woche natürlicherweise auf 38,8 °C an und am Ende dieser Woche sollte der zweite Filz entfernt werden. Die relative Luftfeuchtigkeit ganz genau in der Maschine zu messen, ist ziemlich schwierig, so daß das Messen der Luftkammer und das Wiegen der Eier nach der ersten und zweiten Woche wichtig ist, um den Bedarf von weniger oder mehr Wasser zu erkennen. In der dritten Woche sollte kein Filz mehr in der Maschine sein und die Temperatur sollte auf 39,4 °C ansteigen. Wenn die Eier dann angepickt sind, besprengt man sie mit warmem Wasser, um die nötige zusätzliche Feuchtigkeit für den Schlupf zu gewähren. Auf keinen Fall darf jetzt die Tür geöffnet werden, sonst geht die Feuchtigkeit verloren und die Schlupfrate wird gesenkt.

Die Eier werden mindestens zweimal täglich gewendet, möglichst noch öfter, bis die ersten Risse bekommen. Danach sollten sie alleingelassen werden.

Fasane: Das Thermometer ist wieder 5 cm über dem Boden anbracht und muß während der gesamten Brutdauer 39,7 °C anzeigen. Die

Feuchtigkeitsbedürfnisse ähneln denen der Hühner. Die Filze werden am achten und am siebzehnten Tag herausgenommen und gleichzeitig sollte das Schieren und das Wiegen stattfinden. Fasaneneier reagieren zur Schlupfzeit empfindlicher auf zu geringe Feuchtigkeit, obwohl es

Abb. 7.19: VICTORIA-Schlupfbrüter für Großbetrieb (Fasanerie Interlov, CSSR)

Abb. 7.20: Vomo VFGO Motor Schrankbrüter (450 Eier) mit Ventilator (Werner Schumacher, Ing., Grünberg)

Abb. 7.21: Vomo O – Motorbrüter mit Ventilator (84 Eier)
(Werner Schumacher, Ing., Grünberg)

leicht vorkommen kann, ihnen vorher zuviel zu geben. Sobald ⅓ der Eier angepickt sind, wird extra Wasser zugefügt. Man füllt alle Wasserbehälter und gibt rings um die Eihorden vollgesogene Baumwolltücher in den Inkubator.
Oft wird es für gut empfunden, den Boden des Inkubatorraumes zu befeuchten, um das bißchen Extrawasser zuzufügen, das für die Feuchtigkeit der Luft beim Schlupf der Fasane so wichtig ist.

Enten: Bei den Enten gibt es eine Vielfalt von verschiedenen Anweisungen der Hersteller. Mehr als für andere Vögel. Man kann allgemein sagen, daß für die Enten der Inkubator ein Grad niedriger laufen sollte als für Hühnereier. Die Filze sollten am zehnten und achtzehnten Tag herausgenommen werden. Die Anfangsfeuchtigkeit ist die gleiche wie für die Hühnereier, aber in der mittleren Brutzeit ist eine hohe Luftfeuchtigkeit wichtig, auf die einige Tage vor dem Aufbrechen der Schale eine Trockenperiode folgen soll. Danach muß wie für die Fasaneneier die Feuchtigkeit zum Schlupf ansteigen.

Gänse: Das Thermometer sollte auf Höhe des oberen Eiendes angebracht sein und die Maschine auf 38,3 °C und gegen Ende der Brutzeit auf 39,0 °C eingestellt sein. Die Gänseeier vertragen eine stehende Luft besser als andere Vögel, so daß die Filze später entfernt werden, nämlich am zehnten und am zwanzigsten Tag. Es hängt davon ab, ob die Brutzeit 30 oder 35 Tage beträgt. Wie bei den Enten ist um die Mitte der Brutzeit eine hohe Luftfeuchtigkeit wesentlich. Die Eier reagieren ab dem vierzehnten Tag auf ein tägliches Besprühen mit warmem Wasser. Eine hohe Luftfeuchtigkeit ist zum Schlüpfen Voraussetzung.

Puten: Das Thermometer sollte genau auf der Höhe der Eioberkante angebracht sein und in der ersten Woche 38 °C anzeigen, in der zweiten 38,6 °C, in der dritten 39 °C und in der letzten Woche 39,4 °C. Die Feuchtigkeit ist wie bei den Hühnereiern, und man kontrolliert die Eier einmal in der Woche und füllt entsprechend die Wasserbehälter. Puteneier müssen wie Fasaneneier öfter gewendet werden, und zwar mindestens dreimal täglich.

Andere Spezies: Die Temperatur für die eingesetzten Eier muß man erraten, da grundlegende Informationen fehlen. Dabei ist die Eigröße der entscheidende Faktor. Pfaueneier haben ungefähr die gleiche Größe wie Puteneier und benötigen auch etwa die gleichen Brutbedingungen. Kleine Eier, wie die der Krickenten und der meisten exotischen Fasane, brauchen die gleiche Behandlung wie die Fasaneneier, während Schwaneneier eher wie die Gänseeier gebrütet werden. Aber die Stellung des Thermometers muß der Größe der Eier angepaßt sein, d. h. das Quecksilber muß sich auf Höhe der oberen Eikante befinden und nicht in der Mitte.

Kapitel 8
Der natürliche Schlupf

Die Naturbrut

Der älteste bekannte Fossilienvogel soll schätzungsweise vor vierzehn Millionen Jahren gelebt haben. Wahrscheinlich legten die Vögel damals schon Eier und bebrüteten sie. Die heutigen Vögel können also auf eine Erfahrung von vierzehn Millionen Jahren zurückgreifen, in der sie ihr natürliches Verhaltensmuster aufgebaut haben.

Eine Alternative zur Kunstbrut der Eier ist, sie den Eltern zu überlassen. Das tun die wilden Vögel in ihrer natürlichen Umgebung so. Sperrt man aber diese Vögel unter höchst widrigen Bedingungen in enge Käfige, schleichen sich bald alle Arten von unnatürlichen Verhaltensmustern ein. Das betrifft auch das Nisten und Brüten. Bei einigen Vögeln kann man beobachten, daß sie dies noch recht gut bewältigen, bei anderen aber ging der Brutinstinkt fast ganz verloren.

Das Auslesezuchtverfahren hat die domestizierten Spezies so verändert, daß es für die Vögel nicht länger möglich war, sich natürlich zu verhalten. Manche produzieren ein so großes Gelege, daß sie niemals zum Brüten kommen, andere leben so dichtgedrängt, daß sie sich kein Nest bauen können und ihre Eier deshalb irgendwo auf dem Gelände fallen lassen.

Selbst wenn ein Vogel sich ein Nest baut und auch darauf sitzt, kann er die Eier ganz zerstören, was nicht selten nach einem vielversprechenden Anfang geschieht. Die Zerstörung ist das Hauptproblem. Dies geschieht einmal duch andere Vögel, Räuber oder sogar durch die Personen, die die Vögel füttern.

In der Wildnis ist das Nistmaterial frisch und relativ steril. In Gefangenschaft ist der Boden oft mit Kot übersät, und das Nistmaterial verfault und ist mit Aspergilluspilzen und anderem Schmutz behaftet. In den meisten Fällen verliert der Vogel seine Nachkommen durch Kälte und Hunger, selbst wenn er seine Eier erfolgreich bebrütet und zum Ausschlüpfen gebracht hat. Die Nachkommen flattern hinter der Mutter her, während sie vergeblich nach Platz und Ruhe sucht, sie zu wärmen und zu füttern. Gänse und Schwäne sind sehr gewissenhafte Eltern. Enten brüten meist sehr gut und verlieren danach viele ihrer

Nachkommen, während Fasane im Nistverhalten, Brüten und Aufziehen hoffnungslos versagen. Wie überall bestätigen Ausnahmen die Regel.

Wenn der Vogel keine Ruhe hat weiterzubrüten, ist es besser, die Eier aufzusammeln und sie mit anderen Mitteln auszubrüten.

Das Brutverhalten

Der Vogelstoffwechsel unterliegt zu Beginn des Eierlegens großen Veränderungen, aber es folgen noch größere, wenn er zu brüten beginnt. Diese Veränderung wird durch den Prolaktinausstoß aus der Hypophyse bewirkt. Der Grundstoffwechsel geht zurück und seine innere Temperatur fällt um ein bis zwei Grad ab. Das gesamte Verhaltensmuster verändert den Vogel, so bleibt er ruhig auf seinem Nest sitzen und auch eine ganz ungewohnte Angriffslust entwickelt sich gegen Eindringlinge oder Räuber. Die Brustfedern lichten sich und gehen aus, oft werden sie ausgerupft, um den Flaum zu bilden, der das Nest auspolstert. So wird die Haut – der sogenannte Brutfleck – sichtbar, der es dem Vogel ermöglicht, die Eier noch wirksamer zu wärmen. Wenn die Bebrütung fortschreitet, wird dieses Brutmerkmal noch deutlicher.

Manche Männchen beteiligen sich am Brutgeschäft. Sie sind dann ebenfalls von der Prolaktinausscheidung beeinflußt.

Das Aufzeichnen der natürlichen Nestgegebenheit

Viele Studien sind im Laufe der Jahre unternommen worden, das Verhaltensmuster von brütenden wilden Vögeln kennenzulernen. Dazu wurden Sensoren in das Nest gelegt, um die direkte Umwelt in ihm zu verfolgen. Die Ergebnisse sind anfangs verwirrend, aber haben zu einem reichen Wissen und einem besseren Verständnis von dem geführt, was sich im Nest wirklich abspielt. Die Temperaturen, die mit Hilfe eines Sensors aufgezeichnet wurden, unterscheiden sich je nach Lage im Nest. Im allgemeinen sind die Eier in der Nestmitte wärmer als die am Rand. Der Teil des Eies, der mit dem Körper des Vogels in Berührung kommt, hat dieselbe Temperatur wie die Haut des Vogels, während der Teil, der auf dem Nestboden liegt, wesentlich kälter (bis 10 °C) ist. Wenn die Bebrütung fortschreitet, erwärmt sich der Nestboden allmählich. Studien mit elektronischen Eiern haben ergeben, daß der Vogel die Eier alle 20 bis 35 Minuten wendet, indem er die kälteren Eier vom Rand zur Mitte rollt und die kühlere Unterseite nach oben dreht.

Abb. 8.1: Brütende Henne mit Weißen Ohrfasanenküken

Dieses Bild ist verwirrend, wenn man weiß, daß die Embryos bei fortschreitender Entwicklung selbst Wärme erzeugen. Vor der Schlupfzeit liegt ihre Temperatur einige Grad über der optimalen Bruttemperatur. Ein Sensor, der die Eier berührt, zeigt eine höhere Temperatur an als der, der sie nicht berührt. Die Anzeige eines elektronischen Eies in der Nestmitte kann aber falsch sein, da sie von der Wärmeleitung der Eifüllung abhängt. Wenn z. B. ein Kupferdraht an einem Ende erhitzt wird und man das andere Ende in der Hand hält, wird er bald zu heiß, um weiter in der Hand gehalten werden zu können. Ein Stück Holz von den gleichen Ausmaßen kann man eine lange Zeit in der Hand behalten, während das andere Ende schon brennt.
Der Vogel kontrolliert seine Nesttemperatur nur nach seinem Instinkt. Die Eier, die er für zu kalt empfindet, rollt er in die Mitte und die wärmeren stößt er nach außen. Wenn das ganze Nest kalt ist, setzt er sich fester darauf, und wenn es zu warm wird, läßt er die Wärme entweichen.
Generell sollten kleine Eier ungefähr 37,5 °C im Eiinneren haben und die größeren ungefähr 0,25–0,5 °C weniger. Die Feuchtigkeit während dieser Studie zeigte enorme Veränderlichkeiten. Sie war von der Lage

des Nests, den vorherrschenden Wetterbedingungen abhängig, und ob der Vogel Wasser aufsuchte oder nicht. Der Durchschnittswert lag bei ungefähr 60 % relativer Luftfeuchtigkeit.
Die meisten Vögel bewegten ihre Eier alle 20 bis 35 Minuten. Sie wurden nicht vollständig gedreht, sondern nur im Nest hin- und hergeschoben. Man kann also nicht sagen, daß alle Eier wirklich gewendet wurden.
Die Abwesenheit vom Nest hing vom Brutzeitpunkt und dem Wetter ab. Am Anfang verließen die Hennen das Nest nur für sehr kurze Zeit. Gegen Ende, vor allem, wenn es heiß war, blieben sie länger weg. Waren die Nester mit sehr viel Flaum ausgelegt, fiel die Temperatur der Eier nur ganz wenig ab, wenn der Vogel sein Nest verlassen hatte, um zu fressen. Das Gelege wurde täglich ungefähr um dieselbe Zeit alleingelassen, meistens am späten Nachmittag.

Das Brüten durch die Bruthenne

Bis zur Entwicklung großer, intensiver Geflügelfarmen wurden fast alle Eier von Bruthennen ausgebrütet. Nur die enorme Menge von Bruteiern macht eine mechanische Bebrütung erforderlich. Spezielle Zuchten von Hybridstämmen für Fleisch- oder Eierproduktion ließen zu, daß das Brutverhalten als unerwünschtes Charakteristikum eines Stammes ausgemerzt wurde. Man kann auf den Handelsgeflügelfarmen heutzutage keine Bruthenne mehr kaufen.
Bruthennen werden aber immer noch von Vogelzüchtern und von den Leuten gebraucht, die ein paar Wildvögel für die Jagd züchten. Sie nehmen sie hauptsächlich deswegen, weil die Brutmaschinenhersteller, die für exzellente Maschinen, die 100 oder mehr Hühnereier fassen konnten, bekannt waren, sich nun der Geflügelindustrie angepaßt haben, und diese guten Maschinen jetzt für mehrere 10 000 Eier herstellen. Brutkästen und Brutapparate, die nur ein paar Eier fassen, sind nicht wirtschaftlich und so zum Stiefkind der Industrie geworden. Die Hersteller bauten diese Maschinen zu einem bestimmten Preis und nicht für einen speziellen Nutzen. Das einzige, wofür Geld ausgegeben wurde, war die Erneuerung ihres Äußeren. Wegen dieser grundsätzlichen Unzuverlässigkeiten beschlossen viele Vogelzüchter und Wildgeflügelhalter, diese Maschinen einfach zu ignorieren, und hielten sich ihre eigenen Bruthennen.
Es besteht kein Zweifel, daß eine gut gehaltene Bruthenne immer noch der sensibelste Brüter ist, der je entwickelt wurde. Sie hat auch den

Vorteil, daß sie auch nach dem Schlupf ihrer Nachkommen noch eine hervorragende Glucke ist. Die Hauptnachteile sind:

- Kosten, einen Stamm Hennen zu halten, um genügend Bruthennen zum richtigen Zeitpunkt bereit zu haben;
- dauernde Gefahr einer sich einschleppenden Krankheit;
- Arbeit, die mit der Pflege der Tiere verbunden ist.

Die Typen der Bruthennen

Bruthennen gibt es in allen Größen und Formen. Das Gewicht schwankt zwischen 0,5 kg und 4 kg. Das Federkleid kann wie bei den Wildvögeln dicht geschlossen sein oder weich und lose wie bei den Seidenhühnern oder irgendwie dazwischen. Die Federform ist ebenfalls sehr unterschiedlich. Die Wildvögel sind hauptsächlich an der Brust bemuskelt (z. B. der Puter mit seinem geteilten Brustmuskel), aber an den Beinen tragen sie kaum Fleisch. Das bezieht sich vor allem auf die „heißen" Hennen, die mehr Muskulatur haben, um ihre Eier zu wärmen. Bei Hühnern, die eine V-förmige Brustmuskulatur haben, sitzt das Fleisch an den Beinen und sie neigen auch dazu, den Eiern eine niedrigere Temperatur zu geben. Diese „kühlen" Hennen haben ein nicht so dichtes Federkleid und flaumige Beine. Als Regel gilt, je größer das Ei ist, um so mehr Wärme muß die Henne erzeugen können. Alle Tauchenten brauchen solche „heißen" Mütter. Große Eier unter kleinen, nicht sehr wärmenden Hennen können nicht erfolgreich ausgebrütet werden. Gänseeier sind nicht auf eine „heiße" Henne angewiesen, dafür auf eine große.

Kleine Eier, wie die von Krickenten, Tauben, Spießenten und der meisten Fasane und der Rebhuhnfamilie, benötigen einen durchschnittlichen Hennentyp. Diese Küken schlüpfen unter einer großen, sehr wärmenden Henne schlecht.

Der Wildvogelzüchter hält meistens eine Kreuzung eines Wildhuhns mit einem Seidenhuhn. Diese Vögel sind alle gleich und in der Haltung sehr problemlos. Der Wildvogel ist eine ausgezeichnete Mutter, aber von Natur aus wild und erzeugt im allgemeinen sehr viel Wärme. Die Bruteigenschaften verbessern sich mit zunehmendem Alter, wobei sie am besten sind, wenn der Vogel über drei Jahre alt ist. Das Seidenhuhn ist ein außerordentlich zahmer Vogel, es erzeugt weniger Wärme und beginnt schon mit fünf Monaten zu brüten. Die Kreuzung ergibt einen zuverlässigen Vogel mit Durchschnittstemperatur, der früh zu legen beginnt, auf den man sich lange Jahre verlassen kann und der oft zwei bis drei Gelege im Jahr großzieht. Es ist also die ideale Glucke für einen Anfänger oder einen Amateurzüchter.

Viele andere Kreuzungen von Bantam mit Hühnern bringen auch hervorragende Bruthennen hervor. Jeder erfolgreiche Züchter, der seine eigene Bruthennenherde hält, die ihm gute Dienste geleistet hat, züchtet nur mit den Nachkommen der alten weiter. Die Hennen haben alle möglichen Farben, Größen und Formen, aber die meisten haben doch etwas vom Seidenhuhn oder Wildhuhn in ihrem Äußeren.

Die Brutkiste

Eine brütende Henne braucht Ruhe und Frieden. Dunkelheit oder Dämmerlicht verbessert die Sitzausdauer der Henne. Man kann jede alte Kiste mit der richtigen Größe verwenden, da die Hennen im Gegensatz zu uns Menschen nicht stolz auf ihr Heim sind. Ist die Kiste aber zu klein, muß sich die Henne zusammenkrümmen und fühlt sich unwohl. Es kann auch sein, daß sie ein paar Eier zerbricht, wenn sie versucht, sie zu wenden, und wenn es gar zu ungemütlich ist, hört sie auf zu brüten. Ist die Kiste dagegen zu groß, können die Eier unter der Henne wegrollen und auskühlen, oder die Henne baut sich ein neues Nest und läßt die Eier aber in dem alten. Die Standardgröße für das Nest ist 35 cm im Quadrat und 35 cm hoch.

Der Eingang der Kiste kann entweder vorne oder oben sein. Der Nachteil des oberen Einganges liegt darin, daß eine schwerfällige Henne die Eier zerbrechen kann, wenn sie sich von oben ins Nest fallen läßt. Trotzdem bevorzugen viele Züchter diese Eingänge und setzen ihre Hennen rückwärts hinein. Am leichtesten kann man die Brutstätte gestalten, indem man einen Sack über die Vorderseite einer alten Orangenkiste stülpt, der von zwei Ziegelsteinen in der richtigen Lage gehalten wird. So hat man zwei Abteile von der richtigen Größe, wenn man die Kiste auf die Seite legt.

Ein Hühnerkorb und ein Auslauf tun es genausogut. Die Henne wird in den Auslauf gesperrt, wenn sie täglich das Nest verläßt. Dadurch aber kommt es zu großen Kotansammlungen in dem Auslauf, der schnell zu verfaulen beginnt und damit auch eine Infektionsgefahr für die Eier darstellt. Eine Lösung ist, diesen ganzen Bau auf ein Gestell zu heben und den Auslauf mit einem Maschendraht zu versehen. Durch diesen fällt der Kot nach unten und kann, ohne die Henne zu stören, weggeputzt werden.

In der Kiste muß natürlich eine Luftumwälzung stattfinden. Brüten mehrere Hennen gleichzeitig, wird eine lange Kiste in mehrere Nester unterteilt.

Die Aufstellung der Brutkisten

Es gibt viele Meinungen, ob die Kisten nun in einem Schuppen oder im

Freien, auf dem Boden oder erhöht stehen sollen. Jedenfalls beeinflußt die Aufstellung auch die Feuchtigkeit im Nest.

Kisten im Freien: Die Box ist so dem Wetter ausgesetzt, und praller Sonnenschein kann es innen sehr heiß und unerträglich für die Henne werden lassen. Wenn der Henne bei Regen das Wasser auf den Nacken tropft, fördert das nicht gerade das Brutverhalten. Aber ein Nest, das auf dem Boden steht, gibt ihm immer noch die natürlichste und beste Feuchtigkeit. Außenboxen sollten im Schatten stehen, z. B. unter einem Baum, und oben wasserdicht sein. Grabende Maulwürfe und Ratten können Zerstörungen anrichten, so daß es ratsam ist, ein Drahtnetz unter dem Nest zu vergraben, um dies zu verhindern. Sind die Hennen völlig frei, wenn sie ihre Box verlassen, um auf ihren täglichen Ausflug zu gehen, kann eine unsichere und etwas wilde Henne ein Ärgernis sein, wenn man versucht, sie auf ihr Nest zurückzutreiben. Unter diesen Umständen ist es besser, die Vögel mit einer Schnur an einem Bein anzubinden, damit sie sich nicht zu weit entfernen können. Das verhindert auch die Kampfstimmung, wenn mehrere Hennen zugleich rausgelassen werden. Sie gewöhnen sich schnell an den Strick und wehren sich nach ein bis zwei Tagen nicht mehr, wenn sie gute und zuverlässige Bruthennen sind. Vögel, die das erste Mal

Abb. 8.2: Bruthäuschen im Freien mit Auslauf. Erde unter dem Stroh erleichtert das Formen des Nestes. Die Anzahl der Eier in einem Gelege sollte von ihrer Größe abhängen.

brüten oder von Natur aus wild und temperamentvoll sind, können aber dadurch so gestört werden, daß sie sehr schlecht weiter sitzen bleiben.

Kisten im Schuppen: Wenn man die Kisten im Schuppen unterbringt, ist man vom Wetter völlig unabhängig, und die Vögel können frei herumlaufen, selbst wenn es regnet. Sie können auch nie entkommen. Es ist viel einfacher, einen widerwilligen Vogel auf sein Nest zurückzutreiben, wenn er in einem Schuppen gehalten wird. Hier gibt es aber keine natürliche Feuchtigkeit, so daß es egal ist, ob die Kisten auf dem Boden stehen oder höher, das Nest muß auf jeden Fall mit Wasser besprengt werden. Es ist eine Kunst zu wissen, wann und wieviel Wasser man zuführen muß. Falsche Wassermengen oder falsche Zeitplanung können eine ganze Brut verderben. Die Größe der Luftkammer festzustellen, ist ganz wichtig. Die Eier mancher Vögel, z. B. der Schellenten, die normalerweise nicht auf dem Boden nisten, benötigen auch eine Henne, die nicht auf dem Boden nistet, und gleichzeitig wenig Feuchtigkeit. Eier, die auf einem feuchten, moorigen Boden gelegt werden, benötigen viel mehr Feuchtigkeit.

Das Bereiten des Nestes

Das herkömmliche Nest wird so aufgebaut, daß man einen Torfhaufen auf den Boden der Kiste aufschüttet und darauf ein Heunest bereitet. Die Größe des Nests wird von der Größe und der Form der Henne bestimmt, die darauf sitzen soll. Es macht aber wenig aus, aus welchem Material das Nest besteht, die Hauptsache ist, daß es sauber und frisch ist. Mischungen aus trockenem Sand, Torf, frischem Heu oder Stroh sind alle gut und es sollte mindestens 7 cm Material auf dem Nestboden sein. Egal wie gut gebaut das Nest erscheint, die Henne wird es sowieso nach ihrem Geschmack herrichten. Wenn in den Ecken der Box nicht genügend Material liegt und am Boden weniger als 7 cm, kann es geschehen, daß die Henne das ganze Material nach außen kratzt und sich bis auf den harten Boden durchgräbt. Dadurch zerbrechen die Eier sehr leicht.

Die Behandlung der Bruthenne

Es ist relativ einfach zu sagen, ob eine Henne brütig ist oder nicht, denn das Verhalten des Vogels ist sehr charakteristisch. Aber es ist nicht immer so einfach, wenn man dringend eine Glucke braucht und

sie gerade erst begonnen hat zu sitzen. Jede Henne im Hühnerstall, die tagsüber im Nest sitzt, ist wahrscheinlich dabei, ein Ei zu legen. Wenn sie aber nach Einbruch der Dunkelheit immer noch sitzt, ist es sehr wahrscheinlich, daß sie mit dem Brüten beginnen wird. Fährt man mit einer Hand unter die sitzende Henne, die Handfläche nach oben, und öffnet dann die Finger und stößt den Vogel leicht an, sträubt die brütige Henne ihre Federn und gibt charakteristische Laute von sich. Eine nichtbrütige Henne reagiert nicht, und einer Henne, die mit lautem Gegacker davonrennt, darf man nicht trauen.
Brütende Hennen sollten tagsüber nicht vom Hühnerstall in die Brutboxen umgesetzt werden. Das würde die meisten aufregen, vor allem, wenn sie erst seit einer kurzen Zeit brütig sind. Die Umsetzung sollte immer nachts geschehen und die Vögel müssen mit größter Vorsicht behandelt werden.
In den ersten Tagen der Eingewöhnung legt man der Henne unechte Eier unter.
Alle Hennen, die zum Brüten angesetzt werden, muß man zuerst auf ihren Gesundheitszustand untersuchen. Wenn sie keine klaren, hellen Augen haben, sehr mager sind oder irgendein Anzeichen einer Krankheit wie Durchfall oder Atemprobleme haben, sollten sie nicht genommen werden. Die Federn an den Beinen werden ganz dicht am Bein abgeschnitten, es könnte sonst Unfälle verursachen, wenn man die Glucke aus dem Nest nimmt.
Kalkbeine müssen mit einem geeigneten Milbenspray behandelt werden, da dies Unbehagen verursachen und außerdem auf die Küken übertragen werden kann. Diese Behandlung sollte eigentlich schon unternommen worden sein, bevor die Henne brütig wurde.
Die Nistkiste und die Henne sollten auch großzügig mit einem Insektenpuder behandelt worden sein. Besondere Aufmerksamkeit sollte man der Aftergegend und der Haut unter den Flügeln schenken. Die Federn streicht man gegen die Wachstumsrichtung und stäubt den Puder direkt auf die Haut. Eine Henne, die von Insektenstichen geplagt ist, ist immer unruhig.

Die tägliche Behandlung

Die Hennen sollten ihre Nester einmal täglich und immer zur gleichen Zeit verlassen. Sie sind Gewohnheitstiere und verhalten sich besser, wenn alles sehr regelmäßig geschieht. Während sie das Nest verlassen haben, beobachtet man jeden Vogel beim Trinken, Fressen und Kotabsetzen. Die meisten Vögel wissen, wann sie lang genug wegwaren.

An einem kalten Tag, wenn die Eier frisch im Nest sind, sind drei oder vier Minuten lange genug, sonst unterkühlen die Eier zu sehr. Wenn die Eier aber nahe dem Schlupfzeitpunkt sind und es ist ein warmer Tag, kann eine halbstündige Abwesenheit nicht schaden.
Ist ein Stall voll mit Bruthennen, wird jeder Neuankömmling ein wenig bekämpft, was ihn davon abhalten kann, seinem natürlichen Brutinstinkt nachzugehen und er unwillig und wild wird und nicht zum Zusammensein bereit ist. Diese Hennen sollten lieber zuerst in den Auslauf gelassen werden, damit sie nach einer Zeit wieder bereit sind, auf ihr Nest zurückzukehren, und dann kann man die alten rauslassen, die dann ihre Überlegenheit beweisen können.
Der Umgang mit Bruthennen ist eine Kunst. Manche sind dazu geboren, manche können es lernen und andere lernen es nie. Die Hausfrauen haben normalerweise eine bessere Hand dafür als die Männer. Die Damen wissen, welche Hennen man zusammen rauslassen kann und welche nicht. Männer sind eher nüchterne Praktiker, und wenn die Hennen in selbstgebaute Ausläufe freigelassen werden und dann ein Chaos passiert, sind sie sofort dabei, Einzelkörbe zu bauen und Ausläufe nach oben zu verlegen, oder machen Anbindevorrichtungen, damit die Vögel sich nicht mehr bekämpfen und entkommen können. Man sollte die Tür einer jeden Brutkiste verschließen, wenn die Hennen frei sind, damit man sichergeht, daß jede Henne genug Zeit hat und nicht zum falschen Nest zurückgeht. Wenn eine bestimmte Zeit verstrichen ist, warten die meisten Hennen schon darauf, wieder eingelassen zu werden, oder man kann sie leicht hineinstubsen. Geduld und Feinfühligkeit sind sehr wichtig bei diesem Geschäft. Ein Hühnerstall, der mit flatternden, gackernden Hennen voll ist, und ein irritierter Mann, der mit einem Fangnetz hinter ihnen herrennt, kann nicht die besten Brutergebnisse liefern.
Die Hennen müssen sehr vorsichtig von ihrem Nest entfernt werden, nachden man sich versichert hat, daß sie keine Eier unter den Flügeln haben. Ein Vogel, der sein Nest beschmutzt hat, ist entweder krank oder verliert seine Brütigkeit oder hatte am Vortag nicht genügend Zeit. Jeder Vogel, der krank aussieht, sollte abgesondert werden und die Eier einer anderen Bruthenne untergelegt werden.
Die Hennen müssen Ruhe und Zeit haben, ihre Kröpfe mit Futter zu füllen. Pellets oder Mehl verursachen mehr wäßrigen Kot, so daß es besser ist, gemischtes Korn mit Mais zu füttern. Durch dieses energiereiche Futter wird der Kot trocken und fest.
Wichtig ist auch, daß die Hennen frisches Wasser haben. Und wenn eine Huderkiste mit trockener Erde vorhanden ist, können die Vögel

ein Staubbad nehmen. Etwas Pyrethrum-Puder darin hält sie frei von Parasiten. Es sollte auch immer etwas Gritt vorhanden sein, wenn das Futter ausschließlich aus Körnern besteht.
Gewissenhafte Hygiene ist sehr wichtig und der Kot ist immer zu entfernen. Wenn die Nistplätze alle oben sind und der Boden mit einem Schlauch abgespritzt wird, wird nicht nur das Bakterienwachstum eingeschränkt, sondern auch die Feuchtigkeit in dem Schuppen erhöht. Die Eier sollten einmal in der Woche geschiert und, wenn nötig, das Nest angefeuchtet werden. Die meisten Enten profitieren von einem Besprühen mit warmem Wasser um die Schlupfzeit und alle Eier, die unter Hennen liegen, die nicht am Boden nisten, sollten um die Zeit des Anpickens befeuchtet werden.
Sobald ein Küken zu schlüpfen beginnt, sollte die Glucke vollkommen allein bleiben, bis alle anderen geschlüpft sind. Das Schreckgespenst einer Bruthenne, die brav auf ihren Eiern sitzt und sie ausbrütet, dann aber alle Küken umbringt, verfolgt die meisten Züchter. Wenn der Vogel nicht eine erprobte und alte, vertrauenswürdige Henne ist, ist es sicherer, die Eier zum Schlupf in einen Inkubator zu setzen und die Küken nur unter Aufsicht der Henne zurückzugeben. Wenn möglich, sollte man ihr vorher schon ein oder zwei wertlose Eier als Probeexemplare überlassen.
Die Kontrolle der Feuchtigkeit hängt sehr von der Lage des Nistplatzes und dem Wetter ab. Vögel, die direkt auf dem Boden brüten, brauchen normalerweise kein zusätzliches Wasser, außer wenn es sehr heiß und trocken ist. Nester mit Wassergeflügeleiern brauchen dagegen mehr Feuchtigkeit, wenn das Nest innen ist, vor allem, wenn es nicht auf dem Boden steht.
Größere Eier werden meistens von der Henne nicht genügend gewendet, so kann man etwas Gutes tun, indem man die Eier selbst dreht, jedesmal, wenn man die Henne wegnimmt.
Eier verschiedener Eltern und verschiedenen Alters schlüpfen schlecht, wenn sie unter einer Henne ausgebrütet werden. Man sollte immer darauf achten, Eier gleichen Schlupfzeitpunktes unter eine Henne zu legen.

Kombiniertes Brüten und Schlupf im Inkubator

Zweifellos schlägt die Bruthenne jeden Inkubator, und zwar schafft sie das in den ersten paar Tagen. Aber meistens hat man gerade dann, wenn man sie braucht, nicht genügend Bruthennen.
Viele Züchter legen ihre Eier die erste Woche unter eine Bruthenne und setzen dann die guten in einen Inkubator und geben der Henne

frische Eier. Nachdem diese eine Woche bebrütet wurden, werden sie auch in den Inkubator gesetzt und die Henne bekommt das dritte Gelege. Wenn die Schale angepickt ist, werden sie der Henne zurückgegeben, um zu schlüpfen. Eine große Anzahl unbefruchteter Eier in der Vogelzucht sagt normalerweise aus, daß es genügend Hennen zur Bebrütung gibt.
Infrarot-Lampen haben die Aufzuchtmethoden verändert, so daß jedes Jahr immer weniger Züchter Hennen zum Aufziehen der Küken verwenden. Die Hennen bebrüten jede Woche wieder frische Eier. Es ist nicht ratsam, eine Henne länger als vier Wochen brüten zu lassen, da sie dadurch viel Kraft verliert und die meisten um diese Zeit sowieso aufhören.

Die Auswahl einer Henne für verschiedene Spezies
Theoretisch gibt es einen Bruthennentyp, der für jede Eispezies ideal wäre. Praktisch wird die Auswahl aber dadurch eingeschränkt, daß man nicht immer die passende Henne zur Verfügung hat.
Die besten Ergebnisse hat man erzielt, wenn man die Größe der Henne der Größe der Eier anpaßte, aber sogar eine große Henne kann Fasaneneier ganz zufriedenstellend ausbrüten. Diese Hennen können ungefähr 24 kleine Fasaneneier bedecken, eine Bantam schafft dagegen nur zwölf. Eine große Henne bebrütet fünf Gänseeier, die aber zusätzlich noch gedreht werden müssen.
Tauchenten benötigen eine Henne mit sehr viel Wärme. Bei einer 3 Pfund schweren Henne hat man die ganze Brust in einer Hand, aber eine Bantam besteht nur aus Brustbein und Federn. Die Tauchenten, wie Ruderenten, Schellenten, Trauerenten, Bergenten und Reiherenten sind zur Brutzeit viel muskulöser. Sie brüten nicht auf offenem Wasser. Die Eier haben einen sehr großen Dotter im Verhältnis zum Eiklar und das Ei ist enorm groß im Verhältnis zum Vogel. Diese Eier können unter einer Henne, die wenig Wärme erzeugt, nicht ausgebrütet werden. Die meisten Eier sterben in der letzten Brutwoche ab. Aber unter einer „warmen" Henne schlüpfen die Küken gut, brauchen aber in der zweiten Brutperiode zusätzliches Wasser für das Nest.
Die Wahl der Bruthennen für die jeweiligen Eier wird auch von dem mütterlichen Instinkt der Henne in der Aufzucht beeinflußt. Wildhühner benutzen ihre Füße, um Futter für die aktiven Küken zu finden. Diese Vögel würden die hilflosen Kaisergößlinge über den ganzen Platz stoßen. Seidenhühner und Houdans sind sehr ruhig und zur Aufzucht viel geeigneter.

Krickenten, Mandarinenten, Karolinenenten und alle kleinen Fasane brauchen viel Brutpflege.

Die beste unter den Reinrassigen ist die Sumatrahenne. Ihr Mutterinstinkt ist am besten ausgeprägt, es ist eine Henne, die sehr viel Wärme erzeugt und mit der man sehr leicht umgehen kann. Ihr großer Nachteil ist, daß sie keine Küken aufzieht, die sie nicht selber bebrütet hat.

Von einigen Vögeln sagt man, daß sie fester auf dem Nest als andere sitzen. Wie dicht die Vögel tatsächlich auf ihren Eiern sitzen, hängt von der Umgebungstemperatur ab. Auf jeden Fall müssen die Eier unter einer dicht sitzenden Henne öfter gedreht werden.

Wenn man etwas wissenschaftliches Denken zu den Mythen und den Geschichten fügt, die soviel über die Kunst des Brütens erzählen, werden einige Dinge sehr offensichtlich. Von einer brütenden Henne wird behauptet, sie habe eine höhere Temperatur als eine nichtbrütende. Aber wenn man sie mit dem Thermometer mißt, kann man eine um ein Grad niedrigere Temperatur bei der brütenden Henne ablesen. Sie fühlt sich wärmer an, weil ihre Federn nicht mehr so dicht auf der Brust liegen. Die Temperatur einer Henne, die viel Wärme abgibt, ist gleich der Henne, die nur wenig Wärme abgibt. Sie hat lediglich einen größeren nackten federlosen Fleck auf ihrer Brust, so daß mehr Haut direkt mit den Eiern in Berührung kommt und dadurch auch mehr Wärme auf die Eier übertragen wird als bei einer Henne, die nur aus Brustbein und befiederten Beinen besteht.

Kapitel 9
Die Maschinenbrut

Geschichtliche Aspekte

Die moderne Geflügelindustrie mit ihrer Produktion von Millionen Hühnern aus Riesenbrutschränken ist keine neue Technologie. Die Menschen, die früher schon Pyramiden errichteten, kannten auch die Brutschränke. Sogar noch vor Moses waren schon Inkubatoren mit mehr als 90 000 Eiern in Gebrauch. Einige dieser Brutmaschinen arbeiten heute noch, sogar Ende der 50er Jahre produzierten sie noch fast 90 % der Küken in Ägypten.

Das Aussehen und der Bau dieser Brutschränke waren genial, aber ganz einfach. Die Eier lagen auf dem Boden eines zylindrischen Ziegelsteinbaues. 60–90 cm über den Eiern war eine kanalähnliche Plattform, die eine innere Mauer umgab, in der ständig ein Feuer aus Kameldung brannte. Die Luft wurde durch eine Öffnung im unteren Bereich hereingesaugt, zog dann durch ein mittleres Loch in dem Feuerring und durch ein weiteres Loch aus dem domförmigen Dach hinaus.

Doppelreihen dieser Brutöfen standen sich in einem Mittelgang gegenüber. Die Öffnungen im Dach und am Ende der Gänge ließen Luft und Licht herein.

Die Eitemperatur wurde gemessen, indem man die Eier an das Augenlid hielt und man dem Bedarf entsprechend das Feuer schürte oder zuscharrte. Die Feuchtigkeitsbedürfnisse und die Luftkammergröße wurden festgestellt, indem man zwei Eier in einer Hand zusammenrollte und auf den Ton hörte, der dabei entstand.

Ältere Berichte beschreiben regelmäßige Bebrütung, und sie erhielten zwei Küken von drei eingesetzten Eiern. Ihr Gewinn war alles, was über 70 % Schlupf lag.

Die Ägypter aber hatten nicht das alleinige Monopol, Eier künstlich zu bebrüten. Ihre chinesischen Gegenspieler hatten schon mindestens 1000 v. Chr. zwei erfolgreiche Methoden entwickelt.

Die erste und einfachste war, die Wärme des verrottenden Düngers auszunutzen. Die Eier wurden auf eine Mischung von geschnittenem

Stroh und Reishülsen oben auf den Dünger gelegt. Das scheint sehr erfolgreich gewesen zu sein.

Die zweite Methode, die öfter angewendet wurde und heute noch in Gebrauch ist, war fast genauso genial wie die ägyptischen Brütereien. Der Grundbau war wiederum ein Zylinderbau, aber das Feuer war auf dem Boden und die Eier befanden sich in einem umgekehrten Kegel darüber, der teilweise mit Asche gefüllt war. Die aus Stroh geflochtenen Eikörbe wurden auf die Asche gestellt. Die Eier wurden in Musselinsäcke gelegt und ganz mit einer isolierenden Schicht von Reishülsen bedeckt. Ein strohgedecktes Dach, geformt wie der Hut eines Lastträgers, vervollständigte die Isolation und hielt den Regen ab.

Alle sieben Tage wurde ein neuer Eisack in den Korb gelegt und die Säcke wurden regelmäßig bewegt, um die Eier zu drehen. Nach den ersten drei Wochen der Brutsaison ließ man das Feuer ausgehen. Die selbsterzeugte Hitze der Eier ließ den Prozeß aber weiterlaufen.

Sie hatten auch eine Art des Schierens entwickelt, damit die unbefruchteten Eier herausgenommen und zum Verzehr verkauft werden konnten.

Man darf auch die Griechen nicht vergessen; denn Aristoteles beschrieb sehr genau eine Methode, zu der verfaulender Dünger benutzt wurde, ungefähr 400 v. Chr. Es existieren auch Berichte über wohlhabende Römerinnen, die das Geschlecht ihres ungeborenen Kindes vorhersagen konnten, wenn sie ein Ei unter ihrer Brust ausbrüteten.

Es liegen auch mehrere Beschreibungen von überall auf der Welt durch die ganze Geschichtsschreibung vor, in denen man die menschliche Körperwärme zum Ausbrüten der Eier benutzte. Die Philipper bezahlten ihre Diener, damit sie auf den Eiern liegen. Die Eier wurden zwischen Reihen von Stöcken auf ein Aschebett gelegt und sowohl die Diener als auch die Eier mit Tüchern bedeckt. Die südafrikanischen Farmer stellten eingeborene Mädchen an, die Straußeneier mit ihrer Körperwärme ausbrüten sollten, als die Nachfrage nach Straußenfedern so immens hoch war.

Das mechanische Bebrüten erreichte die westliche Welt aber erst 1749, als Reamur in Paris die erste mechanische Brutbox entwickelte. Er benutzte eine Ätherkapsel als Thermostat.

1770 benutzte Campion einen Raum, der durch das Kaminrohr seines Boilers beheizt wurde und war damit erfolgreich.

Die erste Handelsmaschine war ein Heißwasser-Inkubator von Hearson 1881 und 1895 brachte Cypher sein 20 000 Enteneier fassendes

Modell auf den Markt. Die erste voll elektrische, automatische Maschinen erschien erst 1922.

Der Paraffin-Flächenbrüter

Das war die erste Maschine, die in den Handel kam. In der Hand eines Künstlers waren und sind diese Maschinen immer noch fähig, hervorragende Brutergebnisse zu liefern. Viele von ihnen werden heute noch als Brüter in Fasanerien benutzt. Ihre Handhabung ist eine Kunst und keine Wissenschaft.
Der englische Name „Ruhig-Luft-Brüter" ist eigentlich falsch, da die Luft überhaupt nicht ruhig ist und steht, sondern sich durch Konvektion bewegt. Sie sollten also besser Konvektionsmaschinen genannt werden.
Die Originalmodelle wurden mit Paraffin beheizt. Die Flamme des brennenden Dochts ist außerhalb des Inkubators am Grund eines kleinen Kamins. Es gibt zwei Ausgänge am Kamin, einen mit einer Klappe darauf, die sich in den Raum öffnet, und einen anderen, der im rechten Winkel oben aus dem Inkubator führt. Wenn man die Klappe öffnet, kann die Hitze in den Raum entweichen, und wenn man sie fast verschließt, gelangt die ganze Hitze in den oberen Bereich des Inkubators. Die Klappe wird durch die Ausdehnung und das Zusammenziehen einer Ätherkapsel, die auf eine Reihe von Hebeln wirkt, auf- und zugemacht.
Die heiße Luftkammer und das Heizrohr, das zu ihr führt, sind so gebaut und isoliert, daß sie die ganze Zeit eine gleichmäßige Temperatur beibehalten. Die heiße Luft kann in die Eikammer durch ein abführendes Abteil hinunter entweichen.
Die Eikammer hat aber nicht überall dieselbe Temperatur. Oben ist die Temperatur etwa 5,5–11 °C höher als unten. Nur auf einer Ebene ist die Temperatur für die Bebrütung der Eier geeignet. Darüber ist es zu heiß und darunter zu kalt. Es müssen also die Eihorde und das Thermometer an der richtigen Stelle plaziert sein.

Temperaturkontrolle

Erstens muß das Thermometer genau über den Eiern angebracht sein. Die Flamme wird dann so angepaßt, daß sie nur etwas mehr Wärme abgibt, als man bräuchte, um die Klappe vollständig geschlossen zu halten. Das Gewicht sollte in der Mitte des Klappenarms liegen und die Feststellschraube wird so gedreht, daß die Klappe etwa 0,6 cm über dem Kamin ist. Kleinere Korrekturen können unternommen werden,

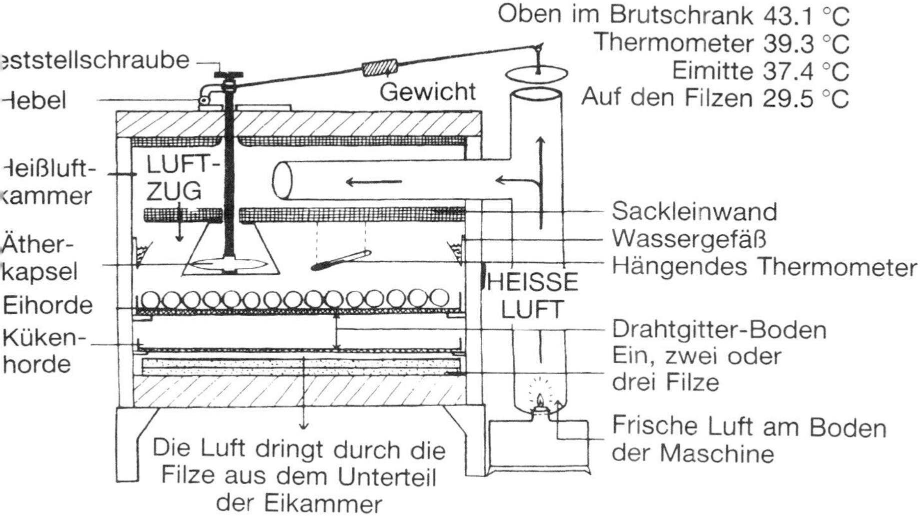

Abb. 9.1: Paraffin-Flächenbrüter

indem man die Klappe durch den Hebelarm rauf- und runterläßt. Wenn das Gewicht zu nahe am Angelpunkt und der Feststellschraube liegt, kann sich die Klappe zuviel bewegen und daraus ergibt sich nur eine sehr unzureichende Regulation. Wenn es zu nahe bei der Klappe ist, wird der Druck auf die Ätherkapsel sie zu träge und unsensibel machen. Diese Maschinen arbeiten nur zufriedenstellend, wenn sie absolut waagerecht stehen und die Temperatur des Brutraumes Tag und Nacht auf 15 °C bleibt.

Es sind dauernde Kontrollen und Anpassungen notwendig, der Docht muß täglich gekürzt werden und die Ätherkapsel reagiert sowohl auf Veränderungen des Luftdrucks als auch die der Temperatur. Veränderungen bis zu 2,7 °C können durch das Wetter verschuldet werden, obwohl das Gewicht auf dem Arm der Klappe das vermindern soll.

Ein anderes Problem der Temperaturveränderlichkeit ist der Metalldraht, der die Kapsel mit dem äußeren Hebel verbindet. Wenn er an den Enden zu lose in der Haltung steckt, kann er zu stark bewegt werden. Dadurch wird die Reibung auf dem Weg durch seine verschiedenen Durchgänge verändert.

Die Temperatur wird auch durch die An- und Abwesenheit von Filzen auf dem Boden der Maschine kontrolliert, die den Verlust heißer Luft durch den Boden der Eikammer verhindern. Erhöht man die Luftumwälzung, erniedrigt man die Temperatur des Bodens und der Eihorde. Die meisten Maschinen haben drei Filze und mehr auf ihrem Boden, wenn die Maschine in einem kalten Raum steht, und ungefähr jede

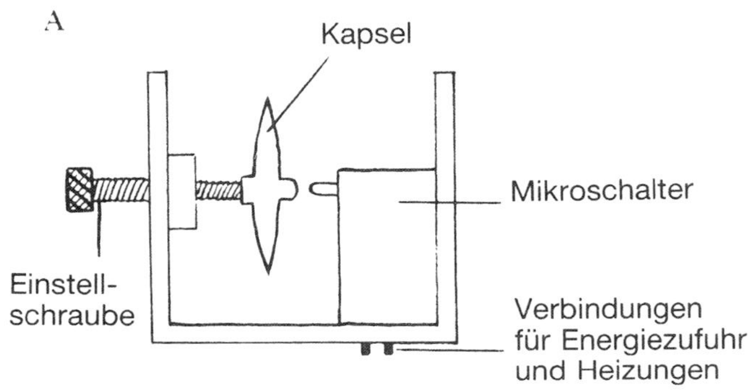

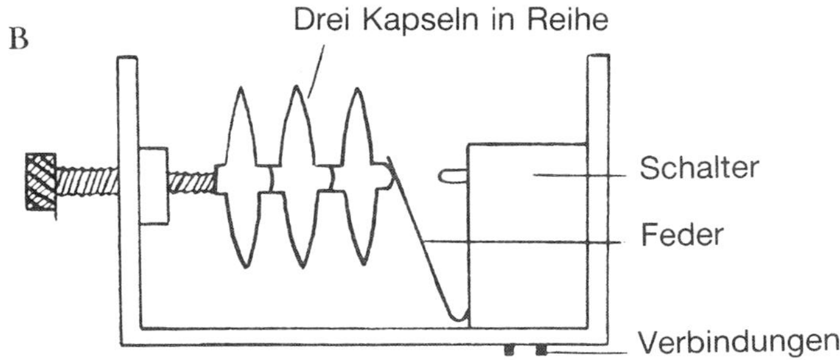

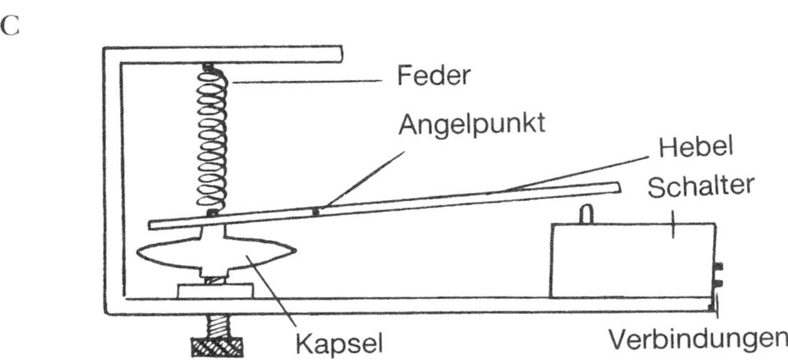

Abb. 9.2: Ätherkapsel-Thermostat

Woche wird ein Filz entfernt. Das gleicht die jetzt zusätzlich von den Eiern erzeugte Hitze aus und versorgt sie gleichzeitig mit wachsender Luftumwälzung.

Feuchtigkeitskontrolle

Das ist fast eine so große Kunst wie die Temperaturkontrolle. Es gibt extra Wassertabletts in der Maschine, aber es ist auch notwendig, eine hohe Luftfeuchtigkeit im Brutraum zu haben, indem man seinen Boden oft befeuchtet oder putzt oder sogar Behälter mit feuchtem Torf unter den Fenstern aufstellt. Die besser entwickelten, späteren Modelle haben in die Kamine Tröpfchenzufuhr von Wasser eingebaut. Das beste aber ist, die Eier mit warmem Wasser zu besprühen, sooft es nötig ist.

Das Wenden

Das Wenden wird üblicherweise mit der Hand durchgeführt.

Elektrische Flächenbrüter

Die Ölflamme durch ein elektrisches Element zu ersetzen, ist ganz einfach, und viele der alten Paraffinmodelle arbeiten auch mit dieser Veränderung noch gut weiter. Die Umstellung auf Elektrizität verändert aber auch die Charakteristik der Maschine, und viele Umstellungen waren deshalb erfolglos.

Das brennende Öl produziert Kohlendioxid und Wasser. Das wird dem Inkubator direkt durch die Heizrohre zugeführt. Heizt man aber die Luft mit einem elektrischen Element, produziert es weder Kohlendioxid noch Wasser, sondern hat den Effekt, daß es die Feuchtigkeit der beheizten Luft senkt. Kohlendioxid muß der Maschine zugeführt werden, indem man die Luftumwälzungsrate senkt und die Feuchtigkeit entweder des Raums oder der Machine ständig erneuert.

Die Einführung der Mikroschalter machte es möglich, die Heizungen nach innen in die Maschine zu verlegen und die Temperatur zu regulieren, indem man den Schalter an- und ausdrehte.

Thermostate

Der Thermostat ist der wichtigste Teil eines Inkubators Feuchtigkeit, Luftumwälzung und das Drehen der Eier kann alles routinemäßig von einer Person durchgeführt werden, aber sie kann nicht dauernd auf die Eier achten und alle paar Minuten die Heizung an- und ausstellen.

Also ist ein empfindlicher und verläßlicher Thermostat von entscheidender Bedeutung.
Viele der kleineren Inkubatoren verlassen sich immer noch auf ihre Ätherkapsel, obwohl diese von den Herstellern großer Maschinen schon lange außer acht gelassen wird. Sie sind in ihrer Regulation zu veränderlich und lassen leicht Fehler entstehen.

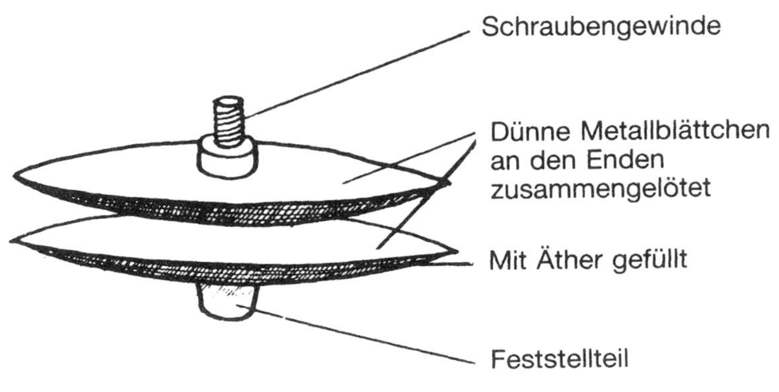

Abb. 9.3: Doppelätherkapsel

Die Ätherkapsel

Die Ätherkapsel enthält eine geringe Menge flüssigen Äthers, eingeschlossen in einem Metall. Das ist normalerweise aus zwei kleinen Blättern biegbaren Metalls gefertigt, die an den Ecken zusammengelötet wurden. Bei Erwärmung dehnt sich der Äther aus, vergrößert den Raum zwischen den beiden Blättern und hat genug Kraft, diesen Mechanismus auszuführen. Äther ist bei Raumtemperatur flüssig, aber bei Bruttemperatur wird er gasförmig. Wenn das Äthergas nicht unter Druck in der Kapsel wäre, würde es sich auch ausdehnen und dem Atmosphärendruck entgegenwirken, wodurch dann alle feststehenden Parameter geändert werden müßten. Zuviel Druck läßt es unempfindlich werden. Eine einzige Ätherkapsel, die direkt auf den Mikroschalter wirkt, wird oft durch eine zweite, billigere Ausführung unterstützt, aber die ist nicht sensibel genug. Die Empfindlichkeit kann man steigern, indem man zwei oder drei Kapseln miteinander oder über Hebel verbindet.

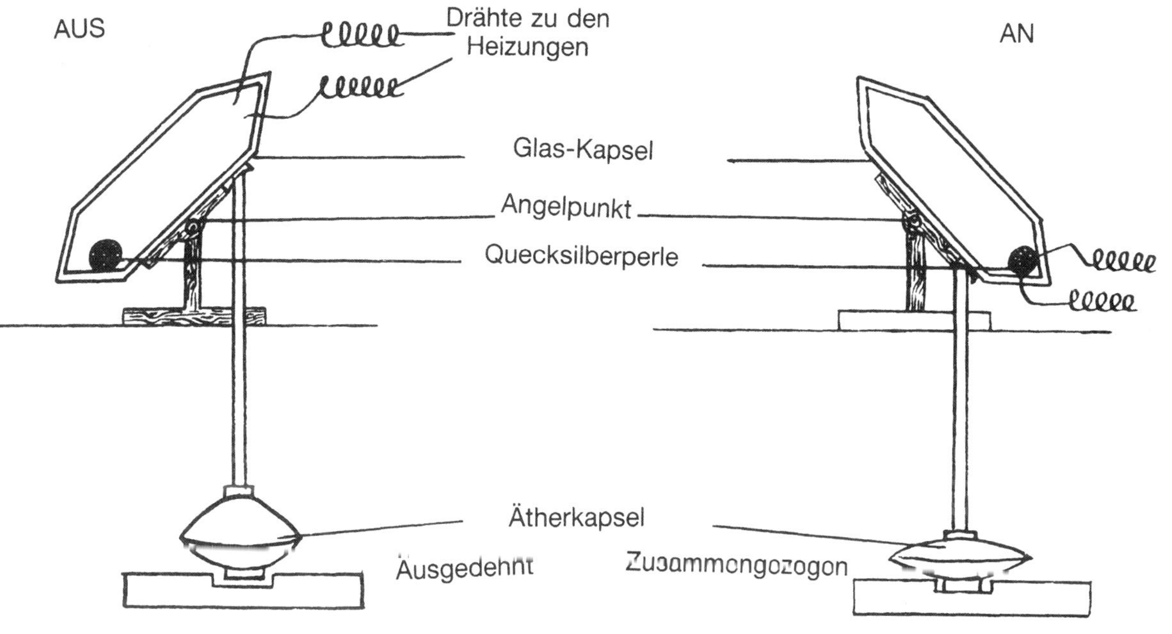

Abb. 9.4: Bewegen des Quecksilberschalters

Der Quecksilberschalter
Manche Maschinen benutzen eine Kapsel, um einen Quecksilberschalter arbeiten zu lassen. Das ist ein kurzes Stück versiegelten Glases, das eine Quecksilberperle in einem Vakuum enthält. Die Kontaktdrähte sind in das Glas eingeschweißt, so daß sie sich nicht berühren. Wenn man den Schalter kippt, rollt die Perle das Rohr hinunter, so daß sie beide Kontaktdrähte berührt und einen Kreislauf herstellt. Um empfindlich zu sein, können die Drähte nur einen begrenzten elektrischen Stromkreis aufnehmen, deswegen können sie nur für verhältnismäßig kleine Heizungen verwendet werden.

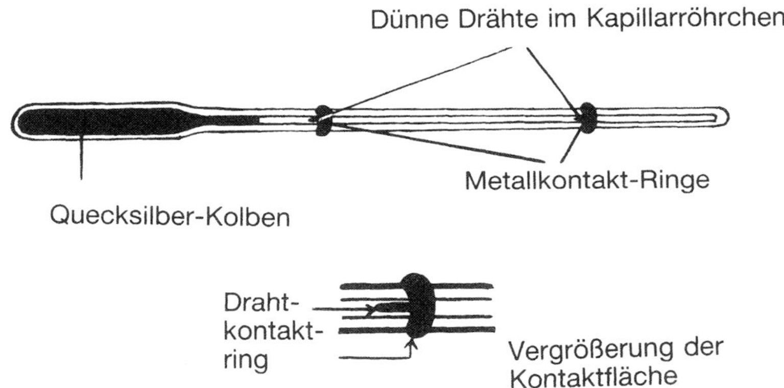

Abb. 9.5: Quecksilber-Kontakt-Thermometer

Das Quecksilberkontaktthermometer
Das Prinzip der Ausdehnung einer Flüssigkeit bei Erwärmung wird bei allen Quecksilberthermometern angewendet. Es ist ziemlich viel Quecksilber in einem Glaskolben, das sich in ein feines kleines Kapillarröhrchen ausdehnen kann. Kleine Temperaturveränderungen lassen das Quecksilber die Kapillare hinauf- und hinuntersteigen.
Wenn zwei kleine Drähte in dieses Röhrchen eingesetzt werden, von dem das eine immer Kontakt zu dem Quecksilber hat und das andere dort angebracht ist, wohin die Quecksilbersäule bei einer vorher bestimmten Temperatur steigen wird, können diese Drahtkontakte

dann als kompletter Stromkreis genutzt werden, sobald diese Temperatur erreicht ist.

Da aber der Strom nur oberhalb dieser Temperatur fließen kann und das Thermometer nur kleine Stromspannungen aushält, kann es nicht dazu verwendet werden, den Strom direkt zur Heizung zu schalten. Aber es kann ein Relais aktivieren, das die Heizung abschaltet. Wenn die Temperatur fällt, gibt das Quecksilber den Kontakt zu den Drähten auf und der Stromkreis zu dem Relais bricht ab und die Heizungen werden wieder eingeschaltet. Dieser Kreislauf mit Transformator, Kontaktthermometer und Relais wird bei den großen Maschinen im Handel sehr oft gebraucht.

Bei jeder elektrischen oder mechanischen Einrichtung muß eine gewisse Fehlerrate einkalkuliert werden, selbst wenn diese Fehler selten vorkommen. Wie man auf dem Schaltplan sehen kann, läßt jede schlechte Verbindung oder jeder Fehler in dem Stromkreis die Heizung weiterlaufen. In der warmen, feuchten Luft des Inkubators verrosten die Metallkontakte des Thermometers öfter, und das ist ein häufiger Grund für Überhitzung.

Durch die ständige Beanspruchung werden die Kontaktpunkte der Hauptrelais abgenutzt, so daß der Stromkreis über sie zu den Heizungen einen Bogen spannt. Dieser Bogen wirkt wie eine elektrische Schweißstelle und die abgenutzten Stellen können miteinander verschmelzen. Das ist eine andere, ziemlich häufige Ursache für die Überhitzung. Die meisten Inkubatoren, die das Kontaktthermometerprinzip benutzen, haben zusätzlich noch einen Überhitzungalarm eingebaut und zur Sicherheit eine Ätherkapsel und einen Mikroschalter. Viele sind mit Funkenunterdrückern ausgerüstet.

Eingebaute elektronische Temperaturfühler und -schalter

Bei einfachen Kontaktschaltern ist von einer großen Fehlerrate auszugehen. Die Fehlerrate von „Chips" ist wesentlich geringer, und die meisten großen Maschinen sind jetzt mit diesen kleinen Elementen ausgerüstet. Man erhält sie in verschiedenen Größen, Formen und Leistungsbereichen, aber alle sind in der Lage, ohne dabei Schaden zu nehmen, sich 50mal pro Sekunde an- und auszuschalten. Der am meisten verwendete heißt Triac.

Der Triac ist ein mehrschichtiges Gebilde aus speziell behandeltem Halbleitermaterial, meistens reines Silikon, das mit einer winzigen Spur Antimon oder Arsen versehen wurde, um den N-Typ, und mit Aluminium oder Indium, um den P-Typ herzustellen.

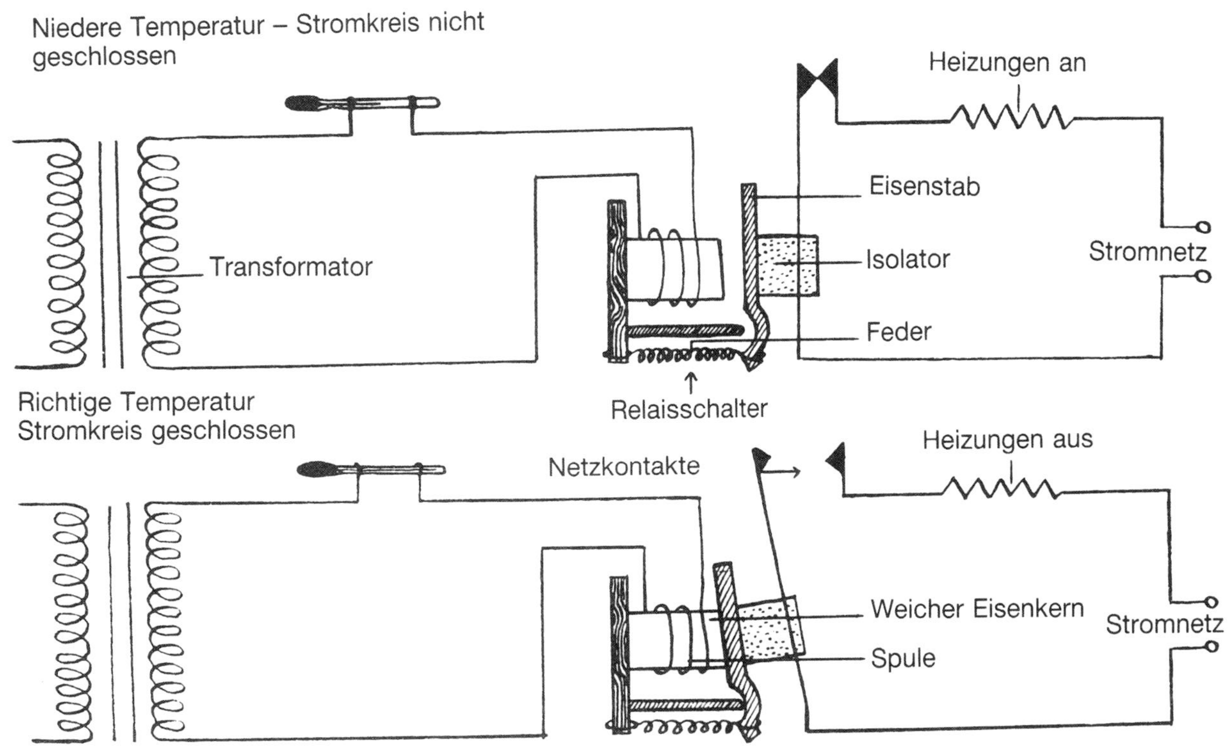

Abb. 9.6: Stromkreise, die mit Quecksilberkontakt-Thermometern arbeiten

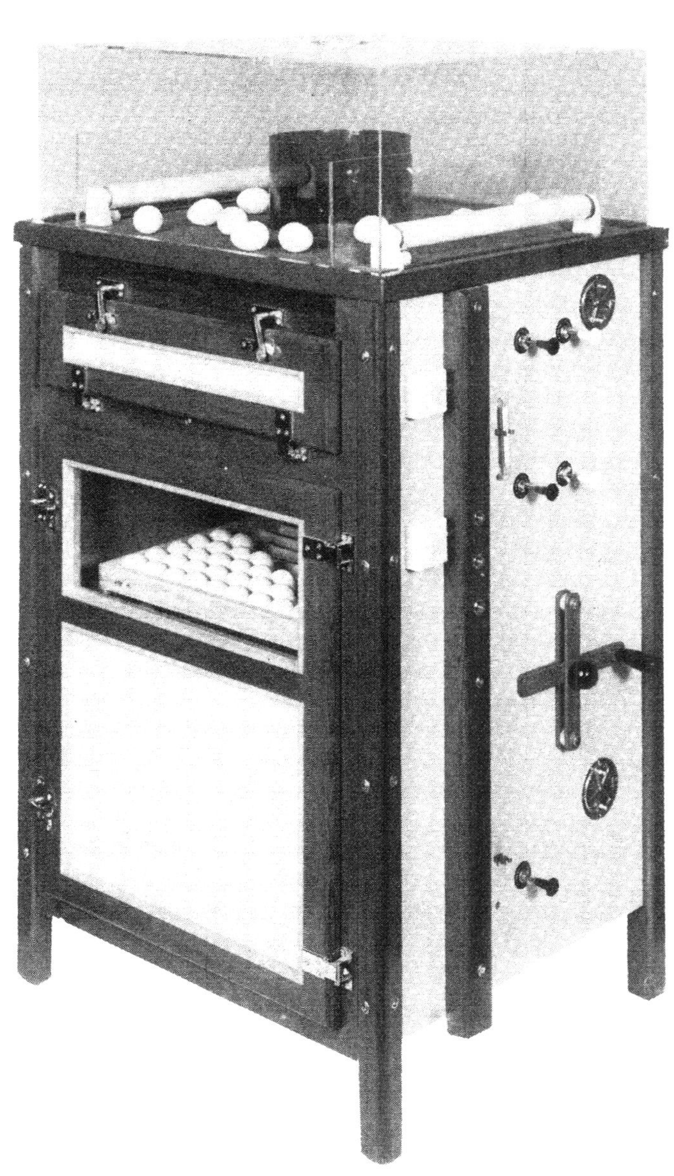

Abb. 9.7: Schaubrüter
(Werner Schumacher, Ing., Grünberg)

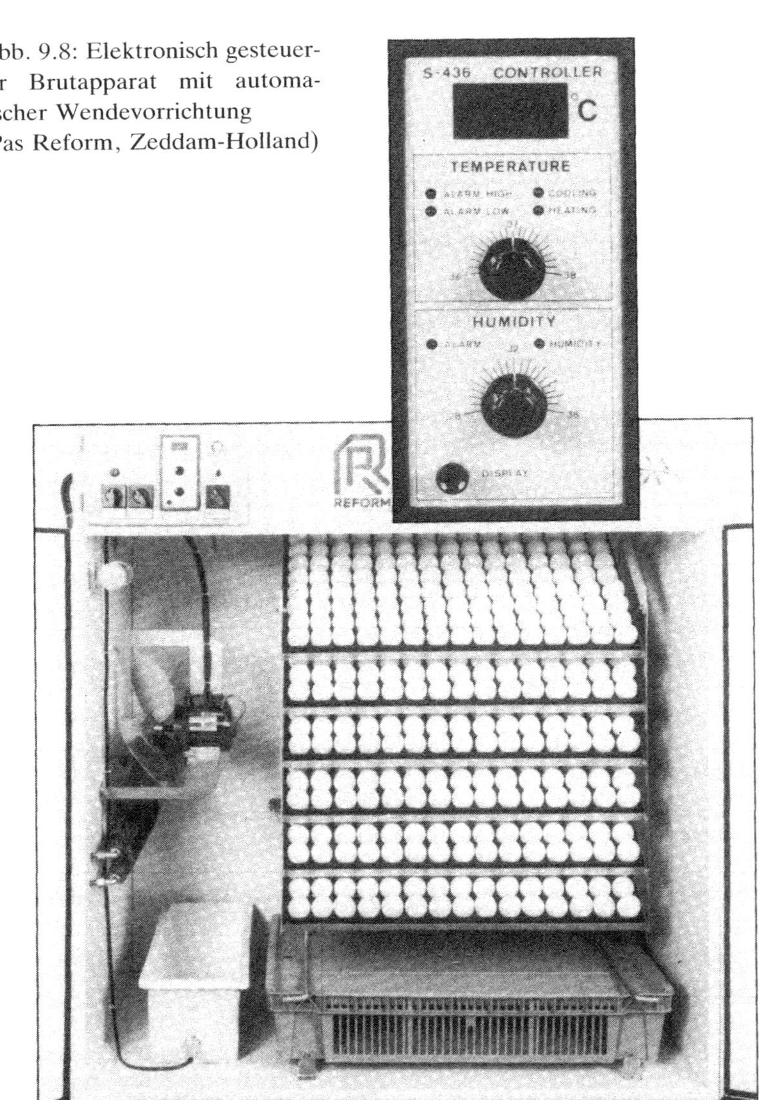

Abb. 9.8: Elektronisch gesteuerter Brutapparat mit automatischer Wendevorrichtung (Pas Reform, Zeddam-Holland)

Reines Silikon leitet den elektrischen Strom nicht. Aber eine Unregelmäßigkeit in seiner Kristallstruktur läßt es zum Stromleiter werden. Wird ein Plättchen vom P-Typ mit einem Plättchen vom N-Typ miteinander verbunden, kann der elektrische Strom nur in einer Richtung durch diese Verbindung fließen. Verschiedene Plättchen vom N und P-Typ Silikon, mit mehr als einer Verbindung lassen den Strom in keiner Richtung durch die Verbindungen fließen. Wenn dazu aber noch ein zweiter kleiner Strom durch eine der Verbindungen geleitet wird, wird der innere elektrische Widerstand durchbrochen, und die Einrichtung wird nun zum Leiter durch alle Verbindungen. Solange der Strom durch die entsprechenden Plättchen fließt, wird die Leiterfunktion aufrechterhalten. Sobald aber der Stromfluß abgeschaltet wird, wird die ursprüngliche Halbleiter-Funktion wieder zurückgewonnen. Diese Einrichtung ist der heute häufig vorkommende Transistor (Abb. 9.7). Der Triac kann als großer komplizierter Transistor angesehen werden, der in der Lage ist, mit elektrischen Stromnetzen zu arbeiten. Die Veränderung der Stromrichtung, die bis zu 50mal pro Sekunde auftritt, kann durch Hinzufügen eines zweiten kleinen Stromstoßes durch eine bestimmte Verbindung – Gate – reguliert werden. Der Strom fließt durch den Triac während einer fünfzehntel Sekunde und legt dabei den Weg eines einzigen Stromkreises zurück. Wiederholte Stromstöße ermöglichen den Stromfluß durch die Stromkreispole, solange das Gate durch die Regulation des kleinen Stromstoßes offengehalten wird. Der Strom zu dem Gate kann durch ein Quecksilber-Kontakt-Thermometer oder durch jeden anderen elektronischen Temperaturfühler ergänzt werden.

Elektronische Temperaturfühler

Zweifellos sind die genauesten, sensibelsten und verläßlichsten Thermostate die elektronischen. Die Methoden reichen vom ungeeigneten billigen und einfachen bis zum hochentwickelten, der Möglichkeiten der Temperaturkontrolle bis zu einem hundertstel Grad hat. Nur ein grober Überblick soll hier gegeben werden.
Alle elektronischen Methoden hängen von der bestimmten physikalischen Leitfähigkeit einer Substanz bei Temperaturveränderung ab, die elektrisch festgestellt werden kann. Diese Veränderung der Elektrizität wird dann benutzt, um einen Schaltermechanismus zu betätigen.

Thermoelemente

Werden zwei Stücke ungleichen Metalls, z. B. Kupfer und Chromnikkel, miteinander verbunden und ihre Verbindung erwärmt, wird ein kleiner Spannungsunterschied über dem Zwischenraum erzeugt.
Dieser Spannungsunterschied kann verstärkt und dazu verwendet werden, Schaltermechanismen oder Temperaturmessungen in Gang zu bringen. Bei Bruttemperaturen ist dieser Spannungsunterschied so

klein, daß das Thermoelement mehr bei der Temperaturkontrolle von Hochöfen verwendet wird, oder bei dem anderen Extrem, für sehr niedrige Temperaturen.

Halbleiterverbindungen
Bei allen Bestandteilen, die Silikon-Halbleiter-Verbindungen beinhalten, wie eine Diode oder ein Transistor, entsteht ein für die jeweilige Verbindung typischer Spannungsabfall von 0,6 Volt, wenn die Bindung leitet. Dieser Spannungsabfall ändert sich schnell bei unterschiedlicher Temperatur und kann benutzt werden, als Schalter zu arbeiten. Die Veränderlichkeit des Spannungsabfalls steht in einer ständigen Beziehung zur Temperaturveränderung, so daß sie oft für Temperaturmessungen gebraucht werden und die Grundlage für die meisten Thermometer bilden.

Bimetall-Einrichtungen
Diese werden für Aquarien und Raumtemperaturkontrollen verwendet, sind aber für Inkubatoren nicht empfindlich genug.

Thermistor / Halbleiter
Die Thermistorkugel wird normalerweise zur Temperaturkontrolle in Inkubatoren verwendet. Ihre elektrischen Widerstände verändern sich mit der Temperatur, die sehr genau gemessen werden kann. Thermistoren gibt es in verschiedenen Formen, sie sind aus Metalloxiden, wie Nickel, Zink, Kupfer und Mangan. Dieser Typ wird üblicherweise in Inkubatoren verwendet, deren Perle in Glas eingebettet ist.
Bei den meisten Thermistoren fällt der Widerstand, wenn die Temperatur steigt, aber es gibt auch annehmbare Typen, deren Widerstand mit dem Anstieg der Temperatur steigt.

Verstärkerstromkreis

Die Veränderungen der Spannung, die durch empfindliche Geräte bewirkt werden, sind minimal, sie werden in Einheiten von einem Tausendstel Volt gemessen. Diese winzigen Veränderungen müssen zu Spannungen verstärkt werden, die genügend hoch sind, um Relaisschalter oder Triacs arbeiten zu lassen.

Ausgeglichene Brückenstromkreise
Ein kleines Papierstück hat ein geringes, aber bestimmtes Gewicht. Es ist schwierig, es genau zu messen. Fällt das Papier auf eine Schale einer ausbalancierten, empfindlichen Waage, wird das sonst unscheinbare

Gewicht des Papiers die Waage aus dem Gleichgewicht bringen und die eine Schale niederdrücken. Die Bewegung der Schale kann man gut erkennen.

Die Wheatstone'sche Brücke ist so eine fein austarierte elektrische Waage. Die vier elektrischen Widerstände sind miteinander verbunden, wie in Abb. 9.9 gezeigt ist, und die Stärke der Widerstände so eingestellt, daß die Brücke im Gleichgewicht ist und Punkt A und B die gleiche Spannung haben. Zwischen diesen beiden Punkten wird in diesem Stadium kein Strom fließen. Mathematisch ausgedrückt sieht das folgendermaßen aus:

$R_1/R_2 = R_3/R_4$

Wenn im Gleichgewichtspunkt R_4 leicht erhöht wird, fließt ein Strom von Punkt B zu A. Wenn er leicht erniedrigt wird, fließt der Strom von A zu B.

Wenn jetzt R_4 die thermistor-empfindliche Perle ist, R_1 eine veränderliche Kontrolle und R_3 und R_2 festgelegt sind, kann die Brücke bei einer vorher festgesetzten Temperatur ins Gleichgewicht gebracht werden. Wenn die Perle kühler als die gewünschte Temperatur fühlt, fließt der Strom von B nach A, sobald die gewünschte Temperatur erreicht wird, fließt kein Strom, und wenn sie überschritten wird, fließt der Strom von A nach B.

Der Strom, der von A nach B fließt, führt durch einen Transistor oder bewegt einen Verstärker, und wie beim Wasserhahnprinzip wird dadurch ein anderer Stromkreis in Gang gesetzt, der auf den Schaltmechanismus der Heizungen wirkt. Sobald die Brücke im Gleichgewicht ist, schaltet sich der Strom zu den Heizungen ab. Negativer Strom von B nach A wird den Anfangstransistor oder den Verstärker nicht in Gang bringen.

Veränderungen in den Widerständen des Transistors verursachen Spannungsänderungen von etwa ein siebenmillionstes Volt und diese können benutzt werden, um die Heizungen an- und abzuschalten.

Das ist nun nicht ganz so großartig, wie es klingt, da Spannungsveränderungen ähnlicher Größenordnung durch die Rundfunkwellen zwischen einem Fernseher und der Erde verstärkt werden, um Lautsprecher überall im Land funktionieren zu lassen.

Spannungsregulation

Da nur ganz kleine Spannungen genügen, die Brücke aus dem Gleichgewicht zu bringen, ist es anscheinend erforderlich, sie mit einer

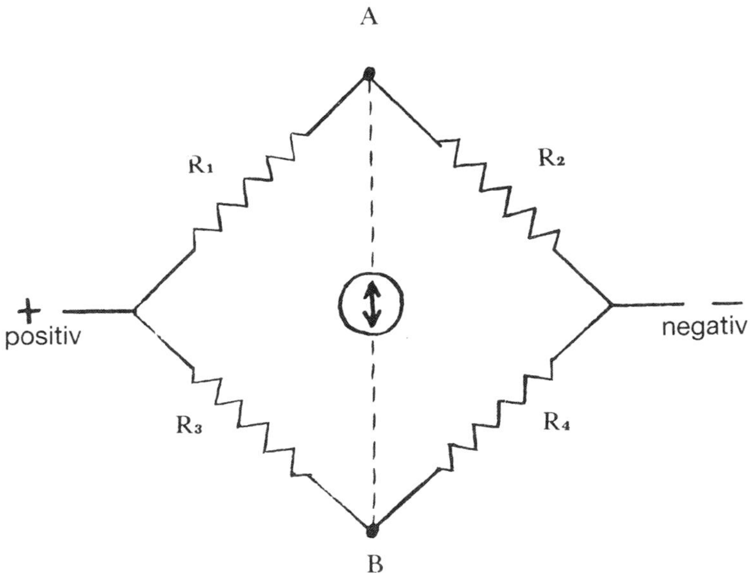

Abb. 9.9: Wheatstone'sche Brücke

ständigen Spannung zu versehen. Diese eigentümlichen Spannungen sind kleiner als die Veränderungen, die man braucht, um die Brücke aus dem Gleichgewicht zu bringen. Es ist ebenso notwendig, Hochspannungsveränderungen in Kabeln, Transformatoren etc. innerhalb der Stromversorgung auszuschließen.

Andere elektronische Methoden

In der Literatur werden unzählige andere Methoden beschrieben, wie man kleine Spannungsveränderungen ausnutzen kann, um Schalter zu bedienen. Einige der ersten Methoden waren vor allem mit einem hohen Preis verbunden, aber ihre Genauigkeit und Empfindlichkeit ließen zu wünschen übrig. Eine der billigsten war sehr gut, aber wenn die Kontrollfunktionen nicht mehr gut funktionierten, fiel die Hauptspannung stark ab. Die Benutzer von Brutschränken bemerkten manchmal, daß bei der Erwärmung ihres Essens in der Küche auch die Temperatur im Inkubator anstieg. Dieser eigentümliche Fehler bei einem der ersten Geräte hat viele überzeugte Verbraucher sehr befremdet.

Sicherheit und Verhinderung von Unfällen
Da eigentlich alle Bestandteile des empfindlichen Stromkreises klein und ziemlich empfindlich sind, kann der zufällige Durchfluß eines Hauptstroms sowohl für das Gerät als auch für den Benutzer sehr riskant sein. Um diese potentielle Gefahr in der feuchten Atmosphäre des Inkubators zu vermeiden, kann die empfindliche Seite des Gerätes vollkommen von der Schaltseite isoliert werden und nur durch einen Lichtstrahl miteinander verbunden sein. Eine Diode, die von der empfindlichen Seite einen Lichtstrahl aussendet, ist von einem isolierenden Material umgeben, das einer photoelektrischen Zelle anhaftet. Der Strom von der photoelektrischen Zelle wird verstärkt, um den Stromkreis des Triacs zu öffnen.

Heizelemente

Alle Heizelemente bestehen aus einem langen Widerstandsdraht, der Hitze ausstrahlt, wenn der Strom durch ihn fließt. Einige liegen bloß, andere sind durch einen Silikonschlauch geschützt, und wieder andere in ein geerdetes Metallblatt mit trägem Isolierpulver gebettet. Die Hitze, die abgegeben wird, wird in Watt gemessen.
Die Größe und die Aufstellung der Heizungen ist ein wesentlicher Faktor in jedem Inkubatorbau. Flächenbrüter haben Heizungen mit einer niedrigen Wattzahl. Sie sind weit voneinander entfernt aufgestellt, um eine möglichst gleichmäßige Wärme zu liefern. Bei Maschinen, die durch einen Ventilator unterstützt werden, wird die Verteilung der Wärme durch die Luftbewegung, die aus einem kleineren, kräftigeren Gerät stammt, vorgenommen.

Hysteresis
(Nachwirkung einer einwirkenden Kraft nach deren Ausschaltung)
Die Kontrolle der Temperaturempfindlichkeit ist nicht nur von der dem Thermostaten eigenen Empfindlichkeit abhängig, sondern auch von der Zeit, die die empfindliche Einrichtung braucht, um zu reagieren, der Entfernung der empfindlichen Einrichtung zur Heizung, der Zeit, die die Wärme braucht, um den Sensor zu erreichen, und der relativen Wärmeentwicklung im Vergleich zur Größe des Inkubators. In jedem Inkubator entsteht ein unvermeidbarer Zeitverzug zwischen dem Thermostaten, der nach Wärmeproduktion verlangt, und der Reaktion der Heizungen, bis sie die Hitze liefern können. Andersherum, wenn die Heizungen ausgeschaltet werden, brauchen sie eine bestimmte Zeit, um abzukühlen, und liefern somit zuviel Wärme.

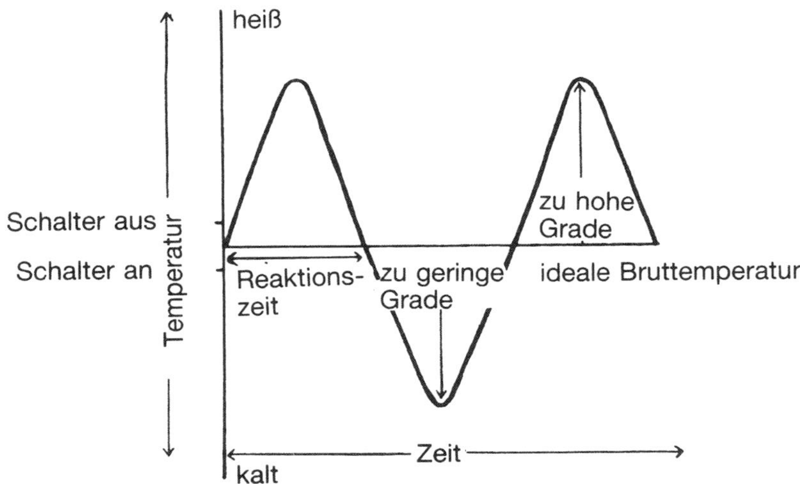

Abb. 9.10: Wirkung auf die Inkubatortemperatur durch die verzögerte Heizreaktion über den Thermostaten

Bei der Ätherkapsel und den relativ großen Heizungen einiger kleiner Flächenbrüter können Temperaturunterschiede bis zu 5,5 °C zwischen ihrem An- und Abschalten auftreten, vor allem, wenn sie gerade geöffnet worden sind. Das ist für die Eier alles andere als gut.
Je näher der Thermostat bei den Heizungen angebracht ist, desto schneller wird er reagieren. Das ergibt eine hervorragende Temperaturkontrolle rings um die Heizungen, aber wenn die Eier in einiger Entfernung davon gesetzt sind und die Isolation der Maschine nicht 100%ig funktioniert, kann die Eitemperatur erhebliche Schwankungen innerhalb der Raumtemperatur erfahren. Ist der Thermostat zwischen den Eiern angebracht, kann die Wärmeeinstellung unterschiedlich lang verzögert sein.

Feuchtigkeitskontrolle in einem elektrischen Inkubator

Alle Inkubatoren benötigen zusätzliches Wasser und es gibt zahlreiche Methoden, wie man es in den richtigen Mengenverhältnissen dazugeben kann. Man kann die Größe der Wasserbehälter verändern und damit wird die Oberfläche des Wasserspiegels und so auch die Feuch-

tigkeit geändert. Füllt man die Wassertabletts in bestimmten Zeitabständen und läßt sie zwischendurch austrocknen, erhält man das gleiche Ergebnis.
Die Wassertabletts mit einem Gefälle haben eine größere Wasseroberfläche, wenn sie voll sind. Die Oberfläche kann man also durch einen unterschiedlich hohen Wasserspiegel auf dem Tablett verändern. Er kann konstant gehalten werden, wenn man einfach eine umgedrehte Flasche mit einer Tülle hineinhängt. Das Wasser kann nur dann aus der Tülle herausfließen, wenn der Flüssigkeitsspiegel auf dem Tablett so weit absinkt, daß Luft in die Flasche kommen kann. Sobald das gewünschte Niveau erreicht ist, kann kein weiteres Wasser mehr nachfließen.
Obwohl die Feuchtigkeitskontrolle durch die Größe der Wasseroberfläche leicht und billig ist, steht sie in keinem Bezug zu der vorherrschenden Atmosphärenfeuchtigkeit, die die relative Luftfeuchtigkeit in dem Inkubator sehr stark beeinflußt. Es ist daher wichtig, das Wetter,

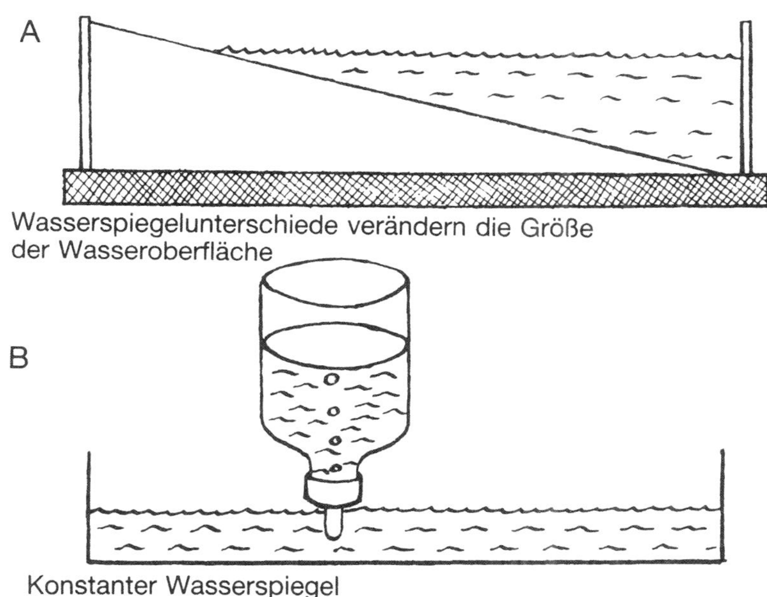

Abb. 9.11: Feuchtigkeitskontrolle bei Benutzung von schrägen Wasserbehältern

die Eier und die Oberfläche des Wasserbehälters immer genau zu beobachten, um gute Ergebnisse zu erhalten. Viele der guten oder schlechten Resultate einer Brutsaison können direkt der natürlichen Luftfeuchtigkeit zugeschrieben werden, obwohl die Wasserbehälter immer richtig gefüllt waren. Die richtige relative Luftfeuchtigkeit kann nur beibehalten werden, wenn sie korrekt gemessen wird und Wasser entsprechend seinem Bedarf zugefügt wird.

Die Messung der relativen Luftfeuchtigkeit

Die Haarhygrometer und die farbveränderlichen Hygrometer geben grob eine Auskunft darüber, ob es in dem Inkubator zu feucht oder zu trocken ist. Sie sind aber nicht genau genug, um eine grundlegende Richtlinie über die Bedingungen in dem Inkubator zu geben, außer man hat eines der sehr teuren Modelle gekauft.

Da die Zeitspanne ihrer Reaktion etwa eine halbe Stunde beträgt, können sie nicht als Kontrolle für die Wasserzufuhr in der Maschine herangezogen werden.

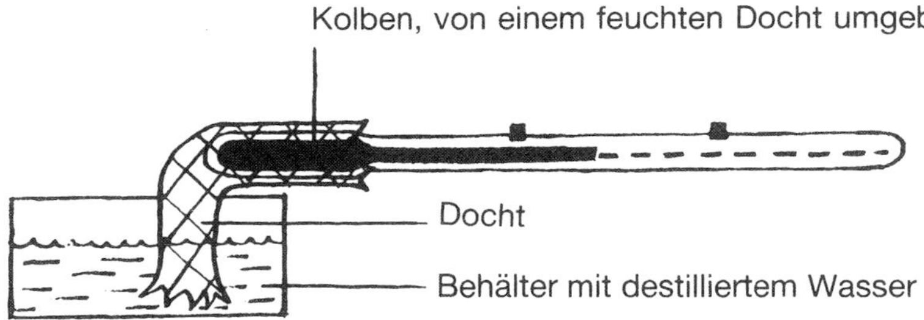

Abb. 9.12: Feuchtigkeitskontrolle durch die Naßkolbenmethode

Die Entwicklung neuer elektronischer Sensoren klingt vielversprechend, sie sind aber immer noch zu teuer und zu unerprobt, um für den alltäglichen Gebrauch verwendet zu werden.

Als einzig praktikable, billige und verläßliche Methode ist das Naßkolben-Prinzip anzuwenden, entweder mittels eines Kontaktthermometers oder einer Sensorperle. Der elektrische Stromkreis ist der gleiche, der zur Heizungskontrolle genommen wird. (Abb. 9.13)

Das Wasser kann entweder durch Besprühen der Luft zugegeben werden oder durch ein leichtes Eintröpfeln in einem Verdunstungs-

bereich. Es wird dann eine Solenoidklappe verwendet, um den Wasserfluß zu regulieren.
Die Solenoidklappe arbeitet auf dem gleichen Prinzip wie die Heizungsrelais, außer eines weichen Eisenkerns, der magnetisiert wird, wenn die Rolle energetisch wird. Dieser Kern ist in einem wasserdichten Messingschlauch eingeschlossen und ein Gummipflock in seinem unteren Ende bringt entweder den Wasserfluß in Gang oder stoppt ihn, je nachdem, wie er gerade eingestellt ist.

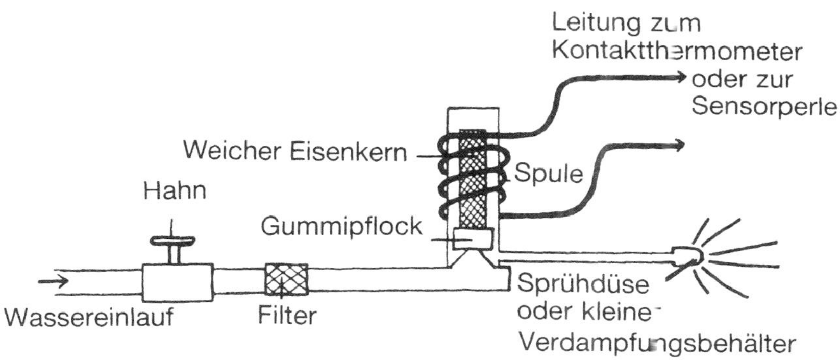

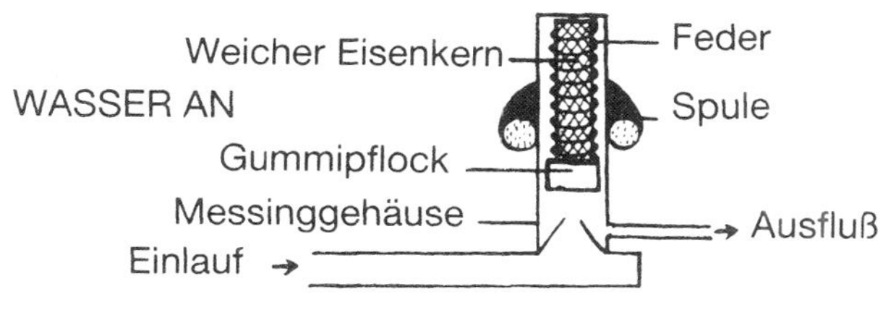

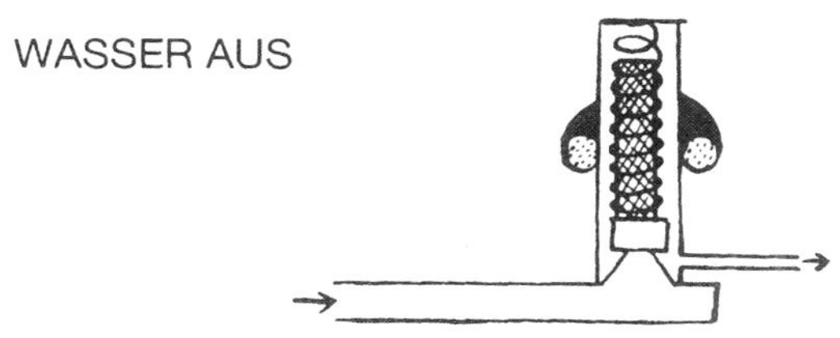

Abb. 9.13: Die Solenoid-Klappe

Wendemechanismen

Das Wenden mit der Hand

Das ist die älteste und einfachste Methode. Jedes Ei wird an einer Seite mit einem X, auf der anderen mit einem O markiert, und man kann so sichergehen, daß man kein Ei vergessen hat zu drehen. Dreht man jedes Ei ein paarmal täglich, ist das eine sehr langweilige Arbeit, vor allem, wenn es mehr als nur ein paar Eier sind. Fehler, die man an einem einzigen Tag während des Wendens macht, können später Konsequenzen beim Schlupf haben.

Halbmaschinelles Wenden

Es gibt einige geniale Methoden, viele Eier auf einmal zu wenden. Zwei sind hier auf einem Bild gezeigt (Abb. 9.14).

1. Die Eier liegen auf einer Seite auf Rollbalken, die an einem hölzernen Schieber sitzen; durch Stoßen und Ziehen des ganzen Schiebetabletts werden die Eier gedreht.

2. Die Eier liegen auf der Seite auf einem Maschendrahthorden. Ein beweglicher Drahtschnurrahmen, mit einer einfachen Stoß-Zieh-Einrichtung, rollt die Eier jedesmal, wenn er bewegt wird. Jedes Tablett mit seinem Drahtrahmen kann nur eine bestimmte Eiergröße aufnehmen.
Werden die Eier senkrecht auf das Tablett gesetzt und dieses um 45° geneigt, wird eine Oberfläche nach oben gedreht. Neigt man es wieder in die Senkrechte und anschlißend in die entgegengesetzte Richtung um 45°, wird das Ei sehr wirkungsvoll gewendet (Abb. 9.15).
Das gleiche Ergebnis erhält man, mit noch weniger Erschütterung der Eier, wenn man sie zusammenpackt, das spitze Ende nach unten, und das ganze Tablett um 45° dreht.

Das automatische Wenden

Die Elternvögel haben uns gezeigt, daß sie ihre Eier alle 30 Minuten wenden. Große Kükenproduzenten haben herausgefunden, daß stündliches Wenden die besten Ergebnisse liefert. Die Eier so oft mit der Hand zu drehen, ist nahezu unmöglich. Daher haben alle großen Inkubatoren automatische Wendeeinrichtungen eingebaut, die das sich neigende Eihorden-Prinzip verwenden.
Fassen Inkubatoren tausend Eier oder weniger, sind die Horden in einem starren Rahmen eingesetzt und der ganze Rahmen bewegt sich

A

B

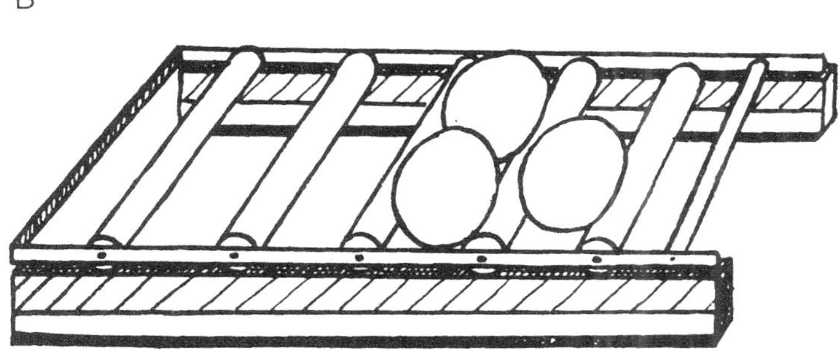

Abb. 9.14: Halbmaschinelles Wenden

um eine zentrale Achse hin und her. Die Bewegung wird durch einen elektrischen Motor betrieben, der eine bestimmte Geschwindigkeit einhält und mit der Zentralspindel entweder durch eine Noppenwelle oder duch Riemen verbunden ist. Eine Zeituhr bestimmt das Wenden und schaltet den Motor wieder ab, wenn der gewünschte Neigungswinkel erreicht ist.

Bei Inkubatoren, die mehrere tausend Eier enthalten, sind die Hordenreihen paarweise angebracht, und die Rahmen sind nicht starr, sondern gewinkelt. Wenn man eine Schnur in der Mitte des Rahmens auf- und abbewegt, neigen sich die Tabletts. Die Kontrolle wird ähnlich wie zuvor durch eine Zeituhr und einen Schalter durchgeführt. Die Mittelschnur wird normalerweise durch eine Zahnstange und ein

Antriebsrad bewegt, wobei alle Horden durch einen großen gemeinsamen Motor und eine gemeinsame Noppenwelle miteinander verbunden sind.

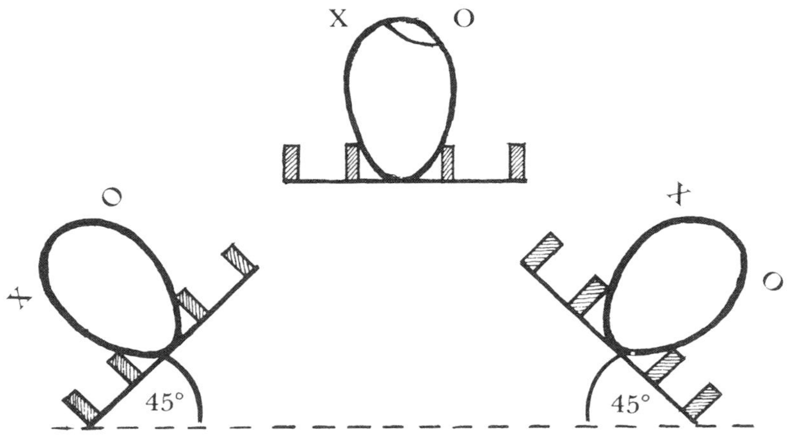

Abb. 9.15: Wendeeffekt bei senkrecht stehenden Eiern

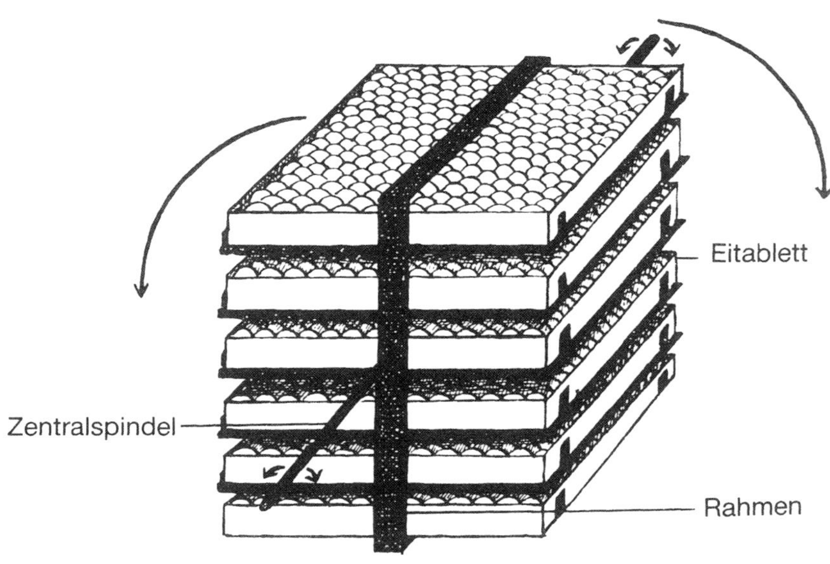

Abb. 9.16: Automatischer Wender

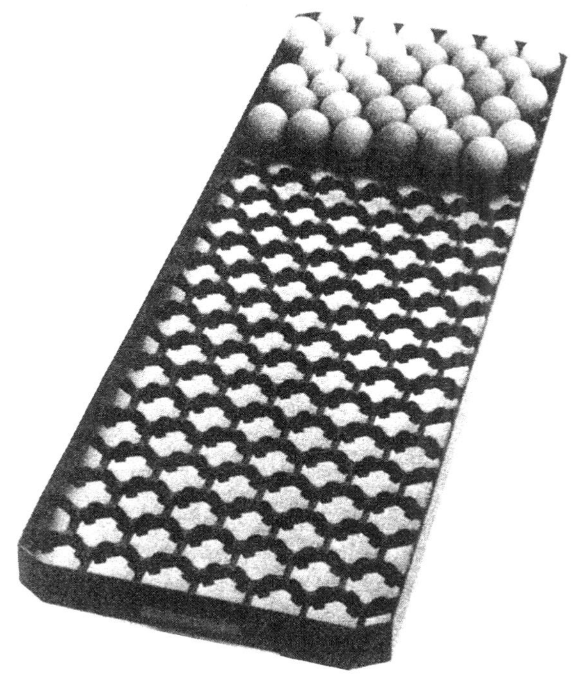

Abb. 9.17: Eihorde, mit einer Halterung für jedes Ei

Abb. 9.18: Weitere Methode halbmaschinellen Wendens. Die Eier stehen mit der Spitze auf einem Drahtgeflecht und das Gitter bewegt sich vor- und rückwärts

Ventilation

Die Luftumwälzung über den Eiern ist der entscheidende Faktor bei der Konstruktion eines Brutapparates. In Flächenbrütern wird die Luft durch Konvektion bewegt. Eine gleichmäßige Verteilung der Wärme wird in manchen kleinen Tischmodellen durch die Einrichtung eines Ventilators erreicht.

Abb. 9.19: Motor für große Western-Putenbrutschränke

Abb. 9.20: Sehr großer automatischer Wender

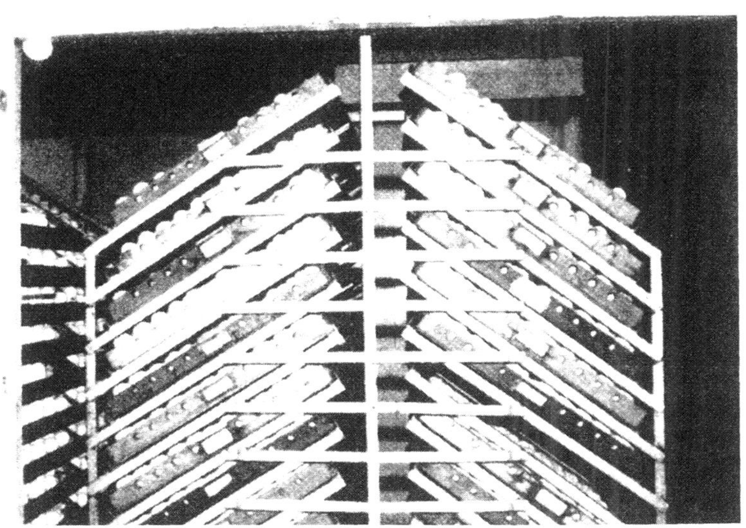

Abb. 9.21: Horden 45° geneigt

In Schrankinkubatoren muß eine sehr große Anzahl von Eiern gleichzeitig bebrütet werden, sie enthalten mehrere Eireihen und die ganze Maschine muß auf eine einheitliche Temperatur eingestellt werden. Die Luft wird durch Ventilatoren oder Propeller umherbewegt, und der Drehvorgang läuft entweder mechanisch oder automatisch ab.
Umfangreiche Bebrütung von Hunderttausenden von Eiern wöchentlich wird heutzutage in begehbaren Maschinen ausgeführt, in denen der ganze Raum bei Brutbedingung gehalten wird. Schwere Plastikvorhänge hängen neben den Eireihen und leiten den Luftstrom von den Gängen zur Decke. Schon vorher wird die Luft in Kammern erwärmt und befeuchtet und dann erst zu den Eiern weitergeleitet. Ein Teil der Luft zirkuliert wieder zurück und der andere Teil wird durch Öffnungen herausgepumpt.

Kapitel 10
Die Technik der Kunstbrut

Der Brutraum

Die Umgebung in einem Inkubatorraum ist fast so wichtig wie die Umgebung in dem Inkubator selbst. Es ist viel einfacher eine konstantes Klima in einem Ziegelsteinbau mit einer guten Isolierung beizubehalten, als es in einem kleinen, zugigen Holzschuppen der Fall ist. Deshalb wird dem Leser geraten, einen Brutraum zu wählen, der die ganze Zeit über eine bestimmte Temperatur hält.

Die Temperatur

Es ist eine gleichmäßige Temperatur von 15–21 °C notwendig. Die Schwankungen zwischen Tag- und Nachttemperaturen können leicht mit einem Maximum – Minimum – Thermometer festgestellt werden und bei einer Abweichung von mehr als 5,0 °C sollte der Raum besser isoliert werden oder mit einer Thermostat-Kontrollheizung ausgestattet werden. Wenn die Temperatur über 21,0 °C steigt, ist ein Entlüftungs-Ventilator mehr als nur nützlich. Das Befeuchten des Fußbodens verringert schnell die Raumtemperatur, außerdem erhöht es die Luftfeuchtigkeit. Man sollte es sich als tägliche Aufgabe machen, die maximalen und minimalen Temperaturen zu messen und zu notieren.

Die Feuchtigkeit

Die Feuchtigkeit in dem Inkubatorraum sollte soweit wie möglich gleich gehalten werden. In Maschinen mit einer automatischen Feuchtigkeitsversorgung, die durch ein sensibles Gerät reguliert werden, wird jede Veränderung im Feuchtigkeitsgehalt der Atmosphäre automatisch durch die Maschine korrigiert. In allen anderen Inkubatoren, in denen die Feuchtigkeit der Atmosphäre nicht ausgeglichen wird, herrscht deren Feuchtigkeit vor. Ein Bereich in der Maschine, in dem ständig Wasser verdunsten kann, verleiht ihr eine konstante Feuchtigkeitsrate, aber nicht immer entspricht diese dem notwendigen Bedarf. Die natürliche Luftfeuchtigkeit ist in einem tiefen, feuchten Tal höher als auf dem Gipfel eines Berges. Auch im zeitigen Frühjahr ist der

Abb. 10.1: Das Innere eines Entenbrutraumes

natürliche Feuchtigkeitsgehalt höher als im Hochsommer. Ein einfaches Hygrometer für einen Inkubatorraum gibt ausreichende Information über die relative Luftfeuchtigkeit und hilft bei der Entscheidung, ob mehr Wasser zugefügt werden soll oder nicht.

Ventilation

Die Luftumwälzung ist wesentlich, vor allem, wenn sehr viel Eier bebrütet werden. Die Maschinen entnehmen die frische Luft dem Raum und geben die verbrauchte wieder in ihn ab. Wenn der Raum stickig ist, kann das die Eier nachteilig beeinträchtigen.

Es sollte auch kein direktes Sonnenlicht auf die Maschine fallen, da die Eier sonst in sehr kurzer Zeit überhitzt werden könnten.

Hygiene

Schmutz ist immer ein Träger von Krankheitserregern. Der Inkubatorraum sollte so sauber wie ein Babybett gehalten werden, und eigentlich ist es ja auch nichts anderes. Wenn einmal ein Keim in den Inkubator gelangt ist, kann er sich über Nacht millionenfach vermehren. Die Keime können durch schmutzige Eier, Eikörbe, Hände oder mit der

Abb. 10.2: Das Innere eines Schlupfraumes.
Herausnehmen der geschlüpften Küken.

Kleidung eingeschleppt werden. Ratten, Mäuse, Fliegen, Schaben etc. sind alle Verbreiter von Krankheiten und sollten nicht in den Raum eindringen können.

Oft wird der Brutraum als geeigneter Platz betrachtet, um dort tote oder kranke Tiere unterzubringen und noch viele andere unhygienische Dinge. Das ist sicherlich kein guter Weg. In dem Inkubatorraum sollte ausschließlich die Bebrütung durchgeführt werden. Wenn nur eine kleine Maschine benutzt wird, ist es manchmal besser, den Haussegen etwas schief hängen zu lassen und diese Maschine in der Küche aufzustellen, wenn sonst nur ein kleiner Gartenschuppen vorhanden ist und man somit schlechte Schlupfergebnisse riskieren würde. Bei einer der ersten Maschinen, die der Autor gebaut hatte, bekam er im ersten Jahr, 1976, spektakuläre Schlupfergebnisse. Diese Maschine war in einem kleinen, türlosen Holzschuppen im Garten unter einem riesigen Baum aufgestellt worden. In diesem Jahr war es sehr heiß und sonnig. Im darauffolgenden Jahr, das außerordentlich kalt und naß war, waren die Schlupfraten katastrophal. Sie konnten erst verbessert werden, nachdem die Maschine in einen eigenen Raum in einem alten Ziegelsteingebäude mit einem gedeckten Dach untergebracht wurde. Bei zwei dieser Maschinen, die beim Wildfowl Trust in Slimbridge stehen, fand man heraus, daß sie überhaupt kein Wasser brauchen. Die Feuchtigkeit in dem Inkubatorraum war durch die vielen Eier und das routinemäßigen Waschen des Fußbodens ausreichend hoch.

Die Behandlung der Eier vor der Bebrütung

Die Behandlung, die den Eiern zukommt, bevor sie in den Brutschrank gesetzt werden, kann schon entscheiden, ob Küken schlüpfen werden oder nicht. Das ist eine der Schlüsselstellen bei einer erfolgreichen Bebrütung. Viele der späten Todesraten der Embryonen können direkt einer falschen Behandlung vor dem Einsetzen der Eier zugeschrieben werden.

Das Sammeln der Eier

Die Eier aller Hausgeflügelarten, Fasanen und Wachteln sollten so schnell wie möglich nach dem Legen aufgesammelt werden, damit sie nicht unbeachtet herumliegen. Beim Wassergeflügel ergibt sich ein größeres Problem, da zu große Unruhe sie stört. Wenn das Nest anscheinend unbeachtet ist, ist es besser, das ganze Gelege auf einmal zu entnehmen; wenn das nicht der Fall sein sollte, ist es ratsamer, die Eier Tag für Tag zu entnehmen und durch Attrappen zu ersetzen.
Je schneller das Ei auf Lagertemperatur abgekühlt wird, desto besser wird es sich halten. Wenn Eier eine Zeitlang in der Sonne liegen, beginnen sie schon langsam mit ihrer Entwicklung, was sie dann später schädigen oder abtöten kann. Die langsamere Abkühlung bis nahe dem Gefrierpunkt ist nicht allzu schädlich, wenn das Ei nicht gerade gefroren ist und zerbricht, aber eine längere Kühlung ist nicht gut für das Ei.

Das Säubern der Eier

Saubere Eier aus einem Nest sollten in einem anderen Behälter gesammelt werden als schmutzige Eier und wenn möglich auch getrennt aufbewahrt werden.
Viele große Konzerne setzen dreckige Eier überhaupt nicht zum Bebrüten ein, weil sie eine geringere Schlupfrate hervorbringen und die Gefahr einer eingeschleppten Krankheit in den Inkubator durch faulige Eier stark erhöht wird. Saubere Eier werden direkt in den Lagerraum gebracht, sie sollten aber auf jeden Fall von den anderen getrennt gehalten werden. Die schmutzigen werden mit einem Sandpapier trocken gereinigt und dann mit einer desinfizierenden Seifen-

Abb. 10.3: Der Autor beim Schieren der Eier

lösung gewaschen. Die Anweisungen des Herstellers bezüglich Zeit, Temperatur und Konzentration sind genau zu befolgen. Nach dem natürlichen Trocknen auf einem Drahtgestell können sie zu den anderen Eier in den Lagerraum gelegt werden.

Die Sterilisation vor der Bebrütung

Es ist umstritten, ob eine weitere Sterilisation der Schale vor der Lagerung nötig ist oder nicht, aber alle Kükenbrütereien benutzen Formaldehyd in diesem Stadium. Für Gänseeier wird ultraviolettes Licht verwendet, da es sich herausgestellt hat, daß das die Schlupfraten dieser Eier enorm steigert. Einer der größten Putenproduzenten in England hat einen großen Profit dadurch erreicht, daß er die Eier nach dem Waschen in einen Vakuumbehälter mit Antibiotika darin gelegt hat. In den meisten Fasanerien werden nur die schmutzigen Fasaneneier gewaschen und sterilisiert, man taucht aber alle Enteneier vorsichtshalber in eine seifige Desinfektionslösung ein oder wäscht sie damit.

Die Lagerung

Die Eier sollten nicht länger als eine Woche vor dem Einsetzen gelagert werden. Lagert man die Eier bei einer Temperatur von 21,0 °C in dem Inkubator, wird das zu Problemen führen. Der Bau eines eigenen Eilagerraums wird sich schon in der ersten Saison auszahlen. Dieser sollte bei 12,0–13,0 °C und 70%iger Luftfeuchtigkeit gehalten werden. Notfalls reicht dazu die untere Hälfte eines ausgedienten Kühlschranks aus dem Haushalt aus. Sind keine geeigneten Lagerräume vorhanden, ist es klüger, die Eier überhaupt nicht zu lagern, man nimmt damit in Kauf, daß die Küken eines nach dem anderen schlüpfen. Auf diese Weise geht man der ganzen Lagerung aus dem Weg.

Das Einsetzen der Eier

Egal, welche Brutschrankmarke man benutzt, die Schlupfergebnisse sollten zufriedenstellend sein, wenn man die entsprechenden Bedingungen befolgt hat. Man sollte die Eier über Nacht langsam auf Raumtemperatur bringen, bevor sie in den Brutschrank kommen. Die Gebrauchsanweisungen bezüglich Temperatur, Luftfeuchtigkeit, Ventilationsöffnungen und der Anzahl und der Größe der Filze, dem Isoliermaterial, etc. müssen genau beachtet werden.

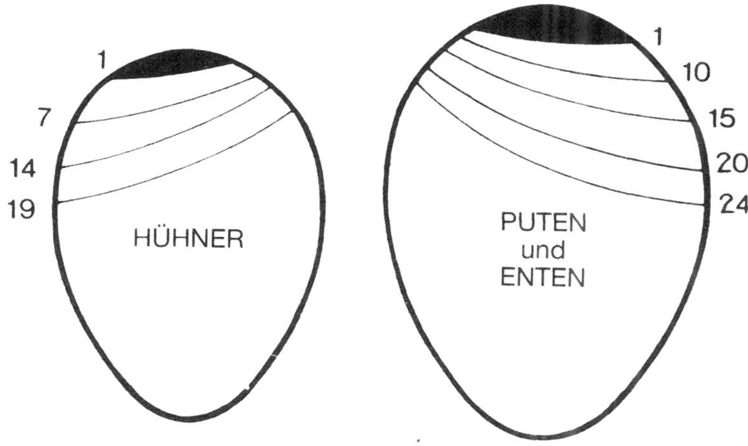

Abb. 10.4: Luftkammergröße bei Hühnern, Puten und Enten

Es ist nicht gut, Eier verschiedener Größe und unterschiedlichen Bebrütungsalters in einer Maschine zu mischen, wenn nur eine Eihorde vorhanden ist, da sie sich gegeneinander nachteilig beeinträchtigen können. In Brutschränken mit mehreren Horden muß jede Angabe, wohin man die frischen Eier legt und wann man die Tabletts verschiebt, genau eingehalten werden. In der Hektik der kurzen Brutsaison werden die Eier oft dorthin gesetzt, wo gerade noch Platz ist.
Es ist aber viel besser, die Eier, die den gleichen Schlupfzeitpunkt haben, zusammenzulassen. Vermengt man die Eier verschiedener Arten, wie Gänse- und Fasaneneier auf denselben Horden, noch dazu, wenn es nur eine Maschine mit nur einer kleinen Aufnahmekapazität ist, sind die Schlupfraten meist beider Eierarten sehr schlecht. Die Eier brauchen nicht nur unterschiedliche Temperatur, Luftfeuchtigkeit und Ventilation, sondern bilden auch ihre eigene Atmosphäre um sich herum. Das kann zu Hitzeansammlung über den großen Eiern führen, die den Thermostaten beeinflußen und dadurch Temperaturschwankungen auftreten lassen. Außerdem sind die Eier von Wassergeflügel ständig Träger von Bakterien, die für Fasaneneier tödlich sein können. Wenn man den Inkubator nur als Ersatz für zu wenig Bruthennen gebraucht, sollte man die Eier erst eine Woche den Hennen überlas-

sen. Eine gute Bruthenne übertrifft die meisten Inkubatoren in der ersten Woche. Die Eier sollten vor dem Einsetzen in den Inkubator zuerst geschiert und dann auf die normale Weise in den Inkubator ohne vorherige Kühlung gebracht werden.
Werden die Eier mit der Spitze nach unten in die Horden gelegt, wird das Einsetzen sehr erleichtert, wenn man das eine Ende des Tabletts leicht anhebt. Die Eier unterschiedlichen Alters und verschiedener Spezies können durch eine starre Trennung aus Polystyren oder eine hölzerne Buchstütze voneinander abgeteilt werden.

Das Aufzeichnen der Vorgänge

Man sollte die Maximum- und Minimum-Temperaturen und die Luftfeuchtigkeit in dem Inkubatorraum eines jeden Tages genau aufschreiben. Außerdem sollte man die Temperatur in dem Inkubator selbst auf einer Karte aufzeichnen, vor allem, wenn die Kontrolle durch eine Ätherkapsel durchgeführt wird und somit den atmosphärischen Druckveränderungen unterliegt. Auch die Ablesungen des Hygrometers sollten notiert werden, und, wenn das Wenden nicht automatisch abläuft, auch immer, wenn man die Eier dreht.
Werden diese Aufzeichnungen sorgfältig durchführt, können oft viele vorher unerfindlich schlechte Schlupfergebnisse plötzlich aufgeklärt werden, und man kann Vorsichtsmaßnahmen treffen, daß dasselbe nicht noch einmal geschieht.

Das Schieren der Eier

Der Inhalt eines frischen Eies erlaubt, daß Licht durch das Ei hindurchscheinen kann. Jede Entwicklung des Embryos zeigt sich als dunklere Stelle. Der Ausdruck Schieren kommt aus dem Niederdeutschen und heißt nichts anderes als Durchleuchten. Es ist erstaunlich, wieviel man in einem dunklen Raum sehen kann, wenn man das Ei direkt vor eine Kerze hält.

Abb. 10.5: Die Erscheinungen beim Schieren (verschiedene Stadien):
(Siehe Seiten 193–195)

A 48 Stunden: Man kann die Keimscheibe gut erkennen.
B 3. Tag: Die Blutgefäße des Dottersacks haben sich entwickelt.

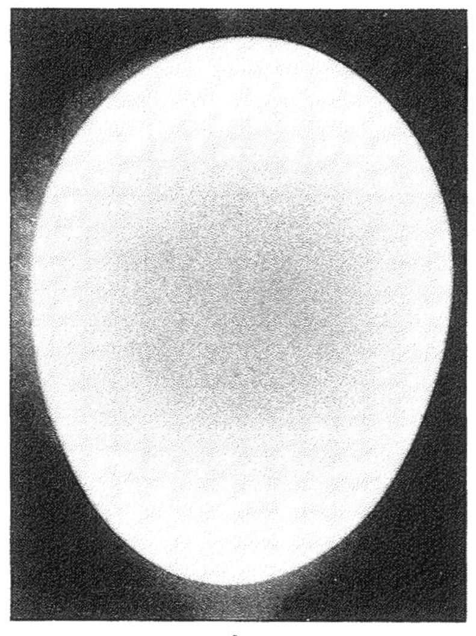

A

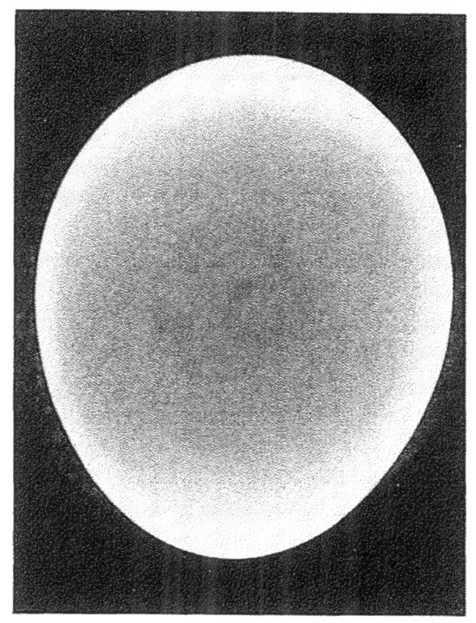

B

C 5. Tag: Beträchtliche Wachstumssteigerung des Embryos
D 7. Tag: Die Bewegung des Embryos während der Darstellung läßt ihn größer erscheinen, als er in Wirklichkeit ist.

C

D

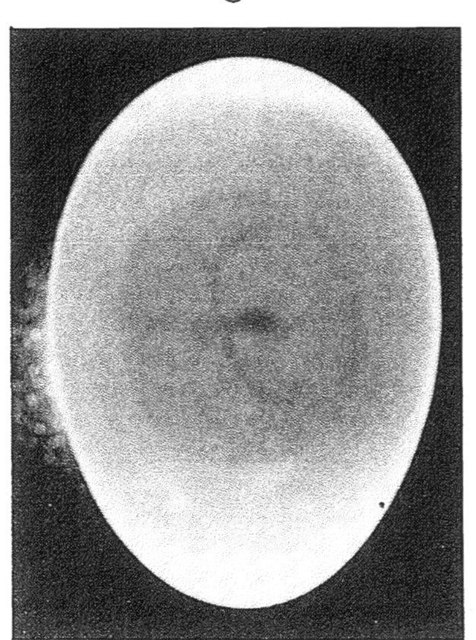

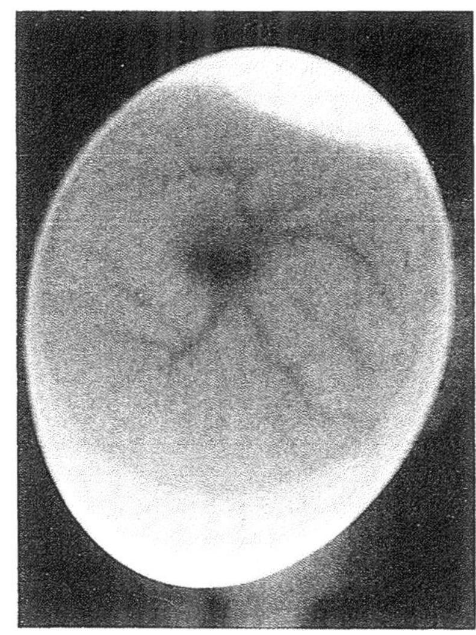

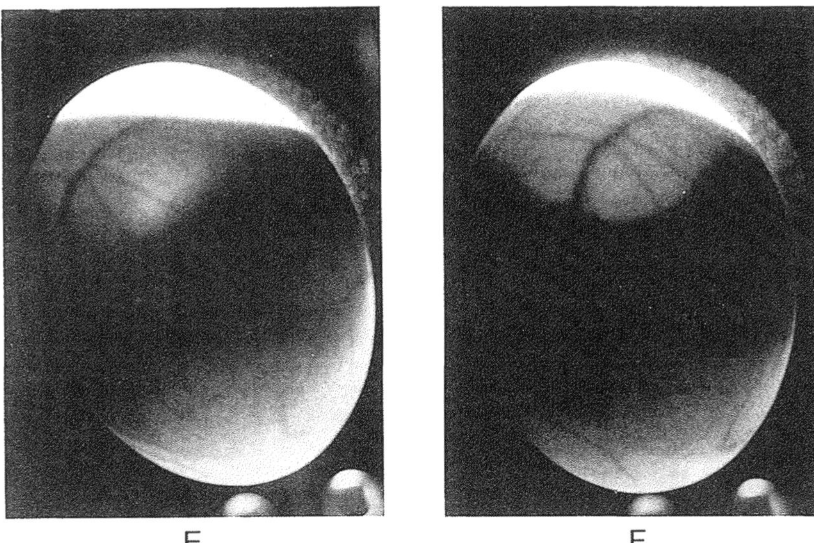

E 12. Tag: Größere Darstellung, um die zunehmende Größe der Luftkammer zu verdeutlichen und das nichtaufgenommene Eiklar am spitzen Eipol.

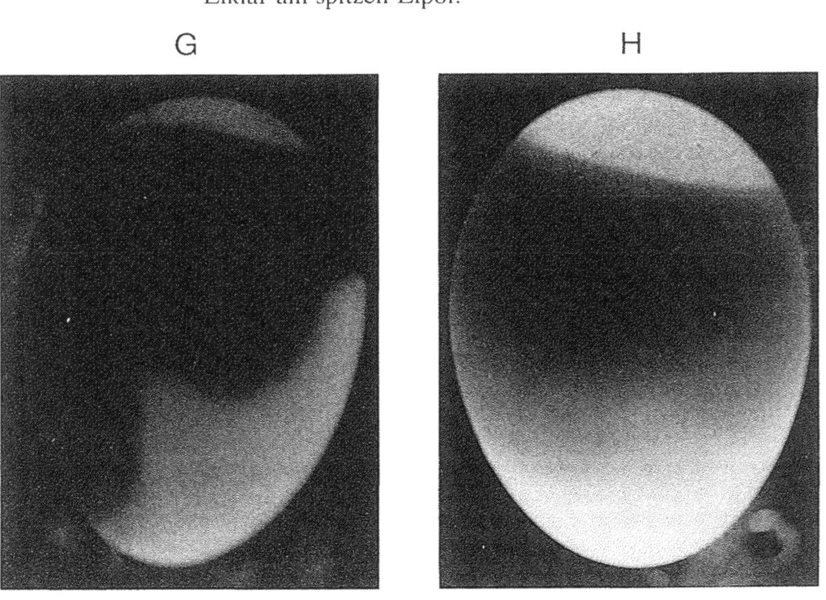

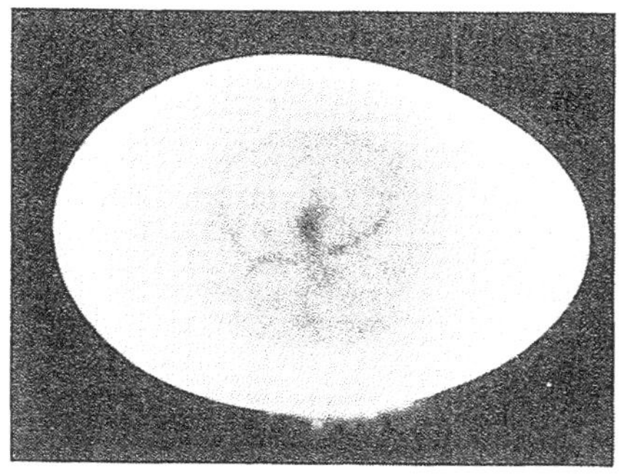

4. Tag: Das schlagende Herz ist zu sehen

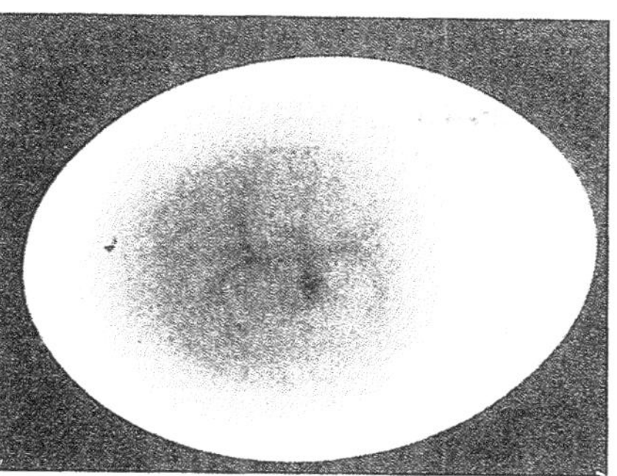

6. Tag

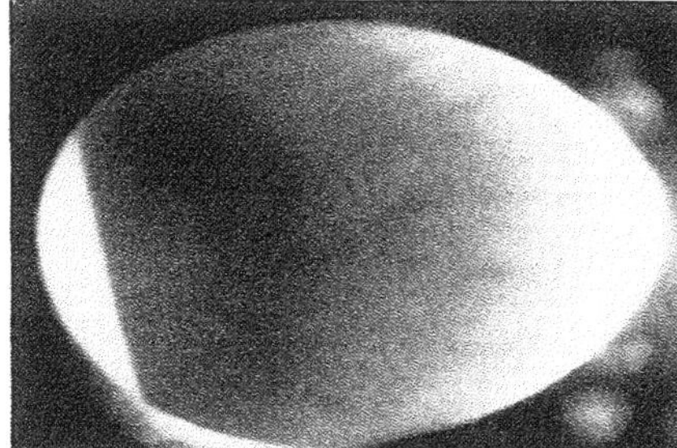

9. Tag

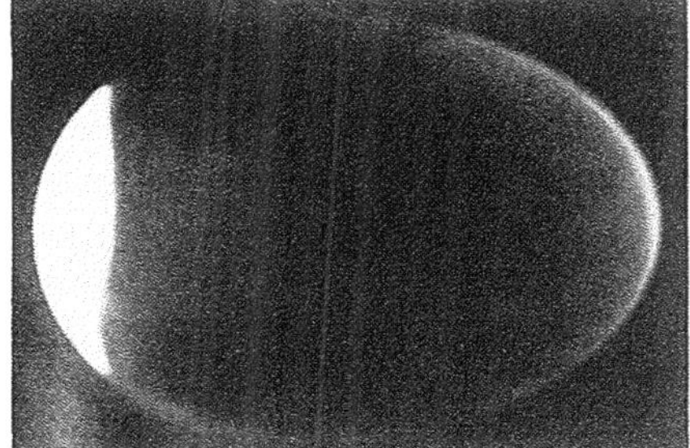

10. Tag

Siehe Seite 194:

F 16. Tag: Die restlichen Eiklartaschen sind fast vollständig eingeschlossen. Wenn sich die großen Allantoisgefäße verschließen, wird die Luftkammer plötzlich viel größer.

G 17. Tag: Das Küken schlüpft, obwohl es quicklebendig ist, noch nicht. Die Luftkammer ist zu klein, die Eihäute sind verkümmert und es gibt kein Geflecht von kleinen Blutgefäßen mehr.

H 17. Tag und danach: Vollständig verdunkelt mit einem kleinen scharfen Rand zwischen der Luftkammer und dem Embryo. Es ist kein Restalbumen mehr sichtbar.

Viele der führenden Vogelzüchter, die die Eier von Bruthennen ausbrüten lassen, können die Eier sehr sorgfältig und genau schieren, indem sie nur die Lichtquelle eines staubigen Fensters benutzen. Die Technik ist sehr einfach und, wenn man sie einmal erlernt hat, auch sehr nützlich, um die von den Eltern bebrüteten Eier durchzusehen, ohne sie zu weit vom Nest zu entfernen. Das Ei wird zwischen dem kleinen Finger und der Handfläche der linken Hand gehalten, die rechte Hand wölbt sich um das Ei und die Finger. Das Ei wird nun gegen ein Auge gehalten und das einzige Licht, das das Auge jetzt erreicht, gelangt durch das Ei. Der Trick ist, jetzt nicht auf das Ei zu sehen, sondern das Ei sehr nahe am Auge zu halten und in die Weite durch das Ei hindurch zu schauen. Obwohl die Luftkammer nicht im Fokus ist, ist es sehr einfach, ihre Größe zu bestimmen und den Entwicklungsgrad der Embryonen und eventuelle Zeichen des Absterbens zu erkennen, vor allem, wenn das Ei gegen die Sonne gehalten wird.

Eilampen kann man entweder kaufen oder selbst einfach und billig herstellen. Im wesentlichen besteht die Eilampe aus einer elektrischen Glühbirne in einer leichten, kleinen Fassung. Oben oder an der Seite ist ein eigeformtes Loch angebracht. Das Ei wird auf das Loch gelegt und die angeleuchteten Inhaltsstoffe können betrachtet werden. Man kann alles viel deutlicher sehen, wenn um das Ei herum kein Licht entweichen kann und die Schale nicht mitbeleuchtet wird. Um die fertigen Schiergeräte ist deswegen um die Öffnung extra ein Gummiring angebracht. Der fördert einerseits eine festere Verbindung des Eies mit der Öffnung und verhindert außerdem eine Beschädigung des Eies.

Je stärker das Licht ist, desto genauer kann der Inhalt beurteilt werden, aber eine zu starke Birne erhitzt auch die Umgebung sehr stark. Das schadet nicht nur dem Ei, sondern auch den Fingern des Beleuchters. Eine 40-Watt-Lampe 20 cm vom Ei entfernt, wird eine Überhitzung verhindern. Es ist auch möglich, die Eier zu schieren, ohne sie von dem Tablett zu entfernen, indem man eine Lichtquelle an einem kurzen Griff über die Eier bewegt. Klare und tote Eier werden mit einem Bleistift markiert und später entfernt. Werden tausend Eier bei einem Durchgang geschiert, wird eine Lichtschiene unter einem Spalt in der Tischfläche angebracht, und somit kann man eine ganze Eireihe auf einmal sehen. Das feinste Licht ist das ultraviolette Licht. Man muß bei diesem Licht aber eine dunkle Sonnenbrille mit einem ultravioletten Lichtfilter tragen, da es sonst zu einer Dauerschädigung der Augen kommen kann. Dieses Licht ist vor allem für Fasaneneier und andere mit einer dicken pigmentierten Schale, die manchmal die Sicht nimmt, sehr nützlich. Einige der großen Wildgeflügelzüchter schieren das ganze Tablett auf einmal, indem sie es über eine Lichtquelle in Tablettgröße stellen.

Die Absicht des Schierens ist, die unbefruchteten Eier, die abgestorbenen oder die beschädigten zu entfernen. Es ist auch ein wichtiger Teil der Feuchtigkeitskontrolle, wenn man die Luftkammergröße mißt. Alle Eier sollten routinemäßig einmal in der Woche geschiert werden. Das Entfernen der toten Eier wird auch die Schlupfrate der anderen, gesunden heraufsetzen.

Die Größe der Luftkammer ist eines der Hauptkriterien, um das Fortschreiten der Bebrütung festzustellen. Viele Vogelarten haben dicke Schalen, die durch die Eilampe körnig erscheinen und sind noch dazu sehr stark pigmentiert. Ohne ein kräftiges oder ultraviolettes Licht kann die Luftkammer nur in den frühen Stadien der Entwicklung deutlich gesehen werden. Nach der halben Inkubationszeit kann man die klaren Eier von denen, die sich verdunkelt haben, unterscheiden. Wenn die Luftkammer zu groß ist, sollte die Luftfeuchtigkeit entweder in dem Raum oder im Inkubator erhöht werden. Ist sie zu klein, sollte die Feuchtigkeit reduziert werden, entweder durch Steigerung der Luftumwälzung in der Maschine oder durch die Verringerung der Oberfläche des verdunstenden Wassers. Bei kleinen Tischmaschinen ist der einzig praktikable Weg, die Luftfeuchtigkeit für das Wassergeflügel entsprechend zu steigern, die Eier einmal am Tag mit warmem Wasser zu besprühen. Ein sehr häufiger Fehler bei der Bebrütung von Fasaneneiern ist, ihnen zuviel Feuchtigkeit in der Anfangsperiode zukommen zu lassen. Durch wöchentliche Kontrolle der Luftkammergröße kann man das aber wieder korrigieren.

Das wöchentliche Schieren hat außer der Information noch andere Vorteile. Unter mehreren Dutzend angeblichen Stockenteneiern, die der Autor ausbrüten lassen wollte, bemerkte er einige Eier, die sich in der Luftkammergröße und der allgemeinen Entwicklung von den anderen unterschieden. Beim dritten Schieren waren die Stockentenembryonen kurz vor dem Schlupf, die anderen waren aber noch weit entfernt davon. Sie wurden dann von den Stockenten abgesondert und am dreißigsten Tag schlüpften wunderschöne Europäische Schellenten. Wäre ihre fortschreitende Entwicklung nicht registriert worden, wären alle Eier am achtundzwanzigsten Tag als abgestorbene Stockenteneier weggeworfen worden.

Die Feuchtigkeitskontrolle

Die Beurteilung der Luftkammergröße ist eine Kunst. Viele der alten Wildgeflügelzüchter machen sehr genaue Aufzeichnungen des Feuchtigkeitsbedarfs und des Fortschreitens der Bebrütung, indem sie die Methoden der alten Ägypter verwenden. Das Gefühl und der Klang zweier Eier, die in einer Hand gegeneinanderrollen, ist bei frischen Eiern ganz anders als bei Eiern, die kurz vor dem Schlupf stehen. Die gut bebrüteten Eier sind leichter und lassen ein mehr hohles Geräusch hören, wenn sie zusammenstoßen. Ein anderer Trick ist, die Eier in warmes Wasser zu tauchen. Ein frisches Ei wird sinken und eines mit einer Luftkammer schwimmt oben. Durch die Bewegungen des Embryos in dem Ei wackelt das Ei auf der Wasseroberfläche hin und her. Falls sich das Ei nicht bewegt, ist das ein Anzeichen dafür, daß der Embryo tot sein könnte.

Die genaueste Methode, die richtigen Luftfeuchtigkeitsbedürfnisse eines Eies zu messen, ist ganz anders, als man es erwartet hätte. Man wiegt das Ei in regelmäßigen Abständen und zeichnet eine einfache Graphik des Gewichtsverlustes auf. Um zum Schlüpfen gut genug entwickelt zu sein, muß ein Ei etwa 12 % seines Anfangsgewichts über die Dauer der Bebrütung verlieren. Es gibt eine genaue mathematische Beziehung zwischen der Schalendurchlässigkeit, der Länge der Bebrütungszeit und der relativen Luftfeuchtigkeit, die das Ei zum Schlupf braucht. Ist die Schalendurchlässigkeit bekannt, ist es ziemlich einfach, die notwendigen Feuchtigkeitsbedürfnisse zu errechnen und den Gewichtsverlust bei einer vorgegebenen Feuchtigkeit vorauszusagen.

Leider ist es aber sogar bei unseren Haushühner so, daß die Schalendurchlässigkeit bei Beginn der Brutsaison geringer ist als gegen Ende. So ist es theoretisch zwar möglich, für bestimmte Vogelarten die Feuchtigkeit vorauszusagen, aber praktisch muß man doch die Wirkungen der Feuchtigkeit auf die Eier messen, um sicherzugehen, daß die Berechnungen stimmen. Auf jeden Fall kann der Grad des optimalen Gewichtsverlustes als Gerade angesehen werden, und alle Eier sollten

---

Abb. 10.6: Das Umsetzen der Eier in das Schlupfabteil

A = Stellen Sie die Schlupfhorden über die Bruthorden
B = Schieben und verrücken Sie die zwei Horden ganz vorsichtig so, daß die Eier auf das Schlupftablett rollen
C = Stellen Sie die eine Schutzvorrichtung in das Tablett
D = und die Drahtvorrichtung über das Tablett

A

B

C

D

um die Hälfte der Bebrütungszeit etwa 6 % Gewicht verloren haben und 12 %, wenn die Küken schlüpfen.
Die meisten Waagen im Handel sind nicht sehr zuverlässig und das Messen von 6 % eines Fasaneneies oder eines Wachteleies ist sehr ungenau, aber man kann mit ihnen 6 % von zehn oder hundert Eiern messen, so daß es besser ist, gleich einen Korb Eier zu wiegen und dann das Durchschnittsgewicht zu errechnen.
Es mag zwar etwas seltsam klingen, aber es ist tatsächlich so, daß ein Bleistift, ein Zeichenpapier und eine einigermaßen genaue Küchenwaage die ganze Ausrüstung ist, die man wirklich braucht, um ein wenig zu rechnen.

Das Bebrüten

Werden viele Eier einer einzigen Vogelart bebrütet, ist es üblich, sie an einem bestimmten Tag in einen extra dafür vorgesehene Schlupfbrüter zu bringen. Normalerweise geschieht das zwei Tage vor dem erwarteten Schlupfzeitpunkt. Werden viele verschiedene Arten bebrütet und ist der Schlupfzeitpunkt nicht genau bekannt, sollten die Eier nicht in den Schlupfbrüter gebracht werden, bevor die Küken mit ihrem Schnabel nicht in die Luftkammer vorgedrungen, oder die ersten Eier schon angepickt worden sind. Das Küken kann zweifellos bei trockener Schale viel leichter in die Luftkammer eindringen; so ist es besser, während dieser Zeit nur eine geringe Luftfeuchtigkeit zu halten, denn damit wird die Schlupfrate erhöht. Wird das Einsetzen und das Schlüp-

Abb. 10.7: Beispiel einer Aufzeichnung

Datum des Ansetzens	1. Juni	Aussortierte Eier	
Schlupfdatum	25. Juni	Unbefruchtet	5
Anzahl und Art der Eier	205 Jagdfasane	Abgestorben am 7. Tag	6
Gewicht von 10 Eiern		Abgestorben am 14. Tag	2
beim Ansetzen	340 g	Abgestorben am 21. Tag	6
Durchschnittsgewicht eines Eies	34 g	Tot in der Schale	7
1 % des Durchschnittsgewichts	0,34 g	Unbefruchtet	2,5
		Schlupf	87,3
		Gesunde Küken	179

Bemerkungen, Größe der Luftkammer usw. Die Eier wurden von einer Fasanerie gekauft.

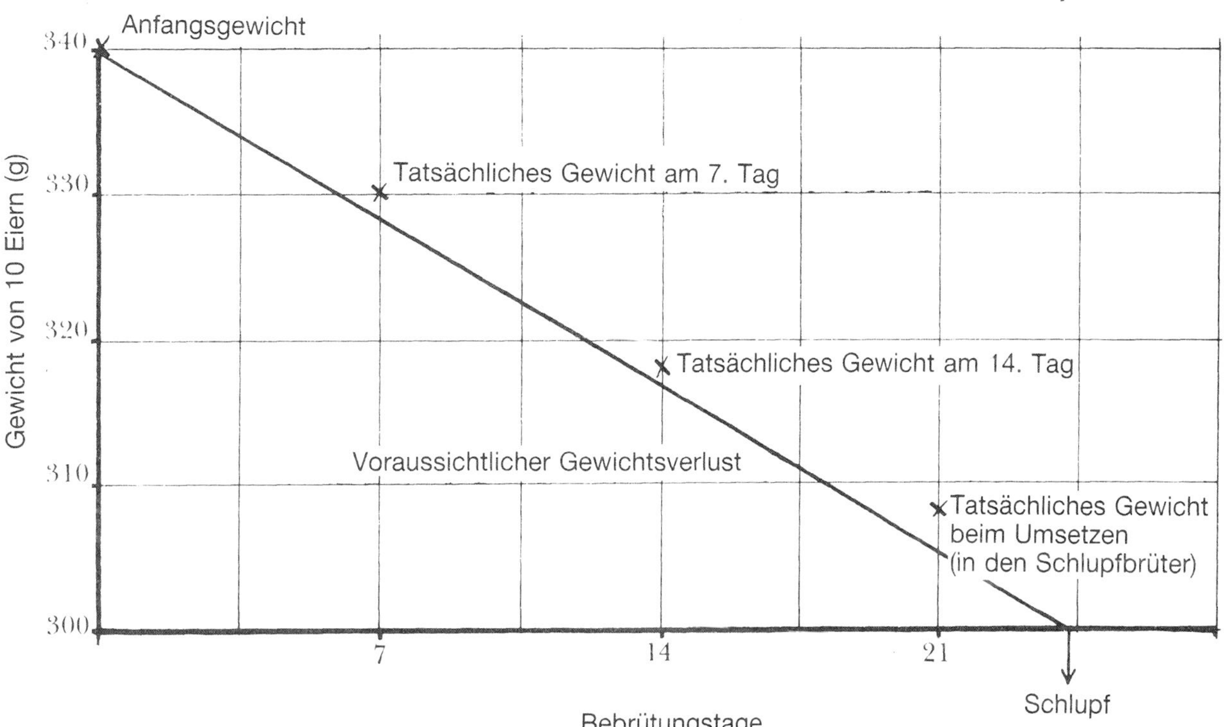

Abb. 10.7: Beispiel einer Aufzeichnung (siehe S. 200)

fen in derselben Maschine durchgeführt, ist es wichtig, die Wasserbehälter erst nach dem Eindringen des Kükens in die Luftblase (2–3 Tage vor dem Schlupf) aufzufüllen. Sobald ungefähr ⅓ der Küken die Eischale angepickt haben, sollte die Feuchtigkeit bis zum Maximum gesteigert werden. Viele der schlüpfenden Küken werden dadurch geschädigt, daß die Tür geöffnet wird, um zu sehen, wie die Dinge stehen, und dadurch die warme, feuchte Luft aus dem Schlupfapparat entweichen kann. Wenn die Tür wieder geschlossen wird, schalten sich die Heizungen wieder an, um die richtige Temperatur zu erreichen, aber bis der Feuchtigkeitsgrad wieder erreicht ist, kann bis zu einer halben Stunde vergehen. Währenddessen trocknen die jetzt offenliegenden Eihäute aus und verhindern das sonst problemlose Herausbrechen des Kükens aus der Schale.

Die Eihäute der Fasanen werden sehr zäh, sobald die Luftfeuchtigkeit nur ein wenig sinkt, und das erschöpfte Küken hat oft nicht mehr die Kraft, sie zu durchstoßen. Deshalb meinen viele Wildvogelzüchter, daß die Fasanen nicht bei bewegter Luft schlüpfen können, und bebrüten in Flächenbrütern. Dabei schlüpfen Fasanenküken sogar sehr gut bei bewegter Luft, vorausgesetzt, daß erst eine sehr trockene Periode vorherrscht, in der die Küken in die Luftkammer einbrechen können, und dann die Luftfeuchtigkeit auf fast 100 % gesteigert wird, die so lange beibehalten wird, bis alle Küken geschlüpft sind. Werden die Ventilatoren zu früh geöffnet, um den geschlüpften Küken schon die Möglichkeit der Trocknung zu geben, verringert das natürlich andererseits die Luftfeuchtigkeit und die später schlüpfenden Küken werden beeinträchtigt. Die Ventilatoren sollten also erst geöffnet werden, wenn alle Küken geschlüpft sind. Die Küken brauchen nach dem Schlupf mehr Sauerstoff, als sie während des Schlüpfens benötigten. Wenn die Anweisungen des Herstellers nicht ausdrücklich anders lauten, sollten die Eier in einen vorgewärmten Schlupfapparat gebracht werden, mit gefüllten Wasserbehältern und weit geöffneten Ventilatoren. Die Ventilatoren sollten sofort geschlossen werden, wenn etwa 20 % der Eier Anzeichen von Einrissen zeigen, und nicht früher geöffnet, bis alle Küken geschlüpft sind. In der Wirtschaft entscheiden die letzten paar Prozent der zuletzt geschlüpften über den Gewinn, nicht wieviel Küken am Anfang geschlüpft sind.

Kann die Maschine nicht die nötige Menge an Feuchtigkeit im Endstadium liefern, ist das Besprühen der Eier mit warmem Wasser von Vorteil, wenn es zur rechten Zeit unternommen wird, also am Ende der Bebrütungszeit. Das Öffnen des Inkubators während des Schlüpfens bringt die Küken eher um, als es ihnen hilft.

Abb. 10.8: Schwarze Schwäne

Abb. 10.9: Broilerküken

Das Trocknen

Die physikalische Tätigkeit des Schlüpfens erfordert sehr viel Kraft, und das Küken kommt naß und erschöpft aus der Schale. Es braucht jetzt mindestens zwölf Stunden Ruhe, um sich zu erholen. Wenn es zu früh aus dem Inkubator genommen wird, kann es sich leicht unterkühlen. Der moderne Kükenstall ist so gebaut, daß die Küken sich gegenseitig auf einem engen Raum warmhalten. Bei ihrer Ankunft in dem Kükenstall sind sie Nestflüchter, aktiv, trocken und hungrig.

Während der Zeit des Trocknens verlieren sie ihre Federscheiden, die Schalen und die Eihäute und machen zusammen mit ihrem Kot sehr viel Schmutz und Durcheinander. Der Schmutz kann mit Bakterien verseucht sein. Das sind dann Bakterien, die bereits in das Ei eingedrungen waren, aber durch die natürlichen Abwehrkräfte des sich entwickelnden Kükens in Grenzen gehalten wurden. Wenn sich das Küken aus der Schale befreit hat, können diese Abwehrmechanismen nicht länger aufrechterhalten werden, und die Verbreitung der Bakterien in der feuchten, warmen Luft und einem unbegrenzten Nahrungsangebot kann ungehindert voranschreiten. Schon ein einziges infiziertes Ei kann für die Ausbildung enormer Mengen krankmachender Bakterien verantwortlich sein. Noch mehr frische Eier in diesen verunreinigten Schlupfapparat zu bringen, kann nur schlimme Folgen haben.

Hygiene

Jeder Schmutz im Inkubator sollte sofort entfernt werden, sobald die Küken herausgenommen worden sind. Es wäre ideal, ihn zu verbrennen, aber das ist leider nicht immer möglich. Er sollte zumindest vor der Beseitigung in einen Plastiksack eingeschweißt werden. Der ganze Flaum und die Schalenreste sollten mit einem Staubsauger gesammelt werden. Da immer etwas Flaum bei diesem Vorgang durch die Luft wirbelt, sollte aus dem ganzen Raum die Luft entfernt werden. So kann man auch Spinnweben und Staub wegsaugen, die vielleicht später noch Ärger verursachen könnten. Wegen der Infektionsmöglichkeiten benutzen alle großen Handelsunternehmen eigene Schlupfapparate, die nach jedem Schlupf ausgeräumt und sterilisiert werden. Es sollten alle beweglichen Teile aus dem Schlupfapparat herausgeräumt, in einer desinfizierenden Seifenlösung gewaschen und der Apparat selbst geschrubbt werden. Die normalen Eiwaschmittel in doppelter Konzentration sind dafür gut geeignet. Der Schlupfapparat, der noch feucht und warm ist, sollte mit Formaldehyd begast werde. Bei jeder Gelegenheit sollte man bei den Vorbrütern genauso verfahren, aber zumindest zu Beginn und am Ende jeder Brutsaison.

Die Sterilisation eines mit Eiern gefüllten Inkubators

Sind Krankheiten ein aktuelles und schwieriges Problem in einem Betrieb, sollte man die Inkubatoren regelmäßig desinfizieren. Formalin ist sehr wirksam, aber man muß sehr vorsichtig damit umgehen. Es gibt bestimmte Zeiten, an denen man das Formalin nicht benutzen sollte, und zwar von der 24. bis zur 96. Stunde nach dem Einsetzen und während der drei Tage des Schlüpfens. Sonst kann man es routinemäßig wöchentlich, auch sofort nach dem Einsetzen der frischen Eier, anwenden. Wichtig ist, die richtige Konzentration zum richtigen Zeitpunkt zu wählen, denn ist sie zu hoch, werden neben den Keimen auch die Embryos in der Schale abgetötet.

Die meisten Wildgeflügelhalter benutzen bei dem wöchentlichen Einsetzen von frischen Eiern Hypochlorit-Desinfektionsmittel. Ein feines Spray entweder aus einer kleinen Dose oder aus einer Handpumpe wird auf die zirkulierende Luft in der Nähe des Ventilators gerichtet. Obwohl das eine infizierte Eischale nicht desinfizieren kann, tötet es die meisten Bakterien ab, die frei in dem Raum umherschwirren, und vermindert somit die Verbreitungsgefahr der Krankheitserreger.

Die Aufzeichnungen der einzelnen Gelege

Man sollte über alle Eier, die man einsetzt, Buch führen. Ein Heft, eventuell mit Zeichenpapier, und ein Bleistift sollten an der Seite des Inkubators aufgehängt sein. Das ermutigt auch den, der nie einen Stift bei sich hat, und wird ihn immer daran erinnern, die Aufzeichnungen sorgfältig durchzuführen.

Man notiert die Anzahl der eingesetzten Eier und von welcher Spezies sie stammen, das Einsetzdatum und das des voraussichtlichen Schlupfes.

Als nächstes folgt die Anzahl der gewogenen Eier und das Durchschnittsgewicht eines Eies. Diese Berechnungen sind wirklich sehr einfach auszuführen.

Nimmt man z. B. zehn Fasaneneier mit einem Gewicht von 340 g und eine Bebrütungszeit von 24 Tagen, sind 10 % Gewichtsverlust 34 g, so kann man sagen, daß ein Gewichtsverlust von 40 g in 24 Tagen zufriedenstellend ist.

Zeichnen Sie den vorausberechneten Gewichtsverlust auf ihrem Graph ein und markieren Sie das tatsächliche Gewicht von zehn Eiern wöchentlich. So wird die Feuchtigkeitskontrolle bei Ihnen zu einer genauen Wissenschaft.

Schreiben Sie auch die Anzahl der unbefruchteten Eier auf, die schon

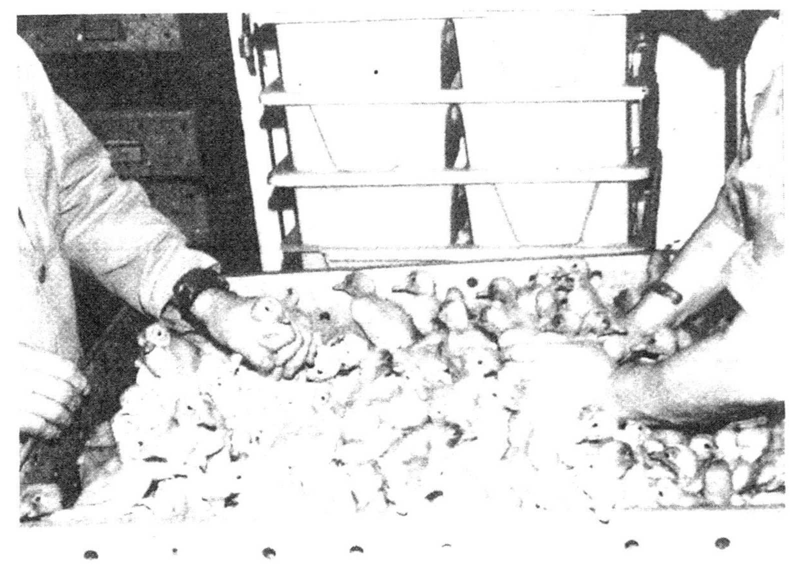

Abb. 10.10: Norfolk-Entenküken

dem ersten Schieren zum Opfer gefallen sind, und auch jedes abgestorbene Ei bei dem wöchentlichen Durchleuchten. Schließlich sollten Sie die Anzahl der geschlüpften Küken und deren wahrscheinliche Qualität notieren. Es ist günstig, sich seine Meinung über die richtige Luftkammergröße zu einer bestimmten Zeit gemerkt zu haben, denn so hat man später gute Vergleichsmöglichkeiten.
Wenn man die Aufzeichnungen gut interpretieren kann und sie mit den gegenwärtigen Schlupfergebnissen vergleicht, kann man immer noch winzige Fehler entdecken und die nächsten Schlupfraten noch um einen guten Prozentsatz steigern. (Abb. 10.7.)

Kapitel 11
Fehler bei der Bebrütung

Warum schlüpfte das Küken nicht?

Bevor wir diese anscheinend einfache Frage beantworten, müssen wir zuerst noch viele andere Fragen klären. Die Ursache könnte in der Rasse, seiner Ernährung, der Eilagerung, dem Inkubatorraum, dem Inkubator selbst oder in irgendeinem anderen Punkt des gesamten Managements liegen.
Oft geben genaue Aufzeichnungen offensichtlich gute Antworten. Meistens klärt nämlich die Untersuchung eines einzelnen Kükens, das tot in der Schale lag, nicht die ursächliche Todesursache auf; dagegen geben sogar nur sehr oberflächliche Untersuchungen der Bebrütungsberichte charakteristische Hinweise auf die verschiedenen Todesraten zu verschiedenen Brutzeitpunkten. Die Untersuchungen der Brutprobleme von der „Game Conservancy" über viele Jahre hinweg zeigen, daß etwa 20 % Fehler bei der Eilagerung waren, 20 % dem falschen Klima im Brutapparat, weitere 20 % dem falschen Drehen zuzuschreiben waren. All die anderen Ursachen der schlechten Schlupfraten, wie genetische Probleme, Befruchtung, Ernährung, unzureichende Brutschrankkontrollen, falscher Feuchtigkeitsgehalt, Infektion oder mangelhafte Technik, nahmen insgesamt weniger als die Hälfte der untersuchten Probleme ein.

Die Untersuchung der Aufzeichnungen

Die Schlupfrate und die Qualität der Küken geben die ersten wichtigen Aufschlüsse. Sind über 86 % der Küken gut entwickelt, kann man kaum etwas verbessern, und das sollte das gesteckte Ziel sein. Jeder Brutbetrieb, der dieses Ergebnis nicht ständig erreicht, macht Verlust. Viele Vogelzüchter sind mit 70%iger Schlupfrate zufrieden, aber ein bißchen mehr Beachtung von Kleinigkeiten könnte dieses Ergebnis noch verbessern. Unter 50 % ist eine Zeit- und Eiverschwendung und deutet auf ein ernsteres Problem hin.

Der Prozentsatz der unbefruchteten Eier

Bis zu 5 % unbefruchtete Eier kann als unvermeidlich akzeptiert werden. Mehr als das deutet auf ein Problem der Zuchtrasse oder ihrer Handhabung hin. Alle offensichtlich unbefruchteten Eier sollten geöffnet werden und der Dotter vorsichtig auf Anzeichen embryonaler Entwicklungsprozesse untersucht werden. Sind solche zu sehen, war das Ei befruchtet.
Mögliche Ursachen für unbefruchtete Eier
Zu alte Eltern
Zu junge Eltern
Falsche Umgebung, extreme Temperaturen, falsche Unterbringung
Gesundheit
Schlechte Ernährung oder Wassermangel
Gestörter Begattungsvorgang
Kreuzungszucht
Keine Paarbindung
Keine gleichzeitige Fortpflanzungskondition
Bevorzugte Paarung
Inzucht
Falsches Verhältnis von Hahn zu Hennen
Scheinbare Unfruchtbarkeit durch schlechte Lagerung der Eier

Absterben des Embryos

Wenn nach einem guten Schlupf die übriggebliebenen Eier untersucht werden und die Zeit des Todeseintritts bestimmt worden ist, sind üblicherweise 30 % in den letzten paar Tagen abgestorben, 30 % während der sehr frühen Bebrütungsphase und die übrigen irgendwann während der restlichen Brutzeit.
Nach einem schlechten Schlupfergebnis kann die Verteilung des Zeitpunktes des Absterbens wertvolle Aufschlüsse über die Ursache des Sterbens liefern.

Tod in der ersten Woche
Zu viele Embryonen, die während der ersten Woche sterben, können ihre Ursachen haben:
Elterliche Veranlagung
Kühlen oder Überhitzen der Eier noch vor dem Aufsammeln

Falsche Lagerung: zu warm, zu lang oder beides, kein Drehen
Unzureichende Sterilisation
Rohe Behandlung
Falsche Brutschranktemperatur, vor allem zu heiß
Kühlung
Unzureichendes Drehen
Virusinfektionen

Vitamin-E-Mangel
Wenn nicht der Thermostat des Inkubators ausgefallen oder der Inkubatorraum gänzlich ungeeignet war, kann die Todesrate in den ersten Wochen nicht auf den Inkubator zurückgeführt werden, falls das Thermometer nicht einen völlig falschen Wert anzeigt.

Tod in der zweiten Woche
Jeder Grund, der den Embryo in der ersten Woche töten kann, kann ihn zu der Zeit so schwächen, daß er dem Tod später zum Opfer fällt. Einige Embryos sterben dann in der zweiten Woche, aber der Höhepunkt der Sterberate liegt nahe dem Schlupfzeitpunkt.
Große Sterberaten in der zweiten Woche, wenn keine hohe während der ersten Woche vorhanden war, kann liegen in:
Hoher Vitaminmangel im Futter
Schnelle Infektion im Brutapparat
Mangelhafte Inkubatorkontrollen
Überhitzung oder Unterkühlung, vor allem beim Schieren
Zu hoher oder zu niedriger Feuchtigkeitsgehalt
Unzureichende Luftumwälzung im Inkubator

Tod in der dritten Woche
Für alle Vogelarten, die länger als 21 Tage brüten, gilt: Je länger die Eier im Inkubator bleiben und Ursachen für einen frühen Todeseintritt vorhanden sind, geschieht dieser meist in der dritten Woche. Ein interessanter Gesichtspunkt ist, daß ein nur geringer Fehler beim Einsetzen in den Inkubator, der ein Ei mit kurzer Bebrütungszeit nicht beeinträchtigt, einem Ei mit längerer Bebrütungszeit schaden kann. Daher schlüpfen diese Küken unter leicht veränderten Gegebenheiten nicht so gut. Das trifft vor allem auf falsche Feuchtigkeitskontrolle, Luftumwälzung und natürlich auf die Temperatur zu.
Diese dritte Periode ist die Zeit, in der man für alle früher gemachten Fehler Tribut zollen muß, obwohl diese damals nicht offensichtlich waren.

Todeseintritt vor Einsetzen der Lungenatmung

Der Wechsel auf Lungenatmung ist einer der größten Schritte, den der Embryo während seiner Entwicklung vornimmt. Jeder Schwachpunkt, sei es, daß der Embryo an der Schale angeheftet ist oder durch andere nachteilige Umstände hervorgerufen, wird die Sterberate zu diesem Zeitpunkt erhöhen. Nicht selten scheinen die Küken, die nach dem Tod untersucht werden, sehr gut entwickelt; sie starben, anstatt mit dem Atmen zu beginnen. Der Schnabel ist nicht in die Luftkammer vorgestoßen.

Alle Fehler im Management der Eltern, in der Vererbung, der Eilagerung, der Hygiene und auch Krankheiten hinterlassen jetzt ihr Mal.

Ist vorher kein Anstieg in der Sterberate zu verzeichnen gewesen, deutet eine hohe Sterblichkeit, verbunden mit einer hohen Todesrate von Küken, die schon mit der Atmung begonnen hatten, auf ein Problem im Inkubator hin. Hohe Todesraten sowohl in der ersten als auch in der zweiten Woche lassen eher ein genetisches Problem oder eines in der Eilagerung vermuten.

Die üblichen Todesursachen zu dieser Zeit, hervorgerufen durch Inkubatorprobleme, sind:

Zu hohe Temperatur

Zu niedrige Temperatur

Sehr stark schwankende Temperaturen

Ein zu schnelles Bringen der Eier von der Lagertemperatur zur Brutschranktemperatur

Ungenügender Feuchtigkeitsgehalt

Zu hoher Feuchtigkeitsgehalt

Schlechte Luftumwälzung

Ungenügendes Wenden

Es ist wichtig zu wissen, daß Fehler, die während der frühen Phase der Bebrütung geschehen sind, wie zeitweises Überhitzen, Unterkühlen, und Fehler beim Wenden der Eier am Anfang, erst sehr spät zum Tod des Kükens führen können. Die Fehler sind damals vielleicht nicht aufgefallen, aber sie tragen die Schuld für die spätere Schwäche des Embryos.

Schlechte Eilagerung, sehr schwankende Temperaturen in einem ungeeigneten Inkubatorraum und nicht ausreichendes Drehen der Eier sind die meistgenannten Gründe für den Todeseintritt, noch bevor die Lungenatmung eingesetzt hat. Ist der Tod durch eine Infektion verursacht, sterben normalerweise viele Embryonen in allen Stadien der Bebrütung ab, besonders viele sterben aber gerade um den Schlupfzeitpunkt.

Tod nach Einsetzen der Lungenatmung

Diese werden normalerweise dem Tod in der Schale zugeordnet. Das Küken kann die Schale bereits angepickt haben oder auch noch nicht. Alle Gründe, die für ein schwaches Küken sprechen – Anhaften an der Schale oder schlechte Bebrütung –, können zu dieser Zeit, aber auch schon vor dem Einsetzen der Atmung den Tod verursachen. Das Küken ist einfach zu schwach, um zu schlüpfen. Unterkühlung und zu starkes Schütteln während des Umsetzens in den Schlupfbrüter kann einen relativ hohen Prozentsatz sonst einwandfreier Küken töten. Falsche Schlupfbedingungen verhindern ein problemloses Herausbrechen eines zuvor gesunden Kükens aus der Schale.

Die Untersuchung der Ursache für den Tod in der Schale

Manchmal kann man die Todesursache durch die Untersuchung der nicht geschlüpften Küken verglichen mit den geschlüpften sichern. Diese zwei Bilder ergeben oft eine sichere Diagnose.
Die Untersuchungstechnik von ungeschlüpften Küken ist sehr einfach und bedarf keines speziellen Wissens. Als erstes achtet man darauf, ob das Ei ganz ist oder das Küken schon die Schale angepickt und mit der Bewegung rund um das Ei begonnen hat.
Ungenügende Feuchtigkeit im Schlupfbrüter, vor allem bei Fasanen und Puten, ist eine häufige Ursache für hohe und eigentlich unnütze Verlustraten. Unter diesen Umständen haben viele Küken die Schale schon kreisförmig angeritzt, aber konnten die trockenen, zähen Eihäute nicht zerreißen, so daß sie wie Gefangene in ihrem Ei saßen und nicht entkommen konnten. Sie starben dann an Erschöpfung.
Wenn es in den frühen Stadien zu feucht war, sind die Küken oft groß und weich, und das Eiklar ist nicht ganz aufgenommen worden. Das Küken hat die Schale durchstoßen, und sein Schnabel ragt in das Loch vor. Es kann sich aber nicht drehen, um weitere Einrisse in die Schale zu picken, weil das unverbrauchte Eiklar in das Loch ausgelaufen ist und sich wie Holzleim rund um das Loch kleistert. Ein verklebter Schnabel kommt auch sehr häufig bei Enten vor, die in der frühen Brutperiode zuviel Feuchtigkeit erhalten hatten.
Dieses Bild kann aber auch entstehen, wenn während der ganzen Brutperiode eine falsche, besonders eine sehr schwankende Temperatur geherrscht hat. Noch auffälliger wird es bei ungenügender Feuchtigkeit um den Schlupfzeitpunkt.
Wenn man sich vergewissert hat, ob das Ei angepickt ist oder nicht, und ob irgend etwas Charakteristisches aufgefallen ist, entfernt man als

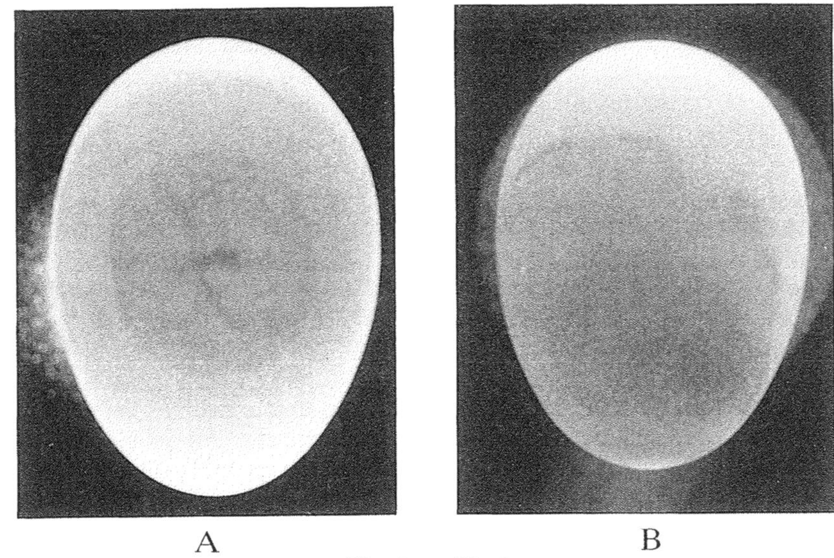

A B

Früher Tod

Tod in der mittleren Periode

C D

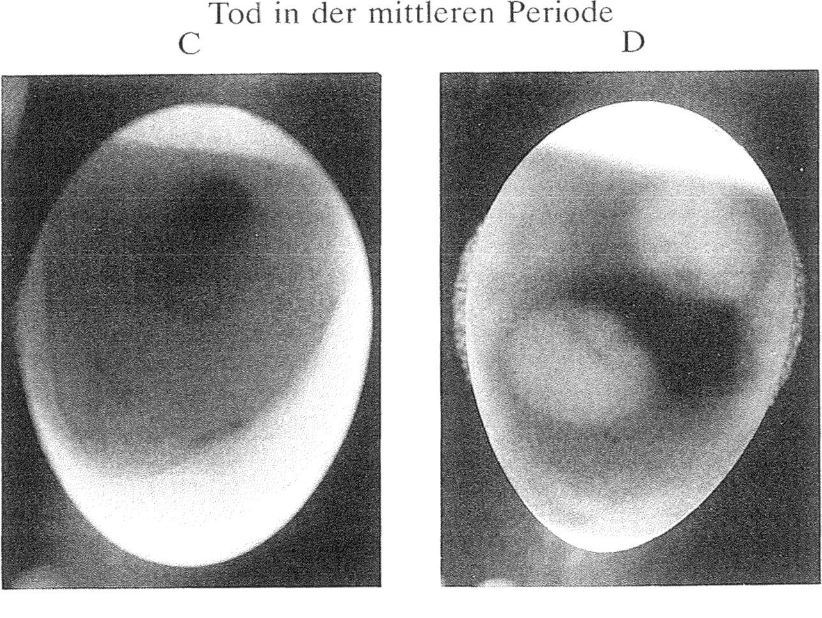

nächstes mit einer Schere oder einem Messer die Eikappe. Man betrachtet die Luftkammer, achtet auf ihre Größe und ob der Schnabel in ihr ist oder nicht und ob das Küken die richtige Lage hat.
Dann nimmt man das Küken heraus und betrachtet die restlichen Eihäute. Man sieht von diesen noch viel, wenn die Eier zuviel Feuchtigkeit erhalten hatten oder wenn manchmal die Durchschnittstemperatur zu gering gewesen war. Infizierte Eier haben oft einen fauligen Geruch mit einer grünlich gefärbten Flüssigkeit rund um den Embryo. In vielen Fällen scheinen die Küken ganz in Ordnung zu sein, aber wenn man Kulturen des Dottersacks, der Leber und der Lungen anlegt, wachsen enorme Mengen Bakterien darauf.
Wurde die Durchschnittstemperatur die ganze Zeit über zu hoch gehalten, sind die Küken meistens klein. Sie haben zwar ihren Schnabel in die Eikammer vorgeschoben, aber der Dottersack ist nicht vollständig aufgenommen. Bei solchen Küken trat der Tod ein, weil sie verklebten. Zu wenig Feuchtigkeit kann auch die Ursache für kleine, verklebte Küken sein, die in ihrer Schale haften bleiben. Wenn die Feuchtigkeit um den Schlupfzeitpunkt so hoch ist, daß eine weitere Verdunstung dieses Leims verhindert wird und er dadurch noch zäher wird, gelingt es noch einigen Küken zu schlüpfen, aber sie sind dann meistens klein, nicht sehr bewegungslustig und sterben viel häufiger in den ersten Wochen als andere Küken.

Die Untersuchung der geschlüpften Küken

Als erstes stellt man den Prozentsatz der Schlupfrate der befruchteten Eier fest. Alles, was unter 86 % liegt, ist noch verbesserungswürdig. Es

---

Abb. 11.1 a: Tod des Embryos in der Schale (siehe Seite 212)

Früher Tod

A = zeigt die typischen Blutringe des Todes in den ersten paar Tagen
B = zeigt den Tod am 7. Tag. Das Gefäßsystem hat sich aufgelöst und der Embryo ist nur noch eine amorphe Masse.

Tod in der mittleren Periode

C = Tod am 10. Tag. Beachten Sie die Lage des Blutrings um die Kanten der Eihäute und die völlige Abwesenheit von erkennbaren Blutgefäßen.
D = das ist ein Mandarinentenei mit einem doppelten Dotter, mit zwei Embryonen. Beide sind gestorben, die Amnionblasen sind aber intakt und können deutlich gesehen werden.

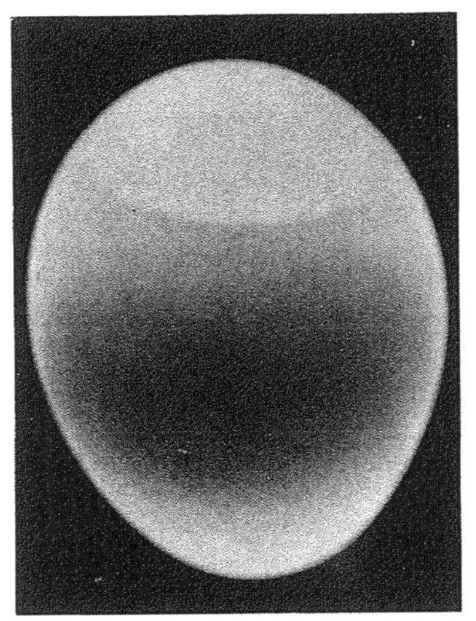

E

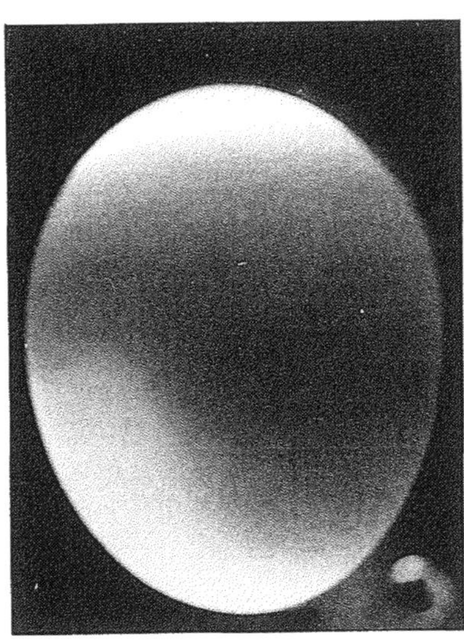

F

Später Todeseintritt

G

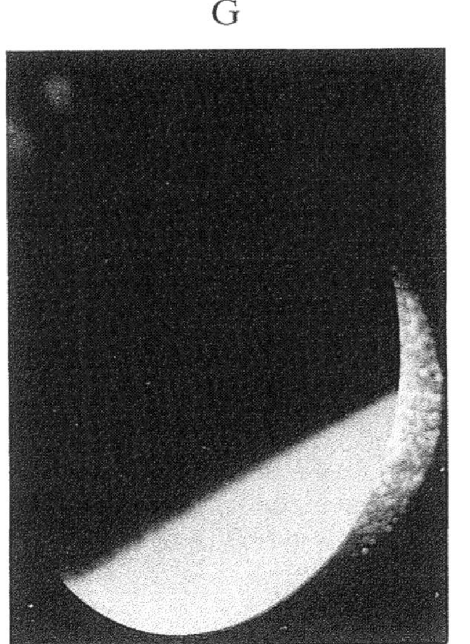

H

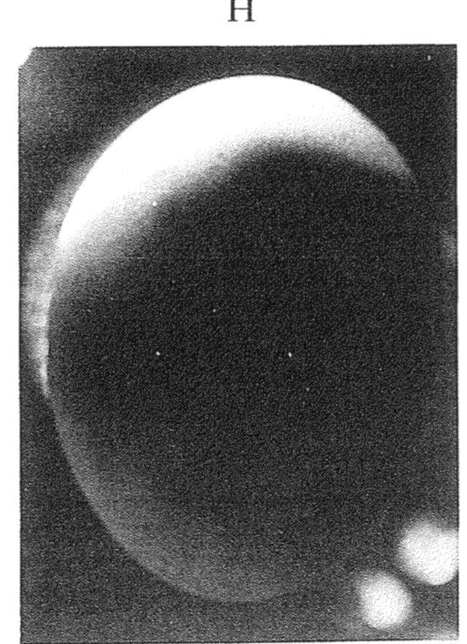

ist günstiger, sich einen Gesamtüberblick der Inkubatorfehler zu verschaffen, als nur einzelne Gründe einer Abweichung zu betrachten.

Inkubator zu heiß: Die ersten Küken schlüpfen normalerweise sehr früh, manchmal sogar 48 Stunden vor dem erwarteten Termin. Viele dieser sehr jungen Küken sind klein und schwach, haben keinen verheilten Nabel oder sogar noch heraushängende Dottersäcke. Die übrigen schlüpfen später und viele schwache Küken kämpfen um ihr Leben, weil sie zu spät geschlüpft sind. Nicht so schwerwiegende Mißbildungen, wie verkrümmte Zehen, sind sehr häufig. Auch der Prozentsatz der spät in der Schale gestorbenen Küken ist sehr groß.

Inkubator zu kalt: Die ersten Anzeichen, die dafür sprechen, daß die Küken zu spät schlüpfen werden, sind mindestens einen Tag vorher zu sehen. Ganz normale Küken schlüpfen noch bis zu zwei Tagen später. Der Gesamtschlupf ist oft ganz gut, aber die Küken sind groß und weich und ein bißchen zurückgeblieben. Einige haben Mißbildungen, wie verkrümmte Zehen und schiefe Nacken. Andere liegen tot in der Schale, aber längst nicht so viele wie bei zu hoher Temperatur. Viele der spät schlüpfenden sind oft ein bißchen verklebt.

Zu geringer Feuchtigkeitsgehalt während des Einsetzens: Die Küken sind immer klein und schwach, und ein großer Teil bleibt tot in der Schale zurück. Die Luftkammern dieser toten Küken sind immer zu groß.

Abb. 11.1b: Tod des Embryos in der Schale (siehe Seite 214)
Später Todeseintritt

E = ist zersetzt und hätte schon beim Schieren herausgenommen werden müssen. Beachten Sie die große Luftkammer und die völlige Zersetzung

F = ist schon ein paar Tage tot. Bemerken Sie die fasrige Linie zwischen der Luftkammer und dem Eiinhalt und das vollkommene Fehlen von Blutgefäßen und den durchsichtigen Raum am spitzen Pol – das ist nicht aufgenommenes Eiklar.

G = weiteres Beispiel eines späten Todeseintritts

H = Todeseintritt nachdem der Embryo in die Luftkammer vorgedrungen ist. Die Trennungslinie verläuft nicht mehr scharf und das Küken konnte sich nicht bewegen. Man kann gerade erkennen, daß sich die Schnabelspitze in die Luftkammer vorgeschoben hat.

Zu hoher Feuchtigkeitsgehalt während des Einsetzens: Die Küken sind groß und aufgedunsen, oft mit klebrigem Eiklar verschmiert. Hier ist ebenfalls ein hoher Prozentsatz von ungeschlüpften, angepickten Eiern zu verzeichnen, und oft ein noch lebender Embryo eingeschlossen.

Zu geringer Feuchtigkeitsgehalt im Schlupfbrüter: Der Schlupf beginnt gut, die früh geschlüpften Küken entwickeln sich schnell, aber die folgenden sind in großen Schwierigkeiten. Auf vielen der schlüpfenden Küken kleben noch Schalenstücke, aber vielen gelingt es gar nicht, sich aus der Schale zu befreien und sind durch zähe Eihäute in ihre Schalen gefesselt. Wenn die Brutbedingungen nahezu perfekt waren, um lebende Küken hervorzubringen, aber kein guter Schlupfbrüter vorhanden war, trocknet die innere Membran aus und hindert das Küken, sich in der Schale zu drehen und haftet ihm sogar an. Solche Bilder sieht man oft, wenn die Tür des Schlupfapparates geöffnet wurde, um zu sehen, wieweit der Schlupf fortgeschritten ist.

Zu hoher Feuchtigkeitsgehalt im Schlupfbrüter: Eigentlich ist es unmöglich, den Schlupfapparat zu „überfeuchten", wenn für eine gute Luftumwälzung gesorgt ist. Ist keine Ventilation vorhanden und die Feuchtigkeit somit sehr hoch, sind die Küken oft weich und breit und scheinen nach Luft zu ringen. Das wird nicht durch die hohe Luftfeuchtigkeit hervorgerufen, sondern durch den Mangel an frischer Luft.

Das Einsetzen von alten Eiern: Eier, die gelagert wurden, neigen dazu, kleinere Küken hervorzubringen, die auch länger zum Schlupf brauchen. Sammelt man die Eier über eine Zeit von drei Wochen, entsteht der Eindruck, als seien viele Eier unbefruchtet, und es liegt eine hohe Sterblichkeitsrate vor. Viele Küken liegen tot in der Schale und die Schlupfdauer zieht sich in die Länge.

Die Fehlerausschluß-Karte

(veröffentlicht mit der Genehmigung von Paul & Whites [international] Ltd)

Symptome	eventuelle Ursachen
1. Eier klar Kein Blutring oder embryonales Wachstum	a) nicht richtige Begattung b) Männchen unterernährt c) Eier zu alt d) Unfruchtbarkeit des Männchens oder bevorzugte Paarung

2. Klare Eier mit Blutring oder teilweiser Entwicklung

a) Inkubatortemperatur zu hoch
b) Eier unterkühlt
c) Eier zu alt

3. Tote Keime Embryos, die vom 12. bis 18. Tag sterben und Küken, voll entwickelt, ohne Picken

a) falsche Inkubatortemperatur
b) Mangel an Ventilation
c) falsches Drehen
d) Vererbung

4. Tod in der Schale

a) wie in 3a
b) wie in 3b
c) zu niedrige durchschnittliche Feuchtigkeit
d) zu hohe durchschnittliche Feuchtigkeit, vor allem bei Enten
e) Infektionskrankheiten

5. Unnormale Küken

a) zu geringe durchschnittliche Feuchtigkeit

Anheften an der Schale

b) zu geringe Feuchtigkeit während des Schlupfes
c) falsches Wenden

Klebrige Küken

a) niedrige Temperatur
b) zu viel Feuchtigkeit

Unsaubere Abnabelung

a) hohe Inkubatortemperatur

Kleine Küken

a) kleine Eier
b) geringe Feuchtigkeit
c) hohe Inkubatortemperatur

Große Küken mit weichem Körper

a) niedrige Durchschnittstemperatur
b) zu viel Feuchtigkeit
c) schlechte Raumventilation

Schwäche

a) hohe Temperatur
b) wenig Feuchtigkeit

Angestrengte Atmung

a) zu viel Feuchtigkeit
b) wenig Feuchtigkeit zum Schlupfzeitpunkt
b) Temperatur auf dem Schlupfhorden zu hoch

6. Mißgebildete Küken	
Gekreuzte Schnäbel	a) Vererbung
Verkrümmte Zehen	a) zu hohe Temperatur b) zu niedrige Temperatur
Spreizfüße	a) zu hohe Temperatur b) Schlupfhorde zu weich
verkrümmter Nacken	a) zu lange Schlupfzeit wegen zu niedriger Temperatur b) zu lange Schlupfzeit wegen zu niedriger Feuchtigkeit
7. Verlängerte Schlupfdauer einige Küken schlüpfen früh, entwickeln sich aber langsam	a) Temperatur zu hoch b) große Altersunterschiede der Eier c) Eihäute zu trocken um die Zeit des Herausbrechens aus der Schale
8. Verzögertes Schlüpfen Küken brechen die Schale spät auf und kommen schlecht heraus	a) Durchschnittstemperatur zu niedrig
9. Schlechte Eier	a) zu viel Feuchtigkeit b) Haarrisse beim Ansetzen

Kapitel 12
Brut und Aufzucht

Sobald die Küken einmal geschlüpft sind, brauchen alle Vogelarten Hilfe, um ihre Körpertemperatur beizubehalten. Sie legen während der Futtersuche viele Pausen ein, in denen sie sich ausruhen und aufwärmen können. Vögel, die blind, nackt und hilflos schlüpfen, benötigen mehr oder weniger die ganze Zeit über noch eine weitere Bebrütung, um sie warm zu halten. Außerdem müssen sie regelmäßig gefüttert werden. Obwohl die Eier dieser Vögel in Brutschränken ausgebrütet werden können, ist das künstliche Aufziehen dieser Vögel dann ein ziemlich zeitintensives Unternehmen und gelingt auch nicht immer. Vögel, die befiedert und bewegungsfreudig schlüpfen, sind viel einfacher künstlich aufzuziehen. Fasane, Rebhühner und Wachteln haben eine längere Brutdauer als die meisten kleineren Enten; Tauchenten, Gänse und Schwäne dagegen haben keine so lange Brutdauer. Außerdem spielt die Ernährung noch eine wesentliche Rolle.

Die Aufzucht durch die Bruthenne

Wenn die Henne ihre Küken selbst ausgebrütet hat, sollte sie sie weitere 12 Stunden bebrüten können, bis die Küken voll entwickelt und beweglich sind. Sind sie im Inkubator ausgebrütet worden, sollten die Küken ganz vorsichtig in die Brutkiste zu der Glucke gesetzt werden und sie sollte sie einige Stunden hudern können, bevor Henne und Küken in einen Kükenauslauf gesetzt werden. Die meisten Bruthennen, die schon eine Weile brüten, können dazu gebracht werden, die Eintagsküken zu akzeptieren, wenn man ein paar in ihre Brutkiste unter sie setzt und das Licht möglichst gedämpft läßt. Sobald sie die Küken angenommen hat und die Küken sich unter ihr zusammengefunden haben, um sich Wärme und Sicherheit zu verschaffen, können sie in einen vorbereiteten Auslauf gebracht werden und herumrennen. Der Boden unter ihnen muß aber trocken sein. Eine Handvoll Holzspäne, Torf oder Sand auf gemähtem Gras ist ideal. Die Henne sollte in das Aufzuchthäuschen gesetzt werden und Futter und Wasser außerhalb erhalten, wo sie es gut erreichen, aber nicht über die ganze Fläche verstreuen kann. Der Auslauf muß so klein sein, daß die Küken nicht entkommen können und auch nicht unterkühlen. Kurzes Gras ist für den Auslauf am besten geeignet, aber wenn das nicht vorhanden ist, tut es auch Sand oder kleine Kiesel. Auf jeden Fall muß das Bruthäuschen und der Auslauf jeden Tag auf einen neuen, sauberen Platz verschoben werden.

Die künstliche Aufzucht

Die Bedürfnisse der Küken sind immer gleich, werden sie von den Eltern, einer Amme oder mit künstlicher Wärme aufgezogen. In der Kunstbrut wird die künstliche Wärme durch eine Heizung geliefert und Futter und Wasser stehen zur freien Verfügung. Die Wärme kann entweder durch Elektrizität, Gas, Öl oder Paraffin geliefert werden, und die Geräte werden sowohl für ein Küken als auch für tausend hergestellt. Durch jahrelange Erfahrung hat man festgestellt, daß es besser ist, wenn sich die Küken ihren eigenen Temperaturbereich suchen. Sie brauchen z. B. einen warmen Bereich, in den sie sich zum Ausruhen zurückziehen und einen kühleren, in dem sie umherrennen und fressen können. Wenn sie wachsen und Federn bekommen, kann die Temperatur in dem warmen Bereich gesenkt werden, indem man die Wärmequelle jeden Tag ein wenig höher hängt. Für die Küken ist es lebenswichtig, daß sie niemals unterkühlen. Auch wenn sich die Küken in dem warmen Bereich zu erholen scheinen, hat doch ein sehr großer Prozentsatz der unterkühlten Küken Magen-Darm-Probleme oder Schwierigkeiten mit Leber und Nieren und erliegen diesen Erkrankungen nach ein paar Tagen. Auch ein Küken, dem es zu heiß geworden ist, leidet Not und stirbt bald.

Die Haushühner

Viele, viele Geräte sind in der Vergangenheit speziell für Haushühner auf den Markt gekommen, aber die meisten sind von den Infrarot-Strahlern übertroffen worden. Diese werden über dem Boden angebracht, so daß die Temperatur direkt darunter bei Bruttemperatur, d. h. bei 37,2 °C, liegt. Genau in der Mitte ist es für die Küken zu heiß, aber es herrscht in dem Raum ein Temperaturabfall vor, der von zu heiß in der Mitte unter dem Strahler bis zu Raumtemperatur etwas weiter von der Mitte entfernt reicht. So kann jedes Küken seinen Platz selbst suchen. Ein Ring aus Wellpappe hindert die Küken daran, sich zu weit von der Heizquelle zu entfernen. Futter und Wasserbehälter sind um den Wärmebereich aufgestellt, aber nicht in ihm, damit die

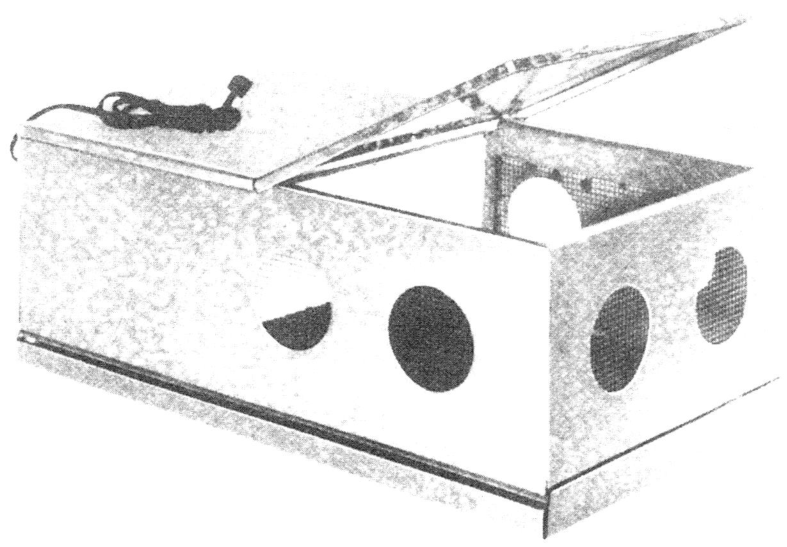

Abb. 12.1: Marsh-Kükenbrüter

Küken das Futter nicht lange suchen müssen. Ein 150-Watt-Heizer ist für zwei Dutzend und mehr Küken ausreichend. In großen Broilerschuppen mit mehr als 100 000 Eintagsküken werden Gasheizungen mit dem gleichen Prinzip verwendet, wo sich mehrere tausend Hühner unter einem Heizapparat zusammendrücken. Man hat herausgefunden, daß die Küken besser in Gruppen zu 500 unter einer Heizung gedeihen.

Nach ungefähr 48 Stunden wird der Wellpappenring vergrößert, um den Küken mehr Platz zu gewähren, und nach ein paar Tagen wird er ganz entfernt. Nach einer Woche wird der Strahler etwas höher gehängt, um die Temperatur in der Mitte um ein paar Grad zu mindern, und so fährt man die nächsten Wochen fort, bis die Temperatur von 15,0 °C nach ungefähr sechs Wochen erreicht ist. Um diese Zeit sollten die Vögel voll befiedert und von einer zusätzlichen Wärmequelle unabhängig sein. Die Vögel selbst sind die besten Temperaturanzeiger. Versammeln sie sich alle unter der Wärmelampe, ist ihnen zu kalt. Sie sollten sich so sammeln, daß in der Mitte ein Kreis ist, unter dem es für die Küken zu heiß ist, und darum ein Ring mit angenehmer

Abb. 12.2: Einsehbarer Inkubator.
Die Vorderwände und Wassertabletts sind entfernt.

Temperatur für die Tiere. Ist der freie Mittelkreis zu groß, ist den Vögeln zu heiß und die Lampe kann höher gehängt werden.

Fasane und Rebhühner

Diese können genauso wie Hühner aufgezogen werden, da sie die gleichen Wärmebedürfnisse haben. Sie brauchen aber ein sehr gutes, proteinreiches Futter von hoher Qualität. Die Küken sind aktiver und bringen sich selbst leicht um. Ist irgendwo ein Loch, durch das sie gelangen und sich abkühlen können, finden sie es unter Garantie. Sie schaffen es auch, sich selbst in den Wasserbehältern zu ertränken, wenn diese nicht mit Steinen ausgelegt sind, oder sich zwischen den Futter und Wasserbehältern einzuklemmen, wenn diese zu nah beieinander oder zu nahe an der Wellpappe stehen.
Ihr größtes Laster ist das Federpicken, das zu Kannibalismus führen kann. Fasane, die unter hellem Licht gehalten werden, beginnen bereits am zweiten Lebenstag, sich gegenseitig anzupicken. Das kann durch die Anwendung eines roten Lichts vermindert werden. Werden

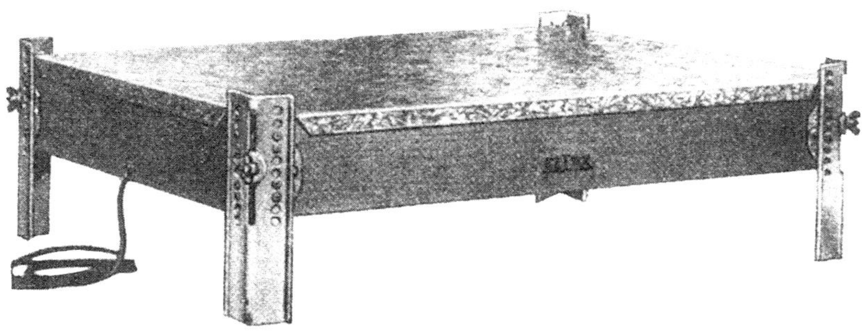

Abb. 12.3: Eine elektrische Wärmeplatte

viele Vögel in der Intensivhaltung auf einmal aufgezogen, sollten sie im Halbdunkeln untergebracht sein. Selbst dann sollte ihnen der Schnabel gekürzt oder dieser mit einem Plastikschutz versehen werden, um sie am Picken zu hindern.

Werden nur wenige Fasane aufgezogen, geschieht das meistens unter einer elektrischen Glucke. Das ist eine flache Heizung auf kurzen Beinen, wie ein kleiner Tisch. Es hängt ein kurzes Stoffstück um die Kanten herunter, unter dem die Vögel in vollkommener Finsternis leben und nur zum Fressen ans Tageslicht herauskommen. Sie werden normalerweise in kleinen hölzernen oder metallenen Hütten untergebracht, und die Vögel haben ab dem ersten Tag freien Zugang zu einem Außenauslauf. Die Größe des Auslaufs wird mit zunehmendem Wachstum der Vögel erweitert, bis sie ihren Aufzuchtplatz verlassen.

Die meisten exotischen Fasane werden nur in sehr kleinen Gruppen aufgezogen und sind oft schlimmere Federpicker als ihre Wildverwandten, sobald sie in kleine Aufzuchtkisten gebracht werden.

Eine kleine Brutkiste zu bauen, ist sehr einfach. Man braucht einen Grundfläche von etwa 2 m × 1,5 m und etwa 1,5 m hohe Seiten mit einer elektrischen Glühbirne, die etwa 70 cm vom Boden entfernt aufgehängt wird. Wenn das Licht zu hell ist und Federpicken verursacht, kann ein Tongefäß über die Birne gestülpt werden, das die Wärme zurückhält. Das Licht kann auch durch einen Niederstromheizer aus Keramik ersetzt werden. Einen Boden, der mit kleinem Maschendraht ausgelegt ist, muß man nicht unbedingt jeden Tag von Kot säubern.

Die meisten Fasane können schon nach ein paar Tagen fliegen, deshalb braucht man für sie auch einen Maschendraht über dem Auslauf, damit sie nicht entkommen können.

Wachteln

In großen Betrieben werden Wachteln auf Sandboden, Torf oder Holzspänen genauso wie Fasane aufgezogen. Da sie aber so klein sind, können sie leicht entkommen und verlorengehen. Sie gedeihen in sehr kleinen Aufzuchtkisten sehr gut. Ihre Wärmeansprüche gleichen denen der Hühner.

Enten

Enten verlangen nicht nur nach sehr viel Trinkwasser, sie spritzen es auch überall herum und haben auch einen sehr dünnflüssigen, schmutzigen Kot. Sie können genauso wie Hühner aufgezogen werden, müssen aber jeden Tag ausgemistet werden. In Betrieben werden Enten mit großem Erfolg auf Maschendraht oder ausgelegtem Metallboden aufgezogen. Jetzt ist es in Mode gekommen, die exotischen Enten in Brutkisten mit Maschendraht aufzuziehen; nur unter der Lampe ist eine kleine Stelle mit Teppichboden oder ähnlichem Material. Am leichtesten kann man exotische Enten unter einer Infrarot-Heizlampe auf einem Boden mit Holzspänen aufziehen. Die ersten zwei Tage müssen die Entenküken in einem Wellpappering in der Nähe der Heizung eingesperrt werden und das Wasser aus kleinen automatischen Kükentränken bekommen. Sobald sie dann gut fressen, wird die Wellpappe entfernt und man läßt ihnen Zutritt zu einem kleinen Plastikschwimmbecken. Dieses Becken ist auf einem Maschendrahtrost aufgestellt und die Küken müssen eine richtige Rampe hinauflaufen, um in das Becken zu gelangen. Sie können darin schwimmen und planschen, soviel sie wollen, und das überlaufende Wasser läuft über eine Rinne in einen Abfluß. Das Futter wird noch in der Nähe der Heizung gelassen, so daß die Küken immer hin- und herrennen müssen.

Das meiste Wasser von ihren Füßen läuft von der Rampe hinunter, so daß die Einstreu trocken bleibt. Den Großteil des Kotes findet man im oder nahe am Wasser. Die konstante Wasserhöhe in dem Becken wird automatisch durch eine Überlaufklappe eingestellt; ansonsten braucht man es nur einmal am Tag zu entleeren. So können ungefähr 40 exotische Enten und sogar 100 Stockenten, die außer gegen Ende wenig ausgemistet werden müssen, auf einmal aufgezogen werden. Nach einer Woche muß das Licht ein paar Zentimeter höher gehängt werden. In der dritten Woche brauchen die Enten keine zusätzliche Wärme mehr und können in Außenausläufe gehen.

Mandarinenten, Brautenten und die Schellenten haben kleine Krallen an den Füßen, mit denen sie sich an senkrechten Oberflächen hoch-

hangeln können. Diese Arten müssen in einem sehr weichen Wellpappering eingeschlossen werden, sonst klettern sie darüber und unterkühlen.
Hausenten und die Stockentenfamilie werden schon nach Futter suchend geboren und beginnen sofort mit der Futteraufnahme, und das tun auch die meisten Fasanen. Sind frisch geschnittene Gräser unter das Futter gemengt, untersuchen sie es bald und fressen dieses. Lebendes Futter braucht man im allgemeinen nicht anzubieten.
Die meisten exotischen Enten, besonders Braut- und Schellenten, können verhungern, während sie neben dem nahrhaftesten Futter sitzen, das die Futtermittelindustrie anbietet, weil sie nicht wissen, daß es sich um Futter handelt. Ihnen muß man das Fressen erst beibringen. Am einfachsten ist es, ihnen zwei Lehrenten mit in das Gehege zu setzen. Die kleinste Ente aus dem vorherigen Schlupf ist die beste, wenn sie nicht mehr als zwei Tage älter ist. Genauso geeignet sind auch ein oder zwei Stockenten, die zur selben Zeit nur aus diesem Grund ausgebrütet wurden. Das natürliche Futter der meisten Entenküken besteht aus kleinen Lebewesen wie Insekten, die sich auf der Oberfläche des Wassers bewegen. Wenn ein paar Kükenkörner und kleine Stücke frisch geschnittenen Grases in eine enge Blechdose gelegt

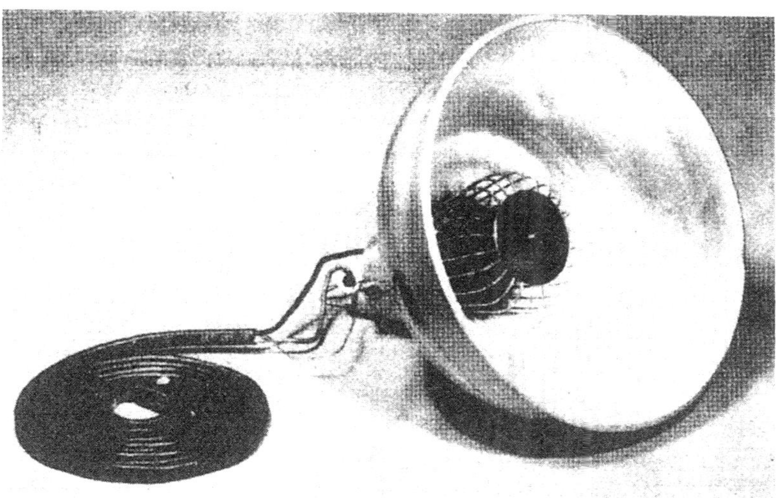

Abb. 12.4: Typische Infrarot-Wärmelampe und -reflektor

werden und dahinein Wasser tröpfeln kann, gehen die kleinen Entenküken dorthin und picken das Gras und die Körner auf und beginnen so zu fressen.
Die meisten Entenküken untersuchen alles Farbige sehr genau. Legt man Smarties, das sind mit Zucker umgebene Schokoladebohnen, auf trockenes Futter, so wird vorher vollkommen uninteressantes Futter plötzlich zu einer Attraktion. Die Smarties werden klebrig und sind zu groß, um von den Küken gefressen werden zu können, aber durch den Klebeeffekt des Zuckers sind sie jetzt mit Kükenkörnern, bestreut und fliegen überall in dem Gehege herum. Die Körner kleben auch am Schnabel und werden gefressen.
Bei allen Entenarten sollte man mit sehr guten Kükenkörner von hoher Qualität die Fütterung beginnen: nach einer Woche steigt man auf das Futter für wachsende Küken, sonst könnten Probleme mit hängenden Flügeln oder vom Rollhöcker gerutschten Sehnen auftreten.

Gänse

Gänse können auf genau die gleiche Weise wie Enten und sogar mit ihnen aufgezogen werden. Sie brauchen von Anfang an so viel Grünfutter, wie sie nur bekommen können, um die zu konzentrierten Kükenpellets zu verdünnen. Die zusätzliche Wärmequelle sollte mit zwei Wochen entfernt werden. Gänseküken müssen Lebewesen haben, auf die sie sich konzentrieren können, sonst werden sie krank und wachsen und fressen nur sehr schlecht. Gelege von acht oder mehr Küken prägen sich aufeinander; sind aber nur ein oder zwei Küken zusammen, sollten sie besser mit ein paar Enten vereint werden, als nur mit sich alleine zu bleiben. Bei vereinzelt frühen Gelegen von nur ein oder zwei Küken sollte die Aufzucht besser von einer Bruthenne übernommen werden.

Puten und Perlhühner

Sie können genauso wie Hühner aufgezogen werden und gedeihen dabei sehr gut. Sie benötigen ein sehr energiereiches Futter hoher Qualität, angereichert mit Kokzidostatika und Mittel gegen die Schwarzkopfkrankheit. Die Wärmebedürfnisse entsprechen etwa denen der Haushühner.

Die World Pheasant Association (WPA)

ein seit 1975 eingetragener Verein, ist eine der am wirkungsvollsten international arbeitenden Organisationen für die Erhaltung der Fasane. Die Ziele der WPA sind, Schutzmaßnahmen für alle Arten von Galliformes zu entwickeln, zu fördern und zu unterstützen. Sie legt ihren Schwerpunkt auf die Familie der Phasanidae durch:

1. Ermutigung zu modernen, verbesserten Methoden der Zucht sowohl im jeweiligen Ursprungsland als auch überall auf der Welt.
2. Errichtung einer Datenbank für Galliformes und gleichzeitige Funktion als Ratgeber für die Mitglieder des Vereins sowie Zusammenarbeit mit Organisationen, die sich mit den Problemen der Ökologie, Erhaltung, Schutz und Zucht dieser Vögel beschäftigen.
3. Die Förderung konstruktiver Forschung in freier Wildbahn und in der Voliere und die Veröffentlichung dieser Ergebnisse im Interesse der Erhaltung.
4. Die Erziehung der Öffentlichkeit zu einer besseren Beachtung der Galliformes im besonderen und der gesamten Natur im allgemeinen.
5. Die Errichtung von sogenannten Reservezuchten bedrohter Arten unter der Überwachung der WPA und in Zusammenarbeit mit den Regierungen der Ursprungsländer und den anerkannten Züchtern.

Bruttabelle (Bebrütungszeit)

Domestizierte Vögel	Tage
Bantam	19–21
Enten	28
Gänse	28–35
Perlhuhn	28
Großes Geflügel	21
Muskatente	35
Taube	16–18
Puten	28

Wildvögel	
Wachtel	23
Stockenten	25–26
Rebhuhn	23
Fasan	24

Schwäne	
Zwergschwan	30
Trauerschwan	36
Schwarzhalsschwan	36
Koskorobaschwan	35
Höckerschwan	37
Trompeterschwan	33
Pfeifschwan	36
Singschwan	36

Entenverwandte	
Austr. Kasarka	30
Hühnergans	30
Europ. Kasarka	30
Paradieskasarka	30
Radjahgans	30
Rostgans	30

Verwandte der Stockenten	
Dunkelente	26
Floridaente	26
Augenbrauenente	26
Hawaiiente	26
Lysanente	26
Stockente	26
Philippinenente	26
Fleckschnabelente	26
Gelbschnabelente	27

Krickenten	
Austr. Grauente	25
Gluckente	25
Blauflügelente	24
Amazonasente	25
Kapente	25
Zimtente	24
Kastanienente	26
Chile-Krickente	24
Knäkente	24
Grünflügelente	24
Hottentottenente	24
Marmelente	25
Neuseel. Braunente	28
Punaente	26
Ringente	23
Spitzschwingenente	24
Versicolorente	25

Löffelenten	
Argent. Rotlöffelente	25
Kaplöffler	26
Europ. Löffelente	26
Neuseeländ. Löffelente	26
Nord. Löffelente	25
Rotschnabelente	25

Spießenten	
Bahama-Spießente	25
Chilen. Spießente	25

Ruderenten	
Maskenente	24
Schwarzkopfruderente	24
Weißrückenente	26

Baumenten	
Kuba-Ente	30
Eyton's Baumente	30
Fahlpfeifgans	28
Javan. Baumente	28
Rotschnabelente	28
Tüpfelpfeifgans	31
Wanderente	30
Witwenpfeifgans	28

Waldenten	
Brautente	32
Mandarinente	32
Mähnengans	30

Pfeifenten	
Amer. Pfeifente	24
Chile-Pfeifente	26
Europ. Pfeifente	25
Sichelente	25
Schnatterente	26

Tafelenten	
Schwarzkopfmoorente	27
Tafelente	27
Riesentafelente	26
Große Bergente	27
Kleine Bergente	27
Neuseel. Tauchente	26
Kolbenente	27
Rotkopfente	28
Halsringente	26
Peposakaente	28
Südliche Tafelente	26
Reiherente	25
Moorente	26

Eiderenten	
Eiderente	24
Prachteiderente	22
Plüschkopfente	24
Scheckente	24

Trauerenten	
Trauerente	28
Samtente	28
Kragenente	30
Eisente	23

Schellenten	
Amerik. Schellente	28
Spatelente	30
Büffelkopfente	22
Europ. Schellente	28

Gänse	**Tage**
Streifengans	28
Weißwangengans	28
Ringelgans	22
Kanadagans	28
Kaisergans	25
Graugans	28
Zwerggans	25
Hawaiigans	29
Kurzschnabelgans	28
Rothalsgans	25
Zwergschneegans	23
Russ. Saatgans	28

Schneegans	25
Westl. Saatgans	28
Bleßgans	26

Gänseverwandte	
Blauflügelgans	31
Andengans	30
Graukopfgans	30
Nilgans	30
Tanggans	32
Magellangans	30
Orinocogans	30
Rotkopfgans	30

Säger	
Gänsesäger	30
Kappensäger	28
Mittelsäger	30
Zwergsäger	28

Fasane	
Diamantfasan	23
Argusfasan	25
Blutfasan	28
Blauer Ohrfasan	26–28
Brauner Ohrfasan	26–27
Bulwer-Fasan	25
Wallichfasan	26
Kongopfau	28
Kupferfasan	24–25
Edwards-Fasan	21–23
Elliot's Fasan	25
Feuerrückenfasan	24–25
Goldfasan	23
Kammhühner	19–21
Schwarzfasane	23–25
Koklasfasan	21–23
Mikadofasan	26–28
Glanzfasane	27
Pfaufasane	22
Königsfasan	24–25
Salvadori's Fasan	22
Silberfasan	25
Swinhoe Fasan	25
Satyrhuhn	28
Weißer Ohrfasan	24

Pfauen	
Alle Spezies	28

Laufvögel	
Emu	57–62
Strauß	40–42
Nandu	35–40

Rebhühner	
Chukarrebhuhn	23
Engl. Rebhuhn	23
Franz. Rebhuhn	23
Ungar. Rebhuhn	24

Wachteln	
Virginische Baumwachtel	21
Chin. Zwergwachtel	18
Hauben-Schopfwachtel	23
Douglas-Schopfwachtel	22
Gambel-Schopfwachtel	22
Japan. Wachtel	18
Schuppenwachtel	23

Kammhühner	
Lafayettehuhn	18

Rauhfußhühner
(Ergänzung des Übersetzers)

Worterklärungen

Allantois: Membran (Eihaut), die als Lunge und Nieren im sich entwickelnden Küken arbeitet, während sich die endgültigen Organe erst bilden. Sie entsteht als Auswuchs des Enddarms und ist somit auch die Lagerstätte der bereits verwerteten Produkte.

Amnion: Die Membran, die das gesamte sich entwickelnde Küken umgibt, mit seiner eigenen Amnionflüssigkeit. Diese Flüssigkeit ermöglicht es dem Küken, sich frei zu bewegen, und wirkt auch als Wasserreservoire.

Auskreuzung: Wie Auszüchtung, bezieht sich aber nur auf eine einzige Paarung.

Auszüchtung: Die Paarung von nicht verwandten Einzelwesen oder -stämmen, die zu sehr ingezüchtet wurden. Also das Einbringen frischen Blutes.

Blastula: Der Name einer sehr frühen Phase der Embryonalentwicklung.

Bursa: Eine Bursa ist ein Raum im Körpergewebe. Die Bursa fabricii ist ein blind endender Gang, der sich in die Kloake eines unreifen Vogels öffnet und beim erwachsenen Vogel geschlossen ist.

Chorion: Die Membran, die gleichzeitig mit dem Amnion gebildet wird. Nach ihrer Bildung verschmilzt sie mit der Allantois.

Chromosom: Lebenswichtiger Bestandteil eines Zellkerns, normalerweise paarweise während der Zellteilung zu sehen. Die Gene, Erbfaktoren, sind entlang der Chromosomen aufgereiht.

Dominante Gene: Wenn eine Erscheinung, z. B. die Federfarbe, sich zwischen den Eltern unterscheidet, nehmen die Nachkommen oft nur die Farbe eines Elternteils an. Die für die Gefiederfarbe verantwortlichen Gene werden dann als dominante Gene bezeichnet. Die Gene für die unterdrückte Farbe werden rezessiv genannt.

Fallopian: Der Gang vom Eierstock zum Uterus oder der Gebärmutter (Eileiter).

Hagelschnüre: Gedrehte Aufhängebänder aus weißem, dickflüssigem Eiklar, Albumen, das das Eigelb an beiden Eipolen aufhängt.

Hormon: Eine Substanz, die von einem Körperorgan produziert wird und über das Blut weitergeleitet wird, um andere Organe zu beeinflussen.

Hypophyse: Eine kleine Drüse am Grund des Gehirns. Nervenimpulse lassen sie Hormone produzieren, die dann auf andere Hormondrüsen wirken.

Infundibulum: Das trichterartige Ende des Eileiters, in das das Ei springt, wenn es vom Eierstock entlassen wird.

Interstitialzellen: Zellen zwischen den winzigen Röhrchen des Hodens. In den Hodengängen werden die Spermien gebildet, in den Interstitialzellen die Hormone.

Inzucht: Die Begattung von nahen Verwandten über mehrere Generationen, wie Bruder/Schwester, Vater/Tochter etc.

Keimscheibe: Die Zellscheibe, die dem Ei anhaftet und durch mehrfache Teilung des ursprünglich befruchteten Eies gebildet wird. Sie entwickelt sich dann weiter zum Küken.

Keimzellen: Zellen in Fortpflanzungsorganen, die zu Zygoten, Oozyten oder Spermien werden.

Kloake: Endteil des Darms, in welches sich die Gänge der Nieren und der Fortpflanzungsorgane eröffnen. Auch After genannt.

Meiose: Die Teilung der Fortpflanzungszellen, so daß jede Tochterzelle nur den halben Chromosomensatz der Normalzelle besitzt.

Mitose: Die normale Teilung und Vermehrung der Zelle. Jede Tochterzelle ist mit der Originalzelle identisch.

Oozyte: Eine Zelle, die sich zum Ei, Ovum, entwickelt.

Ovar: Das weibliche primäre Geschlechtsorgan. Dort wird das Eigelb gebildet.

Ovidukt: Der Gang, durch den der Dotter rutscht. Im oberen Teil wird Eiklar ausgeschieden und im unteren Teil werden die Eihäute und die Schale zugefügt. Er eröffnet sich in die Kloake.

Ovotestis: Ein primäres, einfaches Geschlechtsorgan, das sowohl männliches und weibliches Fortpflanzungsgewebe enthält.

Prägung: Während der ersten Stunden nach dem Schlüpfen folgen die Küken ihrer Mutter ergeben und lernen sie so kennen. Wenn die natürliche Mutter nicht da ist, hängt es sich an ein anderes Lebewesen und folgt diesem, sei es nun eine Bruthenne oder ein Mensch.

Rezessive Gene: Die Erbfaktoren, die normalerweise durch die dominanten unterdrückt werden. Wenn beide Elternteile rezessive Gene besitzen, kann ein Nachkomme diese Charakteristik haben und nicht die üblichen der Geschwister.

Sekundäre Geschlechtsmerkmale: Charakteristisches Unterscheidungsmerkmal bei Männchen und Weibchen. Dazu gehören aber nicht die Geschlechtsorgane mit ihren Drüsen und Gängen. Es sind z. B. Kehllappen, Kamm, Gefiederunterschiede . . .

Spermatozyten: Eine von vielen, kleinen Zellen, die im Tubulus seminiferus sich zum Spermium entwickelt.

Tubulus: Ein schmaler, hohler Schlauch.

Ventrikel: Eine Muskelkammer des Herzens, die Blut in die Arterien pumpt. Säuger und Vögel haben zwei Hauptkammern; die linke pumpt das sauerstoffreiches Blut in den Körper und die rechte das Blut in die Lungen, damit es wieder mit Sauerstoff angereichert wird.

Vittelinmembran: Die sehr dünne Haut um den Dotter.

Vorkammer: Auch Atrium genannt. Rechts und links im Herz sind Vorkammern, die das Blut aus den Venen erhalten und es zu den Hauptkammern weiterleiten, welche es in den Kreislauf zurückpumpen.

Zytoplasma: Der flüssige Inhalt einer Zelle.

Sachverzeichnis

Brutapparate-Hersteller

Werner Schumacher Ing.
D-6310 Grünberg 1-Lardenbach

Karl Grumbach GmbH & Co KG
Abt. Brutgeräte
Am Breitteil
D-6330 Wetzlar 13

Pas Reform
P.O. Box 2
NL-7038 ZJ Zeddam

Lippische Kunstbrut
Jutta Riechers
Wehrener Straße 32
D-4933 Blomberg

Brutmaschinen-Janeschitz GmbH
Dr.-Georg-Schäfer-Straße 17
Postfach 11 48
D-8783 Hammelburg/Ufr.

Hans Matold
Rother-Straße 21
D-8541 Buchenbach

Heka-Brutgeräte
Letter-Straße 50
D-4836 Herzerbrock

H. Jäger
D-6480 Wächtersbach

J. Hemel
Efeuweg 27
D-4837 Verl 1

Zeitfracht Medien GmbH
Ferdinand-Jühlke-Straße 7
99095 Erfurt, Deutschland
produktsicherheit@kolibri360.de